——關於茶的400個公開

英國伯爵茶、阿根廷瑪黛茶

老北京麵茶、臺灣泡沫紅茶

茶韻流轉

王如良 主編

琳瑯滿目的各國茶飲，隱藏哪些未知的獨門絕技？

「最甜蜜銷魂的，莫過於捧在手心的一杯茶，化在嘴裡的一塊糖。」
——亞歷山大·普希金（Aleksandr Pushkin）

茶是從綠茶改良來的嗎?正宗抹茶粉為什麼那麼貴?
人都說普洱「越陳越香」，殊不知營養價值全掉光?

用冷水泡茶可降低咖啡因？往裡面加入果汁更加美味！
臺灣手搖飲不可少的珍珠，竟連慈禧太后也讚不絕口?

鬆詼諧又不失專業度的茶學百科，解決老茶友的種種困惑，初學者也能輕鬆上手！

目錄

目錄

書評推薦

王如良先生的《茶識問答》是一本很好的茶文化普及百科全書，應及早出版，傳播茶文化，造福人類。

于觀亭
中國茶界泰斗

我與如良相識是在參加茶遊學的時候，我們多次一起參加茶遊學，結下深厚友誼。多年來如良在學茶、推廣茶文化方面做了很多工作。例如：中標北京市初中學生社會實踐課程項目有關茶文化的科目，多次在北京的茶葉博覽會上舉辦不同主題的茶文化活動，近一年來透過抖音、微信等影音平臺開展茶文化知識普及的工作。本書正是以這些內容為基礎，將相關茶文化知識整理成冊，從六大茶類到再加工茶，從茶葉加工工藝到沖泡，從茶葉選購、儲存到茶器等，從諸多方面進行講解。本書內容豐富，簡明易懂，是茶文化愛好者很好的入門書籍，特向茶友們推薦。在此祝賀如良在茶文化方面的第一本作品問世，並祝願如良未來在茶文化普及和推廣方面不斷取得更多成就。

賀志江
北京京西茶友會會長

書評推薦

關於中國茶，有很多維度的解讀與呈現。有的細緻縱深，有的悠遊浪漫，有的自成一體。畢業於中國農業大學的王如良老師，則立足於茶最為樸素的視角，近年來不僅堅持更新茶的知識影片，更以洗鍊簡明、科學且富有邏輯的語言，編著了茶文化書籍。我想，這是當代城市生活中，當代國人了解茶、喝對茶和愛上中國茶的起點，此書值得推薦給大家。

肖思學

蓮語學堂創始人

我與王如良先生相識多年，共同走進茶山實地訪茶，探討茶學發展，攜手參與茶文化的傳播推廣活動。並且，我們相約一起喝茶，品悟人生的哲理。王如良先生懷抱浪漫的茶人夢想，躬身於茶山、茶產業，將多年的理論與實踐相結合，編寫出佳作 ——《茶韻流轉》。茶是味覺的審美，而書籍則是靈魂的豐盈。本書語言凝鍊簡潔、知識點選擇嚴謹、內容涵蓋面廣，書中不僅闡明國內外的茶葉種類、茶樹栽培、茶葉製作工藝、茶器等內容，更融會了茶禮、茶俗、國際貿易歷史等人文知識。若能認真讀上幾遍，茶學知識應有很大提高。這是不可多得的工具類茶書，有助於初學入門、對茶學沒有概念的茶友快速學習茶學的基本概念，同時理解有代表性的茶識問題。恭賀新書出版。

楊曉紅

國資委商業飲食服務業發展中心茶館行業辦公室評審專家

前言

茶，本為南方之嘉木。自人類認識到茶葉的價值後，茶葉迅速傳播，並且深刻地影響了世界政治、經濟、文化等方面的發展軌跡，形成了浩如煙海的茶文化寶藏。但是，正是由於茶文化博大精深，初入茶界的朋友往往容易陷入碎片化的知識中，不知從何入手。而與茶接觸多年的老茶客，儘管在基本的茶禮儀、茶葉知識方面有一定的累積，卻常常感嘆自己不懂茶，未能深入了解。甚至是許多在茶園、茶廠、茶館、茶店工作的專業茶藝師、評茶員，由於受限於所從事的具體事務，也僅能在與工作相關的範圍內對茶有深度的認知，卻不能有效地擴展茶文化的視野，無法持續學習精進，難以發展下去。

筆者曾在商業連鎖、製冷、葡萄酒、金融等行業擔任管理階層。在正式進入茶行業以後，筆者不但系統地學習了茶藝師、評茶員所需的茶文化知識，而且深入產茶一線，走訪了世界各地有代表性的茶葉產區，沖泡、品嘗了數千種茶葉，結識了一大批國內外茶業界的專家和學者，收穫頗豐。透過參與和舉辦上千場的茶會和茶論壇，以及開辦大、中、小學與茶相關的培訓課程的經歷，筆者認為：茶既是茶，又不僅僅是茶。茶這片神奇的樹葉，不僅與茶樹栽培、茶葉加工、茶葉化學、茶的流通以及沖泡方法等內容緊密相關，更在民俗、貿易、科技、美學等領域散發出獨有的魅力。茶早已跨越了這片葉子本身，不僅融入社會的各方面，也昇華為人類精神世界的寶貴財富，詮釋了當今世界最迫切需要的「和」文化。

基於以上的認知，筆者在朋友們的建議下，於2021年初開始以短片的形式與茶友們分享茶知識。一方面，能為廣大愛茶人士提供一個獲取茶

前言

知識的管道。另一方面，也能督促自己持續精進。知易行難，筆者和團隊成員在持續製作影片的過程中，查閱了大量的茶書和相關資料，發現有些茶書在內容上互相借鑑，有些資料的內容過於專業不適合講解，團隊為創作適宜的短片傳播內容花了很大力氣，此外，還需要經過拍攝、剪輯、配置字幕等步驟，花費了大量的時間。儘管分享茶知識是純公益的性質，但因為熱愛和責任，團隊勇往直前，沒有任何猶豫，感謝他們！

形而上者為茶哲學，形而下者為茶生活。為了能持續地分享優質茶知識，筆者和團隊成員一致認為，分享的內容應結合歷史背景，從生活應用的角度，用老百姓聽得懂的語言進行分享。如此一來，初入茶行業的新人可以快速地了解一些茶界的必備知識，老茶客也可以多一些茶桌上的談資，專業人員也能獲得很多有趣的思考角度，受到啟發。例如：筆者將六大茶類的加工工藝比作六種做菜方法——炒、拌、燜、烤、燒、燉。試問有幾人完全沒有看過、做過菜呢？相較於燦爛的中華飲食史，製茶只是加工食品逐漸分化出來的一個分支。筆者認為：中國茶的發展史是發酵的歷史，是從藥品、食品到飲品的歷史，是試錯的歷史，是創新的歷史，是國際交流的歷史，更是中華民族偉大的輝煌發展史！

本書的成功編撰離不開茶界各位前輩和朋友的指導，也離不開出版社的鼎力支持，讓筆者有機會將茶知識以書籍的形式廣泛傳播。另外，還要感謝家人的理解和鼓勵，才能讓筆者有足夠的時間和精力完成本書。在編寫本書的過程中，儘管花費了很多的精力，但受時間和自身水準所限，缺點和疏漏之處在所難免。誠懇地希望讀者提出批評和意見，以便再版時更正。最後，希望本書能去除茶葉帶給人們的深奧和複雜的感覺，為讀者在精進的路上添磚加瓦。祝願各位因茶而更美好，幸福一生！

王如良

第一篇　中外茶葉產品

白茶

001　白茶是什麼茶？

白茶是六大基本茶類之一，屬於微發酵茶。因乾茶遍披白毫，呈現白色，故得名白茶。在傳統上，白茶經過萎凋、乾燥兩道工序製作而成。白茶核心工藝是萎凋，不炒不揉，是最接近自然的茶類。1968 年，在萎凋之後增加了輕度揉捻，研製出了新工藝白茶。

適合做白茶的主要茶樹品種有：福鼎大白（華茶 1 號）、福鼎大毫（華茶 2 號）、政和大白、福建小白（菜茶）、福安大白、水仙、景谷大白等。

白茶按鮮葉採摘標準主要可分為單芽的白毫銀針、一心一二葉的白牡丹、一心三四葉（或者沒有芽頭只有三、四個葉片）的壽眉三種（貢眉選用群體種茶樹品種的鮮葉，採摘標準略好於壽眉，芽頭多一些，可歸類於壽眉）。白茶產地主要集中在福建的福鼎、政和、建陽和松溪等地。如今，在雲南以景谷大白茶茶樹品種鮮葉製作的月光白茶和景谷白龍鬚茶，也受到了消費者們的喜愛。

白茶相較於其他茶類，內含的胺基酸和黃酮含量比較高，在安神、抗氧化、抗發炎抑菌、抗輻射等方面有一定的作用。白茶不僅耐泡，還可以煎煮悶泡。由於白茶銷量比較好，海外的斯里蘭卡等茶葉生產國也開始嘗試製作白茶產品，以期提高利潤。

002　白毫銀針是什麼茶？

白毫銀針，簡稱銀針，又叫白毫，因其白如銀、形似針而得名，是白茶的最高等級。白毫銀針產於福建省政和縣和福鼎市的太姥山麓，其中產於福鼎的被稱為北路銀針，產於政和的被稱為南路銀針，兩者品種、工藝都不同，差異明顯。一個肥壯毫香鮮亮，一個細長清甜，滋味濃厚，其性涼，古時常用來治療蕁麻疹。清嘉慶年間（西元 1796 年），福建製茶人選用菜茶種茶樹的壯芽作為原料，創製白毫銀針。清代周亮工《閩小記》中稱其為綠雪芽，認為功用同犀牛角。福鼎傳說太姥娘娘用白茶救人的故事流傳已久，更為其增添了很多神祕色彩。

而政和也有志剛、志玉兄弟在洞宮山上龍井旁尋找仙草、治療瘟疫的故事。

白毫銀針的鮮葉原料為大白茶樹的肥芽，每年清明前採摘的品質最好。其成品茶芽頭肥壯，密披白毫，挺直如針，色白似銀。內質香氣清鮮，湯色晶亮，呈淺杏黃色。滋味醇厚，鮮爽微甜，具備毫香蜜韻。葉底全芽，色澤嫩黃。白毫銀針是白茶中的極品，因為其秀美的外觀、甜淡的口感而受到很多茶友的喜愛。現在，市場上還有一種單芽月光白，俗稱大白毫，和白毫銀針長得非常像，但更加肥厚，與白毫銀針的香氣特徵差異很大。福建的白毫銀針和月光白的品質特徵與價格差別都很大，還是需要基本的辨別能力。

白毫銀針清熱解毒功效明顯，香氣好，耐儲存，值得收藏，具備很好的投資性。其外形優美，耐沖泡，適合各種器具泡茶，特別是玻璃杯，可賞其茶舞。

數年前筆者訪問福鼎、政和兩地時，就深深愛上了這一白茶精品。畢竟大多時候喝茶還是追求鮮度。炎熱夏季，每天來上一杯白毫銀針，清涼一夏。

003　白牡丹是什麼茶？

白牡丹的外形夾帶銀白色的毫心，以葉背垂卷。沖泡以後，綠葉拖著嫩芽，宛如蓓蕾初放，此茶也因形似牡丹花朵而得名，是白茶的重要品種。1922 年，白牡丹創製於福建省建陽區的水吉，隨後政和縣也開始產製白牡丹，並逐漸成為白牡丹的主要產區。現今，白牡丹的產區廣泛地分布於福建省的政和、建陽、松溪、福鼎等縣。它不炒不揉，核心工藝是萎凋。

白牡丹是用大白茶或水仙種的一心二、三葉製成，採摘時要求芽與葉的長度相等，並且要披滿白色茸毛。其成品茶色澤深灰綠或暗青苔色，葉態自然，毫心肥壯，葉背遍布潔白茸毛。沖泡以後，湯色杏黃或橙黃，毫香鮮嫩持久，滋味鮮醇微甜，葉底嫩勻完整，葉脈微紅。白牡丹經過多年儲存，黃酮含量高，具有明顯的消炎效果，藥用價值高。白牡丹適合煮飲、長期儲存，口感清甜，久泡不苦澀。

特級白牡丹品質接近白毫銀針，低等級白牡丹品質接近壽眉。白牡丹既有銀針的毫香，又適合儲存轉化，整體價值高，是收藏、儲存的上上之選。

004　壽眉是什麼茶？

壽眉也稱「粗茶婆」，因其外形如長壽老者之眉毛，故名壽眉。壽眉主產於福建省的政和、建陽、建甌、浦城等地。壽眉不同於貢眉，以大白茶、水仙或群體種茶樹品種的嫩梢或葉片為原料，不含芽頭。壽眉經過萎凋、乾燥、揀剔等特定工藝過程製作，其成品茶外形如同枯葉，色澤灰綠。沖泡以後，湯色呈琥珀色，口感柔滑。存放多年的老壽眉還具有獨特的陳香，是很多茶友的白茶入門茶。當地的茶農們在上山之前，都會泡上一壺壽眉隨身攜帶，渴了大口飲盡，用於解渴、消暑，因此壽眉又被稱為「口糧茶」。壽眉雖然粗老，但是更加適合存放，藥香更加明顯，成本更低。很多山民用壽眉來緩解日常感冒和腸胃不適等症狀。歲月知味，歷久彌香，道盡了壽眉的核心價值。作為平民之飲，值得提倡。

005　福鼎白茶有什麼特點？

福鼎白茶主要採用福鼎大白茶（華茶一號）茶樹品種的鮮葉作為原料，這種茶樹的芽頭肥壯，葉面布滿白毫，非常適合製作白茶。製作時多採用日光萎凋，以日晒為主。製作好的乾茶芽頭肥碩，毫多顯白，富有毫香。沖泡以後，茶湯顏色稍淡，滋味鮮爽甘醇，勝在鮮爽、滋味清甜。

006　政和白茶有什麼特點？

政和白茶主要採用政和大白茶（華茶五號）茶樹品種的鮮葉作為原料，這種茶樹的芽葉較長，色澤灰綠，富有白毫。製作時多採用室內萎凋，以陰乾為主，日晒為輔。製作好的乾茶色澤偏灰綠色，富有毫毛，但是不如福鼎的茶葉顯白。政和白茶的清鮮感沒有福鼎白茶的強，但它的茶味更足，花香、果香氣也比較高，茶湯的顏色比福鼎白茶的更濃一些，滋味鮮醇濃厚，勝在香氣高、湯感濃厚。

007　建陽小白茶是什麼茶？

建陽白茶歷史悠久，是傳統小白茶的發源地，小白茶主產於漳墩、水吉、回龍、小湖四個鄉鎮。清乾隆三十七年至四十七年（西元1772～1782年），南坑茶業世家肖蘇伯以小葉種菜茶為原料，採用半晒半晾、不炒不揉的方法，創製出獨特的片狀茶。這種茶芽葉連枝，滿披白毫，葉色灰綠或墨綠，被稱為「南坑白」或「白毫茶」，曾作為貢品進貢給乾隆品飲。

建陽小白茶主要分為貢眉和壽眉兩個類別，採用傳統的白茶加工工藝，通過原料採摘、萎凋、揀剔、勻堆拼配、烘焙等步驟製成。貢眉類別的小白茶，葉片細嫩，色澤灰綠或墨綠，香氣鮮嫩且純正。沖泡以後，湯色橙黃明亮，滋味清甜醇爽，葉底軟嫩，灰綠勻整。壽眉類別的小白茶，葉片尚嫩，色澤黃綠、泛紅，欠勻整，有部分老梗、小黃葉。沖泡以後，湯色深黃或泛紅，滋味濃醇，但是帶有一定的粗老氣。葉底尚嫩，有暗綠葉或泛紅葉。中國著名的茶葉專家莊晚芳教授在《中國名茶》一書中，描述小白茶：「壽眉（貢眉）色灰綠，高級壽眉略露銀白色，茶味清芳，甜爽可口，葉張幼嫩，毫少細微，外形似一叢綠茵中點點銀星閃爍，極為悅目。」2012 年，「建陽白茶」商標經國家工商總局商標認定為地理標誌證明商標。

008　松溪九龍大白茶是什麼茶？

九龍大白茶是福建省優良茶樹品種，1963 年發現於福建省松溪湛盧山西側，鄭墩鎮雙源村的九龍崗。當時，雙源村支書魏明西與茶業隊長魏元興帶領茶農墾荒種茶時，發現遺留的 7 株茶樹，並透過壓條繁殖與扦插育苗進行培植。1981 年，松溪縣茶科所將這種茶樹取名為「九龍大白茶」。該品種屬於大葉良種，發芽期早，與中葉種的福鼎大白茶相近，而且芽頭披滿白毫，品質突出，非常適合製作白茶。透過傳統白茶工藝製作的成茶，毫香蜜韻，花香十足。

由於歷史上當地經濟不夠發達，茶農們大多地選擇種植產量高的品種，松溪大力推廣的是福安大白茶和福雲 6 號。直到 2002 年，福建省進出口公司在松溪鄭墩投資建設茶葉園區，2013 年開始批量生產白茶後，九龍大白茶的價格才逐漸提高。隨著白茶慢慢地被中國消費者接受，白茶的市場持續升溫。相信品質優異的九龍大白茶，能夠在全國茶葉市場脫穎而出。

009　白龍鬚貢茶是什麼茶？

「喝茶要喝大白茶，又減肥又降壓。自古才得做貢品，而今走進百姓家。」說起白茶，人們常常想到福建省。其實，在中國的雲南省也有一款白茶，曾經作為貢茶，非常不錯。它就是白龍鬚貢茶。白龍鬚貢茶的原料是來自一種叫做景谷大白茶的茶樹品種。這種茶樹原產於雲南省景谷縣民樂鄉秧塔村一帶，為雲南大葉種有性群體種之一，至今已有 200 多年的種植歷史。與雲南其他茶樹不同，景谷大白茶在當地特殊自然氣候條件的影響下，芽葉滿披白毫，而且芽頭非常的壯，最長能達到成年人手指兩個指節的長度。據《景谷縣誌》記載：景谷大白茶外形特別白，賣相好，於是當地的土司責令精心採製成白龍鬚貢茶向朝廷納貢。

白龍鬚茶選用景谷大白茶的單芽作為原材料，經過萎凋和乾燥以後，用紅絲線將其紮成穀穗狀進貢。因其芽頭肥碩，白毫顯露，比較像龍的鬍鬚，故得名「白龍鬚茶」。此款茶外形條索銀白，不僅外形美觀，而且在香氣方面，有與福鼎白毫銀針很接近的毫香和淡雅的花香。沖泡以後，茶湯清澈透亮，滋味鮮爽甘甜，回甘也比較明顯，非常耐泡。1981 年，白龍鬚茶在雲南省名茶鑑評會上被評為雲南八大名茶之一，景谷大白茶樹種也被列為地方名茶良種。1984 年，雲南省農業廳成立景谷縣茶葉技術推廣站，開始在景谷縣培育推廣大白茶。1995 年，由景谷茶廠生產的白龍鬚茶，榮獲第二屆中國農業食品博覽會金獎。

雲南省的景谷縣自然條件優異，是茶樹發源的一個中心地帶，曾發掘出距今 3,540 萬年，全球唯一的景谷寬葉木蘭化石，具有悠久的茶葉歷史及深厚的茶文化底蘊。據了解，景谷縣的秧塔村目前僅存 1,000 餘棵大白茶的母樹。若讀者有機會前往景谷一帶考察，一定要去秧塔村看一看，那裡還有一棵被稱為大白茶始祖的茶王樹，值得留念。

010　什麼是新工藝白茶？

白茶在歷史上以外銷為主，為適應港澳市場的消費需求，1968 年在福鼎白琳茶廠工作的王奕森先生創製了新工藝白茶。這種白茶的鮮葉原料與製法跟「壽眉」相近，加工流程包括萎凋、揉捻、乾燥、精製等步驟。在萎凋後增加的輕度揉捻，用以提高白茶的茶湯濃度，加快內含成分的轉化速度，比較像陳放了幾年的老白茶。製成的乾茶葉片略有捲曲，色澤暗綠帶褐。沖泡以後，湯色清亮，多呈現黃綠色、杏黃色等，清香馥郁，滋味濃醇。茶學界專家莊任在《中國茶經》裡這樣描述新工藝白茶：「茶湯味似綠茶無鮮感，似紅茶而無醇感，濃醇清甘是其特色。」

由於新工藝白茶經過揉捻，茶葉的細胞結構被破壞，因而新工藝白茶不耐泡，也不適合長期儲存，藥用價值更是比傳統製法的老白茶低很多，但是其價格更加親民，遠銷東南亞和歐洲國家。

011　月光白是什麼茶？

月光白是以雲南大葉種茶樹鮮葉為原料，採用白茶工藝製作的茶葉。2003 年，臺灣人借鑑東方美人的製作工藝，在雲南景谷縣用景谷大白茶茶樹品種的鮮葉創製了月光白茶。

月光白的乾茶葉芽顯毫，葉面呈黑色，葉背呈白色，黑白相間，整體看起來就像黑夜中的月亮，故得名月光白。通常，鮮葉只採靠近芽頭的一心一葉，或者是一心二、三葉，經過萎凋、乾燥、揀剔等工藝程序製成。它的工藝特點是全程在室內自然陰乾，不見陽光。月光白茶相較於福建的白茶，花香明顯。

沖泡以後，湯色金黃明亮，內含白毫，富有毫香、花香。入口滋味香甜、柔順，回甘悠長，被稱為「月光美人」，比較適合喜歡花香的女性朋友品飲。

綠茶

012　綠茶是什麼茶？

綠茶是六大基本茶類之一，屬於不發酵茶。因乾茶色澤保持鮮葉的綠色或黃綠色，故得名綠茶，在中國茶葉消費中占最大宗。綠茶通常是鮮葉採摘以後，經過殺菁、揉捻、乾燥等步驟製作而成，核心工藝是殺菁，用高溫使多酚氧化酶失去活性。綠茶有外形綠、湯色綠、葉底綠的三綠特徵。根據殺菁方式和乾燥方式的不同，可分為炒菁綠茶、烘菁綠茶、曬菁綠茶、蒸菁綠茶四類。

中國產茶省份均產綠茶，代表性的名優綠茶有龍井茶、碧螺春、黃山毛峰、太平猴魁、六安瓜片、恩施玉露、信陽毛尖等，名優綠茶多集中於華東產區。沖泡綠茶通常適宜採用玻璃器皿，水溫 80 ～ 85℃。因為綠茶的抗氧化效果最好，外形美觀，滋味鮮爽，因而是中國人最喜愛的茶葉，也是出口占比最高的茶葉，占比在 60% ～ 70%。

013　龍井茶是什麼茶？

西湖龍井茶為扁形炒菁綠茶，始於宋，聞於元，揚於明，盛於清，位列中國十大名茶之首，擁有「色綠、香郁、味甘、形美」四絕。萬曆年《錢塘縣志》曾記載：「茶出龍井者，作豆花香，色清味甘，與他山異。」

龍井茶為地標產品，浙江龍井分為西湖龍井、錢塘龍井、越州龍井，共 18 個縣產龍井茶。西湖龍井茶的一級核心產區有獅（峰）、龍（井）、雲（棲）、虎（跑）、梅（家鄔）等，共計 4,800 畝左右。現在當地為提高轄區效益，把原來未納入的龍塢、轉塘等地的 13,000 畝納入西湖二級產區。

龍井茶的群體種品種，當地叫老茶蓬，屬於有性繁殖自然繁育生長，一般採摘時間比較晚，價格也更貴一些。成茶儘管品相參差不齊，但是滋味悠長。

現如今廣泛種植的龍井茶，屬於經過選育的無性系優良品種，例如龍井 43 號、中茶 108、烏牛早等，單品特徵明顯。

西湖龍井茶的炒製工藝為鮮葉攤放、青鍋、回潮、二青葉分篩、輝鍋、乾茶分篩、挺長頭、歸堆、貯藏收灰 9 道工序。龍井茶過去採用罐子放石灰、避光保存的方式儲存，現在則是密封後放冰箱儲存。一方水土的礦物相合，用杭州虎跑泉的水泡西湖龍井茶，最為完美。

龍井產茶的歷史很悠久，隋唐就已經有了。隨著靈隱寺的開建、隋朝京杭大運河的開鑿，茶葉種植與貿易漸漸形成，唐代陸羽《茶經》就有關於杭州天竺、靈隱二寺產茶的記載。北宋時期，龍井茶區逐漸形成規模，經過元、明、清的不斷發展後，聞名天下。

說到龍井茶就不得不提到清朝的乾隆皇帝。乾隆儒雅風流，一生著文吟詩眾多。史載，他在龍井獅峰山胡公廟前飲龍井茶時，讚賞茶葉香清味醇，遂封廟前十八棵茶樹為「御茶」，並派人看管，年年採製進貢到宮裡。在古代，獲得皇帝的喜愛，再加上西湖的美名，其品牌效應成功打響名號！龍井茶作為一個著名的文化象徵，滲透至各個領域，即便是不飲茶的人，也或多或少聽過龍井茶的名字，了解一些背後的故事。杭州作為茶都，設置了浙江大學茶學系、中國農科院茶研究所等科學研究機構和國家級茶博會，而且擁有省市的重視，再加上歷代文人墨客的讚頌，龍井茶當仁不讓地成為茶界的寵兒。2021 年 8 月 27 日，首部以龍井茶文化為背景的電影《龍井》正式在各大院線上映，以藝術的方式積極推動與弘揚茶文化。

筆者曾於多年前受邀前往龍井茶的核心產區，參觀西湖龍井茶新春的第一次採摘。然而，在一行人前往產區的路上，卻看到很多販賣明前龍井茶的攤販。結合後來在其他茶葉產區的見聞，筆者發現其實明前茶只是一個相對的概念，主要指江南茶區的特定茶。有些地方，在清明前就可以採製大量鮮葉用於製茶，比如四川、貴州等地，畢竟龍井茶的品種和加工技術也不是什麼祕密；而有些地方，由於環境的影響，其最佳的採摘期往往要延後幾天，比如黃山，雖然也是頭次採製，卻因為同時期市場上已經充斥著大量茶葉供應，而影響了價格。真是真假難辨！普通老百姓，不必盲目追高購買。綠茶本就追求鮮爽，龍井茶也不耐泡，一、兩泡滋味就淡了，實在感興趣的，買個二兩嘗嘗鮮就好。

014　碧螺春是什麼茶？

上有天堂下有蘇杭，好山好水出好茶。洞庭碧螺春茶的核心產區位於江蘇省蘇州市吳中區太湖的洞庭山上（包含東山和西山），跟湖南的洞庭湖沒有關係。碧螺春外形條索纖細，捲曲如螺，白毫隱翠。通常採用「先水後茶」的上投法沖泡。其湯色嫩綠明亮，滋味清香濃郁，有獨特的花果香。沖泡的茶湯因為茶毫懸浮多看上去不清澈，但是透亮不渾濁，毫香明顯，非常鮮爽。碧螺春的茶芽非常細嫩，炒製一斤好的碧螺春大約需要 7 萬～ 8 萬顆芽頭，需要採摘 7 萬～ 8 萬次，也就是說 1 克碧螺春要大約 136 顆芽頭，一泡茶需 600 多顆！

好茶來之不易，且喝且珍惜！

相傳「碧螺春」曾叫「嚇煞人香」，康熙皇帝南巡品飲後覺得不錯，遂根據茶葉「清湯碧綠、外形如螺、採製早春」的特點賜名「碧螺春」。然而，現今極難喝到富有原味的傳統碧螺春了。一是因為產量稀缺，供不應求。二是因為過於追求外形色澤，導致各加工工序程度不足，香氣滋味不驚豔，配不上「嚇煞人香」的盛名。三是作為十大名茶之一，價格高，盈利空間較大，也因此非原產地、非原茶樹品種的碧螺春充斥市場，消費者難以購買到正宗的碧螺春。

愛茶的讀者，不妨親自到蘇州太湖走一走。那裡風景宜人，盛產水果和螃蟹。東山枇杷等果樹環繞，於草木間尋一尋傳統的味道，也為今後的買茶設定一個標準。

015　太平猴魁是什麼茶？

近年來躋身十大名茶，曾經作為國禮深受前德國總理梅克爾等國際政治家喜歡的太平猴魁，是產自安徽太平縣一帶的烘菁綠茶，生長在美麗的黃山太平湖畔，長得像小青菜，茶葉一根根有十幾公分長。太平猴魁是尖茶之極品，久享盛名，其外形為兩葉抱芽，芽葉等長，扁平挺直，自然舒展，白毫隱伏，俗稱「兩刀一槍」，有「猴魁兩頭尖，不散、不翹、不捲邊」的美名。

清咸豐年間（西元 1859 年），鄭守慶在麻川河畔開出一塊茶園，此處山高土肥，雲蒸霞蔚。鄭守慶和當地茶農經過精心製作，生產出扁平挺直、鮮爽味醇且散發出陣陣蘭花香味的「尖茶」，冠名「太平尖茶」。

猴魁茶界普遍認為「太平尖茶」是太平猴魁的前身。1897 年，王魁成、方南山等人，響應清末皖南茶厘局程雨亭整飭皖茶的行動，商定了兩葉一心的製法。根據《安徽百科全書》記載，太平猴魁是由王魁成、王文志、方南山、方先共同創製。

民國元年（1912 年），距離猴坑東八里新明鄉三門村的著名士紳劉敬之，向王魁成購買了幾斤，取猴坑之「猴」，王魁成之「魁」，定名為「太平猴魁」，送到當時剛剛成立的中華民國政府農商部和南京勸業會陳列展覽，獲最高獎，「太平猴魁」正式揚名南京。後太平猴魁於第二年掛牌銷售。民國四年（1915 年），「太平猴魁」由國民政府農商部選送至美國，參加巴拿馬萬國博覽會比賽，一舉獲得國際金獎。從那以後，「太平猴魁」作為頂尖名茶，一直金牌不倒。

太平猴魁茶樹品種為柿大葉種，生長在獨特的黃棕壤等土壤層，其他區域無法栽種。因芽葉較長，通常於穀雨前後進行採摘，並沒有明前茶。主產區在新明鄉的猴坑、猴崗、顏家，著名的品牌有猴坑、六百里等。

太平猴魁建議採用中投法在玻璃杯中沖泡。這樣能讓茶葉底部吸上一定的水，使茶葉能在玻璃杯中站立，非常好看。沖泡好的太平猴魁，茶湯青綠，香氣高爽，有蘭香，入口味醇爽口，回味無窮，可體會出「頭泡香高，二泡味濃，三泡四泡幽香猶存」的意境，有獨特的「猴韻」。

016　六安瓜片是什麼茶？

六安瓜片形似瓜子，葉緣微翹，色澤寶綠，略帶白霜，滋味濃醇鮮香，是綠茶家族中，唯一無芽無梗的葉茶，在十大名茶中獨樹一幟，令很多「老茶槍」難以忘懷。它產自曾經的革命老區安徽省六安市大別山一帶，周恩來總理非常喜歡。這個地區還出產黃茶中的霍山黃芽和具有保健功效的霍山石斛，地質非常好。

一種茶品能在市場上流行開來，除了本身具有獨特的品質，更離不開具有強大社會影響力的人。在六安瓜片的歷史中，袁世凱便是使其成為中國名茶的重要人物。相傳 1905 年前後，六安麻埠鎮有一個祝姓財主與袁世凱有姻親的關係，為了拉近與袁世凱的關係，令人精製出六安瓜片送給袁家。嗜好茶的袁世凱品後大為讚賞，京中官員亦讚譽有加，自此六安瓜片的名聲便傳播開來。

六安瓜片的採摘與其他綠茶不同，一般的綠茶是求嫩，但是六安瓜片卻是求壯不求嫩。茶農一般在穀雨前後開採，採摘標準以一心二、三葉和對夾二、三葉為主。鮮葉採回後要及時進行扳片，按照老、嫩度將葉片進行分類，再讓茶葉在攤放中散掉一些青草氣和水分，有利於後期的殺菁和做形。扳片之後，透過生鍋高溫殺菁，用低溫的熟鍋來做造型與乾燥，再經過文火、小火、老火三個階段的烘焙，製成六安瓜片。其中，老火又被稱為拉老火，是最後一次烘焙，場面壯觀，這次烘焙對六安瓜片特殊的色、香、味的形成影響極大。

其過程是先將木炭排齊、擠緊、燒勻、燒旺。然後，由工人抬著放入 3 ～ 4 公斤茶葉的烘籠，在炭火上烘焙 2 ～ 3 秒，之後抬下來翻茶。抬上抬下地來回烘焙，需要50～60次，甚至70次左右，非常耗費體力，優質六安瓜片上掛的白霜便是由這道工藝而來。製成的六安瓜片，外形單片順直勻整，葉邊背捲平展，不帶芽梗，形似瓜子，乾茶色澤翠綠，起霜青潤。沖泡以後，湯色清澈透亮，清香高長，滋味鮮醇回甘，葉底嫩綠勻亮。

017　黃山毛峰是什麼茶？

「白毫顯露魚葉嫩，金黃芽片顯分明。」產自安徽省黃山一帶的黃山毛峰，屬於綠茶類，是中國十大名茶之一。據《徽州商會資料》記載，黃山毛峰起源於清光緒年間（西元 1875 年前後），當時有位歙縣茶商 —— 謝正安開辦了「謝裕泰」茶行。為了迎合市場需求，他於清明前後，親自率人到黃山的充川、湯口等高山名園採摘肥嫩芽葉，然後透過精細炒、焙，創製了風味俱佳的優質茶。

由於該茶白毫披身，芽尖似峰，故取名「毛峰」，再冠上地名，被人們稱為「黃山毛峰」。現今黃山毛峰的茶樹品種主要是黃山大葉種，在清明前後至穀雨前後開採。特級黃山毛峰的採摘標準為一心一葉初展。採摘以後經殺菁、揉捻、烘焙等工藝製作而成。

從乾茶外形來看，特級毛峰外形微捲，狀似雀舌，綠中泛黃，銀毫顯露，色似象牙，且帶有金黃色魚葉（俗稱黃金片）。其中，「魚葉金黃」和「色似象牙」是特級黃山毛峰與其他毛峰外形上不同的兩大明顯特徵。作為名優綠茶，建議使用 80 ～ 90℃的水，在玻璃杯中沖泡，有利於減少苦澀味、熟湯味，也便於觀賞茶湯、茶舞。沖泡後的茶湯，滋味甘醇，香氣如蘭，韻味深長。沖泡後的葉底嫩綠鮮亮，勻淨成朵。日常飲用黃山毛峰有助於提神醒腦、明目降火、消炎抗菌等。

黃山不僅是最為著名的名山，而且是名優茶葉的集中產地，一個黃山就有黃山毛峰、太平猴魁、祁門紅茶三款名茶，還有安茶這種簍裝黑茶，黃山可謂是錦繡河山。筆者曾多次到訪黃山而不倦，親眼見到茶樹生在高海拔的雲霧山間，如同仙茶一般。

018　信陽毛尖是什麼茶？

信陽毛尖，屬於綠茶類，毛尖造型，是中國十大名茶之一。其主要產地在河南省信陽市的浉河區、平橋區和羅山縣一帶。有名的產區有五雲、兩潭、一山、一寨、一門、一寺。五雲：車雲山、集雲山、雲霧山、天雲山、連雲山。兩潭：黑龍潭、白龍潭。一山：震雷山。一寨：何家寨。一門：土門村。一寺：靈山寺。

信陽種茶歷史悠久。因東周時期定都洛陽，使得自西周時期，從四川傳播到陝西的茶樹，進而在河南傳播，並在具有生態優勢的信陽一帶生根發芽，使信陽成為中國自然茶區的最北端。茶聖陸羽曾在《茶經》中將信陽歸為淮南茶區，並誇讚道：「淮南，以光州上，義陽郡、舒州次。」（光州、義陽目前都屬於信陽管轄地區）大文豪蘇東坡作為宋代的美食家代表，在被貶謫到湖北黃州任團練副使時，途經信陽，曾在浉水河畔以水煎茶，鑑水品茗，得出了「淮南茶，信陽第一，品不在浙閩之下」的評論。而且，信陽當時有光州、子安、商城三大賣場，交易量占全國 13 個賣場總量的五分之一，茶產業非常興盛。然而，之後因朝代變遷、茶稅繁重等因素，信陽的茶業一度走向了衰落。直至清末光緒二十九年（1903 年），因受戊戌變法的影響，李家寨人甘以敬與彭清閣、蔡竹賢、陳玉軒、王選青等人，作為維新變法的支持者，決心大力發展農業，在家鄉開墾茶園、種植茶樹並籌集資金，先後興建了八大茶社（元貞茶社、宏濟茶社、裕申茶社等）。其間，曾派人分別到安徽六安和杭州地區購買茶籽、學習炒製技術。1910 年他們請來六安茶師吳著順、吳少堂幫助指導種茶、製茶，製茶法基本上是沿用「瓜片」茶的炒製方法。1911 年，在瓜片炒製法的基礎上，與龍井茶製作過程中的抓條、理條手法相結合，生熟鍋均用大帚把（像大掃帚一樣）炒製。用這種炒製法製造的茶葉，就是如今信陽毛尖的雛形。最開始，人們將信陽茶葉稱為本山毛尖茶，由於 1913 年八大茶社所生產的本山毛尖品質很好，便被命名為信陽毛尖。後來，信陽毛尖更是在美國舊金山舉辦的巴拿馬太平洋萬國博覽會上，打敗了印度和日本生產的茶葉，獲得了世界茶葉金質獎狀與獎章。

好茶離不開好的原料，好原料更是離不開自然環境的影響。信陽山清水秀，氣候宜人，素有「北國江南」的美譽，生產優質茶葉有著得天獨厚的優勢。尤其是信陽處於北緯高緯度地區，年平均溫度較低，有利於胺基酸、咖啡因等含氮化合物的合成與累積。但也因此不適宜用江南茶區明前茶的概念，而更適宜用頭採的概念來選購。畢竟如果遇到氣溫低的年分，清明時節才剛剛要進行採摘，原料都沒有，哪來的茶葉？另外，目前信陽種植的茶樹主要分為本地的品種原生群體種老旱茶，以及在此基礎上培育出的信陽10號和外地引進的品種，例如福鼎大白茶、烏牛早等國家良種。雖然引種的茶樹在產量和經濟效益方面表現較好，但是製成的茶葉品質較為一般，茶葉的品質和香味與信陽毛尖的傳統風格有所區別，不利於發揚和保持信陽毛尖茶的傳統品質風格。優質的信陽毛尖，芽頭非常細，採摘成本非常之高。其外形條索緊秀圓直，嫩綠多毫，勻整，通常採用80℃的水在玻璃杯中沖泡。沖泡的湯色嫩綠、黃綠且明亮，清香撲鼻，入口滋味鮮爽，回甘生津，葉底芽頭較肥壯、勻亮。但要注意，若是沖泡的湯色過於綠，則意味著殺菁不足，品質欠佳；或者是有可能人為地添加了色素，以迎合市場上對信陽毛尖的錯誤認知。

信陽毛尖作為信陽的特產，是每一位信陽人茶罐中的必備茶品。但由於產量和人力成本等因素，在影響力方面仍然較西湖龍井、碧螺春等名優綠茶略遜一籌。但這並不意味著信陽毛尖的品質差。正如蘇州的蘇萌毫、東北的稻米，難道比廣西的茉莉花茶、南方的稻米差嗎？另外，因為綠茶的不耐儲存，以及紅茶的興起，近幾年在政府的推動下，信陽紅茶研發成功，只是因為芽茶的高成本，以及芽尖發酵後成分不足，並沒有成為市場主流。

019　安吉白茶是什麼茶？

安吉白茶原產於浙江省湖州市的安吉縣，是國家地理標誌產品。因茶樹基因的緣故，在低溫的條件下，茶樹嫩梢呈現黃白色，隨著氣溫和光照的增強，葉片會慢慢變綠，採摘週期只有20天左右，屬於低溫型白化品種的綠茶，亦稱「白葉茶」。通常以一心一、二葉為採摘標準，經過攤放、殺菁、理條、烘乾等步驟製成。其外形挺直略扁，形似鳳羽，色澤翠綠，白毫顯露。芽葉如金鑲碧鞘，內裹銀箭。沖泡以後，清香高揚持久，入口鮮如雞湯，爽口不苦澀，回甘且生津。安吉白茶為無性繁殖，不結果，芽葉營養保存較好。一般春季採摘後重新修剪，一為防蟲，也為採摘方便，一畝產量一般在20斤左右。目前這個優良品種因經濟價值高被很多地區引種。在歷史上，宋徽宗所編寫的《大觀茶論》一書曾記載「白茶自為一種，與常茶不同，其條敷闡，其葉瑩薄。崖林之間偶然生出，蓋非人力所可致」，實際上是一種基因突變。經考察，現今安吉白茶的原種茶樹很有可能就是書中所描寫的白茶。而這棵茶樹的故事，則要追溯至1980年代了。

1980年代，安吉縣林業科學研究所的劉益民等人受命參加了「浙北地區茶樹品種選育試驗研究」課題，劉益民在天荒坪鎮大溪村附近的高山上發現了一棵奇特的野生茶樹。其幼嫩的芽葉呈玉白色，令科學研究人員興奮不已。

1982年，在溪龍鄉黃杜村的茶農盛振乾的幫助下，透過無性扦插繁殖技術成功培育了名為「白葉一號」的茶苗。最開始，新茶苗的推廣不是很順利，盛振乾便在自家茶園試種白葉一號，繁育的茶苗為後期的推廣打下了堅實的基礎。而且，他還給茶葉取了一個好聽的名字——「玉鳳茶」。

有一天，當時的溪龍鄉鄉長葉海珍在盛振乾的家中喝到了這款茶，感覺品質非常好，於是，便將茶葉帶到中國茶科所進行測試，發現茶葉胺基酸含量高達6.25%～10.6%，高於普通綠茶的3～4倍。為此，她採用政策扶持、技術引進、資金補貼等方式，推動鄉民積極種植安吉白茶，而且率種茶大戶頻繁參加各地的茶展會、農產品博覽會，千方百計地提高茶的知名度，她是推動安吉白茶產業發展的關鍵人物。近年來，溪龍鄉已建成國家級安吉白茶產業示範園，全鄉茶園面積 2.25 萬畝，白茶產量 390 多噸，年產值近 7 億元。安吉白茶 2021 年產值超過 31 億元，農民收入成長 8,600 元，公共品牌價值 2022 年評比超過 48.45 億元，連續 13 年入選中國茶葉區域公用品牌價值十強之列，是「一片葉子，富了一方百姓」的生動寫照，也為「綠水青山，就是金山銀山」兩山理論的形成提供了鮮活的案例。

020　廬山雲霧是什麼茶？

李白的「飛流直下三千尺，疑是銀河落九天」，陶淵明的「採菊東籬下，悠然見南山」描繪的都是瑰麗的廬山美景。位於江西省九江市的廬山，自然環境優異，是世界歷史文化名山，同時其產茶歷史悠久，遠在漢朝就已有茶樹種植。而且，廬山所產茶，多次列入中國十大名茶、特種名茶，廬山是江西名茶產地之冠。據《廬山志》記載：東漢時佛教傳入中國，當時廬山梵宮寺院多至300餘座，僧侶雲集。僧侶們攀危岩，冒飛泉，更採野茶以充飢渴。各寺亦於白雲生處劈岩削谷，栽種茶樹，焙製茶葉，名雲霧茶。由鳥雀銜種而來的茶樹，由於分散在荊棘橫生的灌叢中，尋覓艱難，故茶葉的栽培與製作，多仰賴廬山寺廟的僧人。

廬山雲霧茶，因沉浸在廬山千姿百態、變幻無窮的雲霧中而得名，是茶禪相通的佳作。雲霧的滋潤促使芽葉中芳香精油積聚，也使芽葉保持鮮嫩。由於廬山升溫比較遲緩，因此茶樹萌發多在穀雨後，即 4 月下旬至 5 月初，廬山雲霧最多的時候，這造就了雲霧茶獨特的品質。

廬山雲霧茶通常採摘長 3 公分左右、一心一葉初展的鮮葉，經過殺菁、揉撚、複炒、理條、搓條、挑剔、提毫、烘乾等步驟製成。成茶條索圓直，芽長毫多，葉色翠綠，有豆花香，滋味甘醇，茶湯清澈，在 1959 年被評為中國十大名茶之一。筆者曾經夜宿廬山美齡宮，品茶享山珍美食，吟詩作賦，感嘆大自然的鬼斧神工。若讀者前往廬山遊玩，可品嘗一下廬山雲霧茶，盡享舒爽人生。

021　狗牯腦是什麼茶？

江西山清水秀，人文薈萃。唐代詩人王勃曾在〈滕王閣序〉中讚嘆江西是物華天寶、地靈人傑之地。在江西省遂川縣的湯湖鄉，有一座海拔 900 公尺的山，因山形似狗，取名為狗牯腦。此地所產之茶，也因產地得名狗牯腦茶，屬於彎曲形炒菁綠茶，是江西珍貴名茶之一。

相傳清嘉慶元年（西元 1796 年），有一梁姓木工，放木筏時被水沖走，流落南京，一年多後，攜帶茶籽重返家園，在石山一帶種茶，即「狗牯腦」茶。

1915 年，湯湖鄉茶商李玉山，用狗牯腦茶的鮮葉製成銀針、雀舌、珠圓各 1 公斤，送往巴拿馬國際博覽會參賽，獲金獎而歸。後來，李玉山的孫子李文龍將此茶改名為玉山茶，送往浙贛特產聯合展覽會展出，榮獲甲等獎。之後，在 2010 年上海世博會、2015 年義大利米蘭世博會，狗牯腦茶接連獲得金獎，名聲大震。

狗牯腦茶，於每年清明前後開採，採摘標準為一心、一心一葉初展，一心一葉開展及部分一心二葉，再經攤菁、殺菁、初揉、二菁、複揉、整形、提毫、炒乾等工序，全手工炒製而成。其外形條索秀麗，緊細彎曲，顏色碧中微露黛綠，表面覆蓋一層細軟的白毫。沖泡以後，茶湯黃綠明亮，鮮嫩的香氣撲面而來，飲之味醇甘爽。別看茶葉的名字不雅，但是滋味上佳，叫人記憶深刻。

022　蒙頂甘露是什麼茶？

「琴裡知聞唯淥水，茶中故舊是蒙山。」要論名稱優美，滋味鮮爽而醇厚，又為資深茶人偏愛的綠茶，非蒙頂甘露莫屬了！蒙頂甘露產於四川省雅安名山縣的蒙山，為歷代貢茶，是中國最早出現的捲曲形綠茶，由宋代蒙山名茶「玉葉長春」和「萬春銀葉」演變而來。甘露原名「露芽」，一是為紀念蒙山植茶祖師吳理真而改為甘露（吳理真史稱甘露大師），甘露的梵語指的是念祖的意思；二是因茶湯似甘露。地方史料對蒙頂甘露最早的記載出現在明代嘉靖二十年（西元1541年）的《四川總志》內。其中，《雅安府志》記載「上清峰產甘露」。

甘露茶於每年春分時節採摘，標準為單芽或一心一葉初展的細嫩茶青。製法工藝採用明朝的三炒三揉技藝。鮮葉採回以後，先進行攤放，然後殺菁。殺菁鍋溫為140～160℃，投葉量0.4公斤左右，炒到葉質柔軟，葉色暗綠勻稱，茶香顯露，含水量減至60%左右時出鍋。為使茶葉初步捲緊成條，給「做形」工序鋪路，殺菁後需經過三次揉捻和三次炒菁。「做形」工序是決定外形品質特徵的重要步驟，其操作法是將三揉後的茶葉投入鍋中，用雙手將鍋中茶葉抓起，五指分開，兩手心相對，將茶握住團揉4～5轉，再撒入鍋中，如此反覆數次。待茶葉含水量減至15%～20%時，略升鍋溫，雙手加速團揉，直到滿顯白毫，再經過初烘、勻小堆和復烘達到足夠乾，勻拼大堆後，入庫收藏。蒙頂山茶在加工過程中融合了揉捻工藝，因而和普通的綠茶相比滋味更加鮮嫩醇爽。蒙頂甘露乾茶外形纖細勻捲，翠綠油潤，細嫩顯毫，嫩香馥郁，湯色黃綠鮮亮，味道鮮嫩爽口，葉底嫩綠勻亮，上品茶湯有毫渾。

023　竹葉青是什麼茶？

這個竹葉青不是毒蛇，也不是竹子，而是外形像竹葉的一款名茶。竹葉青公司產值位列茶葉企業百強前列，經營得很成功。

竹葉青產於世界自然與文化遺產保護地、中國 5A 級旅遊景區四川省峨眉山，屬於綠茶類，創製於 1964 年。因形似嫩竹葉得名「竹葉青」，是中國名茶。「竹葉青」既是茶品種，又是其商標和公司名稱，歸屬於四川省峨眉山竹葉青茶業有限公司，為中國國家圍棋隊指定用茶。峨眉山產茶歷史悠久，唐代就有白芽茶被列為貢品，宋代詩人陸游有詩曰：「雪芽近自峨眉得，不減紅囊顧渚春。」現代峨眉山竹葉青於 1960 年代創製，其茶名是陳毅元帥所取。

竹葉青採用四川中小葉群體種、福鼎大白茶、福選 9 號、福選 12 號等無性系良種茶樹鮮葉為原料，選用鮮葉的標準是單獨芽至一心一葉初展，要求不採病蟲葉，不採雨水葉，不採露水葉，通常於 3 月上旬開始採摘。製茶的工序有殺菁、初烘、理條、壓條、輝鍋等。

成品竹葉青茶葉，外形條索緊直扁平，兩頭尖細，形似竹葉，色澤翠綠油潤，清香氣雅、細、長，湯色黃綠明亮，滋味鮮爽回甘，葉底鮮綠嫩勻。由於竹葉青暢銷的核心在於其外形，所以幾乎所有的竹葉青殺菁都不夠，導致口感沒有達到最佳。消費者品飲時，通常入口感覺較鮮爽，青味明顯，有時有澀感，但是不太耐泡。另外，為了達到顏色青綠的效果，做了脫毫處理，也就是去掉了茶毛。

竹葉青悅目的外形確實適合作為禮品，但是較高的價格和不耐泡的特點，使它並不適合被老百姓作為日常品飲的口糧茶。就像出了香檳產區的氣泡酒不能叫香檳一樣，不是竹葉青公司出產的類似竹葉青的茶，都不能叫竹葉青。有些內行的和不願花大價錢買品牌茶的，就轉而購買這種不叫竹葉青的，但是採用同樣工藝製成的茶葉品飲。

024　恩施玉露是什麼茶？

「問茶清雅誰最甚？一盞玉露笑春顏。」恩施玉露茶產自世界硒都——湖北省恩施市的芭蕉鄉和五峰山，是目前中國碩果僅存的蒸菁綠茶，也是一款天然富硒茶。因其外形緊圓、堅挺、色綠、白毫顯露，故稱「玉綠」。由於在古音和當地的方言中，「露」和「綠」是相同的讀音，而且做出來的乾茶脫去了絨毛，讓翠綠油潤的乾茶毫白像翡翠上的露珠，又好似是清晨松針上的甘露，所以叫「玉露」也很貼切。

恩施玉露歷史悠久，創製於清代，沿襲了唐朝的蒸菁製茶工藝。相傳在清朝的康熙年間，恩施芭蕉有一藍姓茶商，精挑細選鮮葉，慢火精搓，細焙製作，製成的茶葉色澤翠綠，香鮮味爽，然而，其產量不高，實為稀有難得之物。康熙二十五年春（西元 1686 年），藍氏所製茶葉被徵為敬奉土司的貢品，備受土司的喜愛，遂賜名「藍氏稀焙」。康熙五十五年（1716 年），土司將藍氏稀焙進貢給康熙，獲「勝似玉露瓊漿」的盛讚。現代日本有許多的茶類，仍是在仿效恩施玉露的蒸菁方法製作。1965 年，恩施玉露入選「中國十大名茶」。

2007 年，恩施玉露獲國家地理標誌產品保護。2018 年 4 月 28 日武漢東湖茶敘活動中，恩施硒茶「利川紅」、「恩施玉露」成為國事茶敘用茶，一紅一綠在一夜間紅遍大江南北。

在恩施黃連溪的高山上生長的原生群體種苔子茶，葉色深綠柔軟，是製作恩施玉露最傳統的土生茶種。由於對茶葉品質的追求，所採摘的茶青多為單芽、一心一葉或者一心兩葉初展。恩施玉露的製作工藝複雜，不易操作，分為攤放散熱、蒸氣殺菁、扇乾水氣、炒頭文火、揉捻、炒二文火、整形上光、背火提香和揀選九大步驟。蒸菁工藝是展現恩施玉露特徵的關鍵工序，直接影響到茶的色、香、味，特別是翠綠的外觀。控制得當的蒸菁溫度使得殺菁程度適當，呈現出玉露外觀翠綠、湯色清綠、葉底嫩綠的「三綠」特徵。2014 年，其製作工藝被列入國家非物質文化遺產保護目錄。

恩施玉露的乾茶形似松針，勻齊挺直，油潤光滑，色澤翠綠。採用 80℃的水溫，用上投法沖泡，茶葉能迅速沉降至杯底。沖泡後，其芽葉舒展如初，葉底平復完整，湯色嫩綠明亮。觀其色澤，賞心悅目，品其滋味，鮮爽回甘。

恩施具有全球唯一探明的獨立硒礦床，形成了自然的富硒生態圈，是中國天然富硒農產品的生產地。據中國農業科學院茶葉研究所分析，恩施玉露乾茶含硒量為 3.47mg/kg，茶湯含硒量為 0.01 ～ 0.52mg/kg，故恩施玉露也是富硒茶中的珍品。沖泡以後，茶湯中的硒含量可滿足人體需求，對人體健康大有裨益。

025　都勻毛尖是什麼茶？

北有仁懷茅臺酒，南有都勻毛尖茶。在美麗的貴州都勻市，出產一種不亞於龍井、碧螺春的綠茶——都勻毛尖。都勻毛尖歷史悠久，早在明代就以其獨特的品質作為貢品進獻朝廷。明代御史張鶴樓在遊覽都勻五山的時候（也就是都勻毛尖茶原產地之一，今天都勻郊區的團山一帶）詩興大發，賦詩一首：

「雲鎮山頭，遠看輕雲密布。茶香蝶舞，似如翠竹蒼松。」相傳崇禎皇帝品過茶後，還根據乾茶的外形，為其賜名「魚鉤茶」。《都勻縣誌稿》記載：「民國四年（1915 年），巴拿馬賽會曾得優獎，輸銷邊粵各縣，遠近爭購，惜產少耳。自清明節至立秋並可採，穀雨最佳，細者曰毛尖茶。」

都勻毛尖對原料的要求較高，通常以一心一葉初展、長度不超過 2 公分為採摘標準。而且，要求葉片細小短薄，嫩綠勻齊。採回的芽葉經過精心揀剔，剔除不符合要求的魚葉、葉片及雜質等物以後，先攤放 1 ～ 2 小時，待茶鮮葉表面的水蒸發乾淨再開始加工。經過殺菁、揉捻、搓團提毫、乾燥四道工序製成。成茶外形條索纖細捲曲，白毫顯露，似魚鉤。由於原料細嫩，建議採用上投法沖泡它。茶葉沖泡以後，湯色綠翠，嫩香撲鼻，飲之滋味鮮濃，回味甘甜。都勻毛尖具有「三綠透黃色」的品質特徵，即乾茶色澤綠中帶黃，湯色綠中透黃，葉底綠中顯黃。茶葉專家莊晚芳先生曾作詩讚美都勻毛尖茶：「雪芽芳香都勻生，不亞龍井碧螺春。飲罷浮花清鮮味，心曠神怡攻關靈。」1982 年，都勻毛尖茶在湖南長沙召開的全國名茶評比會上被評為中國十大名茶之一。現今，在當地政府的引導和扶持下，都勻毛尖逐漸走出大山，邁向國際，逐漸成為鄉村振興的重要產業之一。

026　南京雨花茶是什麼茶？

南京不僅有雨花臺、雨花石，也有聲名遠播的雨花茶。南京雨花茶產於南京市郊江寧、溧水、高淳、六合等地，是炒菁綠茶中的精品。1958 年，江蘇省成立專門委員會開始研製新品種綠茶。由中山陵茶廠為首，集中了當時江蘇省內的茶葉專家和製茶高手，挑選南京上等茶樹鮮葉，經過數十次反覆改進，在 1959 年春，製成「形如松針，翠綠挺拔」的茶葉產品，並正式命名為雨花茶，以此紀念在南京雨花臺殉難的革命先烈，意寓革命烈士忠貞不屈、萬古長青。

雨花茶在清明前後開始採摘，採摘一心一葉初展的茶青。經過攤放、殺菁、揉捻、整形乾燥等步驟精製而成，品質有特級和一至四級。其乾茶外形緊直圓綠，鋒苗挺秀，形似松針。沖泡以後，湯色溫潤如碧玉，清雅的香氣和甘醇的滋味更使其聞名於世。在 1959 年，南京雨花茶入選中國十大名茶之列。

若讀者來到被稱為六朝古都的南京，不妨品上一杯雨花茶，感受歷史的興衰起伏。

027　湘西黃金茶是什麼茶？

湘西黃金茶，具有「高胺基酸、高茶多酚、高溶出率、高葉綠素含量」和「香氣濃郁、湯色翠綠、入口清爽、回味甘醇」的品質特點，人稱四高四絕。早期春茶胺基酸的含量高達 7.47%，是綠茶的兩倍以上。茶多酚的含量是 18.4%，溶出率的比例為 41.04%，被喜愛的茶友譽為中國最好的綠茶。

相傳明代嘉靖年間，巡撫湖廣都御史陸傑巡視兵防，將士們途經保靖時，在葫蘆林中感染瘴氣，幸得苗族向姓老婦採摘自家門前的老茶樹葉，沏湯後贈予將士們，將士們服下後，身體得以痊癒。為感謝救命之恩，陸傑賞黃金一兩給老婦，從此便有了「一兩黃金一兩茶」的傳說，茶也因此而得名「黃金茶」。

湘西以吉首市隘口一帶為主的黃金茶產地，擁有由砂岩、石灰岩以及古老的板岩、石英砂岩等成分構成的土壤，再加上特殊的峽谷氣候，雲山霧罩，雨水充沛，漫反射光多，非常有利於茶樹的生長。而且，黃金茶樹每年春天抽芽的時間要比其他品種提早十幾天，密度大，持嫩性強，在市場上具有一定的先天優勢。沏上一杯湘西黃金茶，其湯色綠中帶黃，飲之香沁心脾，醇和綿厚，使人難以忘卻。另外，由相同茶鮮葉製作而成的湘西黃金紅茶也別具特色，成為湖南紅茶「花蜜香，甘鮮味」品質的代表。

如今，作為黃金茶主要產區的吉首市、古丈縣和保靖縣是全國主要的產茶縣，2018年湘西土家族苗族自治州被中國茶葉流通協會授予「中國黃金茶之鄉」的稱號。多年開創的保靖黃金茶、古丈毛尖入選湖南十大茶品牌，並與湘西黃金茶、古丈紅茶一同成為國家地理標誌保護產品。魅力湘西，茶香古韻，茶文化氛圍濃厚，每年在吉首都會舉辦盛大的茶文化節。

028　湄潭翠芽是什麼茶？

湄潭翠芽茶屬於炒菁綠茶，產於貴州高原東北部素有雲貴小江南美稱的貴州省湄潭縣，和盛產茅台酒的仁懷縣毗鄰，同屬遵義地區。湄潭縣的湄江茶廠地處湄江河畔，氣候溫和，雨量充沛，土壤肥沃，極適於茶樹生長。清代《貴州通志》曾記載：「湄潭雲霧山茶有名，湄潭眉尖茶皆為貢品。」這「眉尖茶」就是「湄潭翠芽」的前身。相較於其他的歷史名茶，湄潭翠芽起源於抗戰時期，歷史其實很短，而且與西湖龍井茶頗有淵源。

1939年，江浙一帶淪陷，茶葉作為出口的重要經濟作物受到嚴重的影響。當時的國民政府決定搬遷至重慶、貴州、雲南等大西南後方。民國政府中央農業實驗所搬到了貴州遵義的湄潭縣，並在此設立了中央實驗茶場。隨後，國立浙江大學在竺可楨校長的率領下，踏上漫漫西遷之路，於1940年抵達貴州遵義、湄潭、永興等地堅持辦學7年之久。著名的浙江大學教授劉淦芝作為第一任的實驗茶場場長，在1943年，以湄潭縣當時的「湄潭苔茶群體種」茶樹為原料，採用西湖龍井茶的製作工藝，創製出了首批湄江茶，該茶當時被戲稱為西湖龍井茶的貴州私生子，並於1954年正式定名為湄潭翠芽。

湄潭翠芽外形條索扁平挺直、光滑勻整、形似葵花籽，色澤黃綠潤。湄潭翠芽富有清香、嫩香、栗香，香氣濃郁持久。沖泡以後，湯色嫩綠明亮，入口滋味鮮爽，有回甘，葉底嫩勻、黃綠明亮。湄潭翠芽是可以與西湖龍井相媲美的茶，常飲有益身體健康。筆者曾在楊曉紅老師舉辦的茶會上，了解到用湄潭翠芽的茶湯搭配小湯圓的吃法，甜甜的湯圓配上清鮮的茶湯，不膩不澀，味道好極了。

029　顧渚紫筍是什麼茶？

「史載貢茶唐最先，顧渚紫筍冠芳妍。」顧渚紫筍也稱湖州紫筍、長興紫筍，產於浙江省湖州市長興縣水口鄉的顧渚山一帶，屬於半烘炒型綠茶，是浙江傳統名茶。由於其製茶工藝精湛，茶芽細嫩，色澤帶紫，形如雨後破土而出的春筍，故此得名為紫筍茶。但是要注意的是，紫筍茶的紫色並不是因為紫外線過強，或溫度過高，導致茶樹花青素合成過多而呈現的葉片紫。顧渚紫筍的紫色，其實並不是人們現在認知中以紅、藍兩種顏色所調配出的那種紫色，而是一種微紅近紫的紅棕色。讀者想想正宗紫砂壺的顏色和紫禁城城牆的顏色就能理解。

相傳茶聖陸羽於唐肅宗乾元元年（西元 758 年），輾轉來到湖州長興境內的顧渚山隱居避世，專心著述。一日外出遊走，陸羽偶然發現一株野茶樹，其嫩芽迎著陽光看，呈現出紫色。經過精細的檢驗，陸羽確定這是品質甚佳的好茶，完全符合好茶的界定標準，並將其命名為「顧渚紫筍」。後來，朝廷下令在顧渚山建立貢茶院，為皇家製作貢茶。當時，紫筍茶與當地的金沙泉水要放入銀瓶中一同進貢，因而有了「顧渚茗，金沙水」的說法。作為貢茶之一的顧渚紫筍，自唐朝經過宋、元至明末，連續進貢了 876 年，其他茶葉難望其項背。

顧渚紫筍茶於每年的清明至穀雨期採摘，採摘一心一葉或一心二葉初展的茶芽。鮮葉採回後，經過 5 ～ 6 小時的攤放，在發出清香時開始製作。透過殺菁、理條、攤涼、初烘、復烘等步驟製成的極品茶，芽葉相抱似筍。上等茶，芽嫩葉稍展，形似蘭花。顧渚紫筍茶色澤翠綠，銀毫明顯，香氣清高，富有蘭香，入口滋味甘醇而鮮爽，葉底細嫩成朵，風格獨特，深受廣大消費者的喜愛。

030　宜興陽羨茶是什麼茶？

宜興不僅有紫砂壺名揚天下，更有被陸羽所盛讚的陽羨茶，並列貢茶首選，故有「天子未嘗陽羨茶，百草不敢先開花」之說。宜興古稱陽羨，其南部山區多產茶葉，是中國最享有盛名的古茶區之一，也是中國重要的茶葉產地之一，是全國首批20個無公害茶葉生產示範產地市（縣）之一。據史載，早在漢朝便有「陽羨買茶」和漢王到宜興茗嶺「課童藝茶」的記載。這表明宜興早在兩千多年前已開始招收學童，傳授茶葉生產技術。茶聖陸羽為撰寫《茶經》，曾在陽羨南部山區做了長時間的研究，認為陽羨茶「陽崖陰林，紫者上，綠者次，筍者上，芽者次」，並認為其「芬芳冠世產，可供上方」。由於陸羽的推薦，陽羨茶名揚全國，聲喧一時，並被納為貢茶，上供朝廷。

1980年代後，宜興的茶葉生產快速的發展。芙蓉茶場、陽羨茶場、乾元茶場、嶺下茶場等一個個優質茶場發展迅速，茶園面積、茶葉產量均居江蘇省之首。這些茶場先後創製的「陽羨雪芽」、「荊溪雲片」、「善卷春月」、「竹海金茗」、「盛道壽眉」等一系列名茶，在歷屆全國名特茶評比中屢獲殊榮。而且，「陽羨茶」還榮獲了國家地理標誌認定。

陽羨茶、金沙泉、紫砂壺，宜興有此飲茶三絕，再加上眾多的古剎名寺和秀麗的風景，真乃愛茶之人必去的寶地！

031　古丈毛尖是什麼茶？

位列湖南四大名茶之一的湘西古丈毛尖，是產於湖南省武陵山脈土家族苗族聚居區，古丈縣境內的條形炒菁綠茶，因地而得名。戰國時期，巴人種茶、製茶和飲茶的習俗，因楚巴戰爭傳入古丈。古丈種茶最早的文字記載，是在東漢時期的《桐君採藥錄》一書中，書中言，永順之南（今天的古丈縣境內），列入全國產茶地之一。唐代的杜佑在《通典》中記載：「溪州土貢茶芽、靈溪郡土貢茶芽二百斤。」可見古丈地區，自古就出產能夠作為貢品的優質茶葉。

古丈毛尖選用一心一二葉的茶青，經過攤菁、殺菁、初揉、炒二菁、複揉、炒三菁、做條、提毫收鍋八道工序製成。其外形緊直多毫，色澤翠綠，栗香馥郁。在沖泡古丈毛尖時，應使用 80 ～ 85℃的水。因為古丈毛尖的原料很細嫩，若是水溫太高，鮮爽度會被沖沒，湯色也會發黃。古丈毛尖沖泡以後，清湯綠葉，滋味醇爽回甘，葉底嫩勻，十分耐泡。1982 年中國商業部評選全國 30 大名茶時，古丈毛尖名列第九，入選中國十大名茶之列。2007 年古丈毛尖成功申報為國家地理標誌保護產品。歡迎來到湘西的古丈，品香茶，賞美景，唱山歌，跳起舞！

032　午子仙毫是什麼茶？

陝西省不僅有作為世界文化遺產的秦始皇兵馬俑，在秦嶺以南還有一款國家級的名優綠茶 —— 午子仙毫。創製於 1984 年的午子仙毫，原產於陝西省漢中市西鄉縣城東南方向 20 里外的午子山。午子山作為道教聖地，主峰海拔 896 公尺，三峰峭立，二水環流，素有「陝南小華山」的美譽。據《西鄉縣誌》記載，西鄉產茶始於秦漢，盛於唐宋。另外，據《明史．食貨志》記載，西鄉在明朝初期是朝廷「以茶易馬」的主要集散地之一，可見西鄉自古便與茶葉結下了不解之緣。

午子仙毫通常於清明前至穀雨後的10天內採摘，以一心一、二葉初展為標準，經過攤放、殺菁、理條、做形、提毫、烘乾、揀剔等工序，製成色澤翠綠，外形條索扁平，挺秀顯毫的茶葉。沖泡以後，湯色清澈明亮，清香持久，滋味醇厚，爽口回甘。1986年午子仙毫被商業部評為全國名茶，結束了陝西省無全國名茶的歷史。為了推廣陝西茶葉，2007年12月，午子仙毫、定君茗眉、寧強雀舌三款特色茶，被漢中市政府統一更名為漢中仙毫，作為漢中仙毫類名優茶的總稱。

筆者曾經受邀前往陝西考察茶葉，當地朋友所製作的漢中仙毫，滋味鮮醇，價格實惠，CP值高，是一款適合春季追鮮的好茶。

033　松蘿茶是什麼茶？

安徽產茶歷史悠久，廣為人知的中國十大名茶中，黃山毛峰、太平猴魁、六安瓜片、祁門紅茶都出自安徽。其實，歷史上徽州一開始生產的茶葉對外並沒有打響名號。明隆慶初年（西元1567年），居住在休寧縣海陽鎮松蘿山的僧人大方，用產於休寧縣萬安鎮琅源山上的鮮茶，透過炒菁技術改良了製茶方式，研製出了一種新茶。新茶條索緊捲勻壯、色澤綠潤，用燒開的山泉沖泡後香氣瀰漫，茶湯透明，入口後唇齒甘甜，因為製茶地為松蘿山，僧人大方將此茶取名為「松蘿茶」。

作為徽茶始祖的松蘿茶誕生以後，透過徽州籍官員的推廣和徽商搭建的遍布全國的銷售網，徽茶逐漸形成了以松蘿山為核心，以徽州六縣為生產地，以「松蘿」為地域品牌的茶葉新貴。松蘿茶成為和蘇州碧螺春、西湖龍井齊名的茶界第三大名茶，並一直延續到了清末，是當時中西方貿易活動中最重要的茶葉種類，茶業也成為徽商稱霸商界的四大行業之一。

由於清乾隆二十二年（1757 年）開始執行閉關鎖國政策，松蘿茶的市場占有率持續下降，松蘿茶之名逐漸在徽茶中淡出。

值得一提的是，1987 年瑞典潛水員從沉沒了 200 餘年的哥德堡號（East Indiaman Gotheborg）貨船上，打撈出許多茶葉，其中的大部分就是松蘿茶，受此事件的激勵，安徽茶農得以將松蘿茶重現世間。現今，有兩份從沉船打撈上來的茶樣，收藏於中國茶葉博物館，作為鎮館之寶。

034　屯溪綠茶是什麼茶？

「屯溪船上客，前渡去裝茶。」屯溪綠茶主要產於安徽黃山市休寧縣、歙縣、黟縣、績溪、寧國、祁門東鄉和屯溪區的長條形炒菁綠茶，以「葉綠、湯清、香醇、味厚」四絕聞名。明朝隆慶年間休寧創製的「松蘿茶」正是屯溪綠茶產製的基礎。

屯溪綠茶並不是屯溪生產的綠茶產品簡稱，而是一個地域品牌。屯溪古時稱昱城，為皖南繁華重鎮，茶葉貿易尤為興隆。過去皖南山區所產的茶葉都集中在屯溪加工和輸出，故稱屯溪綠茶，簡稱「屯綠」。

屯溪的茶葉經營始於明而盛於清，開始以內銷為主，謂之「北達燕京、南及廣粵」。咸豐年初，屯溪「俞德昌」等四家茶號製作眉茶千餘箱在香港熱銷。

清末民初為屯綠外銷鼎盛時期，一年銷售量最高為 32 萬箱，每箱以 25 公斤計，則外銷 8,000 噸，曾被譽為「首屈一指的好茶」、「綠色金子」。光緒二十二年（西元 1896 年），屯溪「福和昌」茶號老闆余伯陶創製的「抽心珍眉」、「特級貢熙」等眉茶花色，出口的銷量非常好。

歷史上屯綠為手工製作，眾多小茶號無統一標準且品目繁多。現在統一簡化為珍眉、貢熙、秀眉、特針、雨茶、綠片等。屯綠珍品有祁門「四大名家」（楊樹林茶、下土坑茶、楊村茶、騎馬洲茶）、休寧四大名家（大源茶、沂源茶、平源茶、南源茶）和婺源四大名家（溪頭梨園茶、硯山桂花樹底茶、大畈靈山茶、濟溪上坦園茶）。屯綠通常條索緊結壯實，色澤灰綠光潤，栗香高長鮮爽，滋味濃醇回甘。若讀者有機會前往屯溪，不妨品嘗一下屯溪綠茶，或許能發現驚喜。

035　景寧惠明茶是什麼茶？

浙江自然地理條件優越，出產非常多的好茶。位於浙江省的景寧，是全國唯一的畲族自治縣。在此地，畲族的先民與一位叫做惠明的僧人，共同闢地種茶，將茶業逐漸發展起來。據《景寧縣誌》記載：「中唐時，雲遊四方的峨眉山僧人惠明，被南泉山（今天的敕木山）的美麗景色所吸引，在此結廬修禪，並在禪房旁廣泛種植茶樹。惠明樂善好施，時常為四周百姓除病解痛，備受鄉民愛戴。鄉民感其德，於唐咸通二年（西元 861 年），以其名築寺，並將寺旁茶樹所產的茶稱為惠明茶。」

惠明茶的手工製作分為攤晾、殺菁、揉捻、初烘、輝鍋等工序，以一心一葉至一心二葉初展為鮮葉的採摘標準。品質優異的惠明茶，在明成化十八年（1482 年）被列為貢品。1915 年，由惠明寺村畲族婦女雷承女炒製的惠明茶，在美國舊金山舉辦的巴拿馬萬國博覽會上獲得一等證書和金質獎章，譽滿全球。1979 年，浙江人民出版社出版的《中國名茶》專著中，評價惠明茶時說道：

> 「茶條肥壯緊結，色澤綠翠毫顯，湯色清澈明淨，旗槍朵朵排列，滋味甘醇爽口，花香果味齊全。一杯淡，二杯鮮，三杯甘又醇，四杯、五杯茶韻猶存，堪稱名茶極品。」

036　嶗山綠茶是什麼茶？

「我昔東海上，勞山餐紫霞」，獲得詩仙李白讚美的嶗山位於中國山東青島，因受海洋性氣候影響，這裡四季分明，冬無嚴寒且多有雲霧。另外，這裡的土壤 pH 值為 4.5 ～ 6.5，呈酸性或微酸性，土質較厚，有機質含量高，形成了適合茶樹生長的局部環境。

1950 年代，有民間農業科技人員提出「南茶北引」的設想，並於 1959 年成功引種茶苗，並且後來不斷擴充引種的茶樹品種。例如：黃山群體種、祁門種、龍井 43 號、福鼎大白茶等數十個中小葉、抗寒性較強的優良品種。隨著嶗山綠茶的不斷發展，2006 年 4 月，國家質檢總局發布公告，認定嶗山綠茶和青島啤酒一樣成為山東的地理標誌產品。

嶗山綠茶通常有捲曲形和扁形兩種乾茶外形。由於北方溫差大，茶葉生長緩慢，但茶葉所含物質較多，形成了「葉片厚、豌豆香、滋味濃、耐沖泡」的品質特徵。值得一提的是，嶗山綠茶的胺基酸含量高，茶湯濃醇鮮爽，飲後齒頰留香，令各地茶友讚不絕口，是中國北方綠茶中的經典名品。若有機會到青島，可以到當地茶農處買些正宗的嶗山綠茶，品嘗不同於南方綠茶的北方滋味。

037　烏牛早是什麼茶？

烏牛早是古代名茶，又名嶺下茶，曾經失傳多年，在 1985 年重新恢復。

此茶主產於浙江永嘉縣烏牛鎮，茶樹品種最大的特點就是發芽的時間很早，一般在 2 月下旬、3 月上旬，比其他品種早將近一個月。1988 年，正式定名為「永嘉烏牛早」。1994 年以烏牛鎮為中心的烏牛早茶葉產地，連片茶園達到 80 公頃，並向周圍鄉鎮輻射擴張。如今，烏牛早茶園遍布周邊省市及省外綠茶產區。烏牛早茶樹種植廣泛，價格便宜，外形美觀，適合製成扁形茶。因此，市場上存在所謂的烏牛早龍井茶。其實，烏牛早和龍井的茶樹是兩個品種，兩者並不一樣。

烏牛早茶的外形，壯實飽滿，顏色偏綠，葉片光滑，但香氣不足，潤滑度也不夠。而龍井茶的外形，緊細偏黃，香氣更富層次、悠長，所以其價格、價值也不同。由於市場上追求明前茶的風潮，早採摘就意味著可以早上市，賣個好價錢，所以部分商家推出了烏牛早龍井茶，不了解的朋友可能會為追明前茶風潮而多花了冤枉錢。

038　雷公山銀球茶是什麼茶？

雷山銀球茶沖泡時如花朵般綻放，產自貴州雷公山，是著名的貴州凱里千戶苗寨附近的緊壓綠茶。

1980 年代，雷山縣委、縣政府開始在雷公山大力發展茶產業。此時，一位年近 50 歲，在縣科委就職的毛克翕先生，偶然間發現一片幾近荒廢的茶園，園中雜草叢生，茶樹幾近枯萎，讓人感到十分可惜。於是在當時政策的支持下，他離開了縣科委辦公室，安營紮寨，將茶園一點點恢復了生機，並且創辦了茶葉加工廠。在炒茶的時候，毛克翕發現葉片總是捲曲成一團，變成一個個圓球，這啟發了他，為什麼不能把茶直接做成球狀呢？經過研究發現，葉片之所以會黏在一起，是因為雷公山獨特的地理條件和氣候條件，使得種植出的茶葉富含果膠，炒製時果膠受熱析出，讓茶葉黏成了球狀。經過反覆試驗，毛克翁選擇了位於雷公山區海拔 1,000 公尺以上，一心二葉初展的優質茶青為原料，創製了這種全新的綠茶品種。當時，中國桌球正為鼎盛時代，而雷公山腹地居民又多以苗族為主，銀鈴鐺作為苗族姑娘最顯著的特色飾品廣為人知；毛克翕將這兩個當時最有特點的要素結合一起，把這種茶球命名為「雷山銀球茶」。這一創新之舉受到了當時國內的廣泛關注，1991 年雷山銀球茶更是被外交部選作饋贈外賓的禮品。

銀球茶造型獨特，屬中國首創，其球體直徑 18 ～ 20 公釐，表面呈銀灰墨綠，乾球重 2.5 克，每杯放一顆，用沸水 150 毫升沖泡，3 分鐘後球體在杯中徐徐舒展，宛若茶苞初綻。茶湯顏色黃綠明亮，香氣清高，有栗香。入口滋味鮮爽回甘，葉底嫩綠成朵。此外，茶葉含硒量高達2～2.02 微克 / 克，是一般茶葉平均含硒量的 15 倍。

雷山銀球茶對製作原料的要求非常嚴格，需要以條索緊湊、色澤烏潤的高級炒菁茶作為原料。假的銀球茶，再怎麼沖開水，茶葉也不好散開；或者即便散開一點，也不能像菊花那樣漂亮地舒展開。另外在製作過程中，主要技術在於成型和乾燥，如果處理不好，茶葉不易於成團；或者外乾內溼，導致發霉。

039　銀猴茶是什麼茶？

浙江自然生態條件優異，是吳越文化、江南文化的發源地，被稱為絲綢之府、魚米之鄉，所出產的西湖龍井茶、安吉白茶名揚海內外。在浙江南部的松陽一帶，有一種茶，因茶葉的輪廓形似小猴，披滿白毫，好似一隻銀色的小猴子，故叫做銀猴茶。2004 年，銀猴茶被評為浙江十大名茶之一。

銀猴茶，也叫「逐昌銀猴」、「松陽銀猴」，是產於浙江逐昌和松陽的牛頭山、九龍山、白馬山一帶的半烘炒型綠茶。1980 年春季，松陽縣農業局茶葉技術總監徐文義、盧良根，指導赤壽鄉半古月村茶廠，利用多毫型的福雲茶樹品種進行了銀猴茶的研製，經反覆試驗後取得了成功。在 1980 年、1982 年、1984 年連續三屆名茶評比會上，松陽銀猴茶均被評為省級的一類優質名茶。

銀猴茶一般在清明前後 10 天採摘，採摘一心一葉初展的芽梢。製作工藝包括鮮葉攤放、頭菁、揉捻、二菁、三菁、乾燥等工序。銀猴茶乾茶條索肥壯捲曲，色綠光潤，白毫顯露，形似小猴。沖泡以後，清湯綠葉，滋味醇厚回甘，有栗香，品質優異，風格獨特。

040　永川秀芽是什麼茶？

中國茶業，興於巴蜀。在中國重慶的永川地區，出產一種針形綠茶，外形條索緊直細秀，色澤翠綠鮮潤，湯色清澈碧綠，香氣清香淡雅，滋味鮮醇回甘，名為永川秀芽。1959 年，重慶市農業科學院茶葉研究所，採用當地一心一葉初展的優質茶青，經過攤菁、殺菁、揉捻、抖水、做條、烘乾等工序的精細加工，製成永川秀芽。1963 年 4 月，永川秀芽受到朱德的大力讚賞。1964 年，著名茶學專家、六大茶類分類標準的提出者陳椽教授親自將其命名為永川秀芽。如今，永川秀芽主產於重慶市永川區的雲霧山、陰山、巴岳山、箕山、黃瓜山五大山脈的茶區。電影《十面埋伏》曾在茶山竹海景區的扇子灣竹海取過外景。

作為重慶茶葉品牌的代表，永川秀芽獲得國家地理標誌證明商標認證，成為中國優秀茶葉區域公用品牌。2019 年，永川秀芽手工製作技藝列入重慶市非物質文化遺產名錄。2021 年永川秀芽更是被列入央視「鄉村振興行動」宣傳計畫，成為重慶主推的茶葉品牌。如果讀者想嘗一嘗形秀、葉綠、湯清、味醇的永川秀芽，可以選擇「興勝」和茶研所的「雲嶺」兩個品牌，比較正宗。

041　女兒茶是什麼茶？

不同於酒中的女兒紅是存放用於女兒出嫁時陪嫁的嫁妝，女兒茶在特定地區指特定的茶品。

四大名著之《紅樓夢》第六十三回〈壽怡紅群芳開夜宴 死金丹獨豔理親喪〉中有一段描寫，林之孝家的管家帶著人來查夜，囑咐寶玉早睡早起。寶玉忙笑道：「媽媽說的是。我每日都睡的早，媽媽每日進來時我可都不知道，已經睡了。今兒因吃了麵，怕停住食，所以多玩一會兒。」管家的人又向襲人等笑說：「該沏些個普洱茶吃。」襲人、晴雯二人忙笑說：「沏了一缸子女兒茶，已經吃過兩碗了。大娘也嘗一碗，都是現成的。」其中就提到了女兒茶。

關於這個女兒茶是什麼，主要有泰山女兒茶和雲南女兒茶兩種說法。就泰山女兒茶而言，最早的泰山女兒茶並不是真正意義上的茶。據明代李日華所著《紫桃軒雜綴》中記述：「泰山無好茗，山中人摘青桐芽點飲，號女兒茶。」而明末查志隆等編著的《岱史》中記載：「茶，薄產岩谷間，山人採青桐芽，號女兒茶。」可見，這個「女兒茶」就是採用產自山東的青桐（中國梧桐樹）芽製成的。而實際上的茶，自1966年起泰山開始真正引種茶樹後才出現，只是沿用了「女兒茶」這個名字。

而雲南女兒茶的說法，指的是普洱茶的一個品種，是盛行於清代宮廷和官宦人家的名貴貢茶。當時的普洱茶是從雲南作為進貢的貢茶運到北方的，而女兒茶類似現今製茶採摘鮮葉時，摘取細嫩毛尖製成的古樹春茶，因為鮮葉嬌嫩可人，才被稱作女兒茶。

042　大理感通茶是什麼茶？

天下名山僧侶多，自古高山出好茶，歷史上許多名茶就出自禪林寺院。感通寺茶在地方志中列為大理的首選名茶，早在南昭、大理時期，感通寺的僧侶就已經開始種茶、製茶，茶已成為寺僧之業。現今感通寺內所保留的兩株古茶樹，為建寺時所植。當時的感通寺不僅在茶葉的栽培、焙製上有獨特的技藝，還十分講究飲茶之道。

飲用感通茶十分講究，先用木桶取回寺院後山泉水，放在大土罐中煨沸，一旁用小土陶罐裝入感通茶，放在木炭火上抖烤，待茶烤至微焦黃時，裝入陶瓷杯中，注入沸水，即刻茶香四溢。

1985 年，下關茶廠為了重振歷史名茶，專門研究大理感通茶的歷史和現狀分析，經過反覆的試製，最終以春季幼嫩芽葉作為原料，參照歷史記載的加工工藝，結合現代新技術，成功製成了感通茶。

感通茶屬於今天所說的「古樹喬木茶」，以茶樹一心一葉或一心二葉初展的嫩梢為原料，經殺菁、揉捻、初烘、複揉、整形、文火、足火等工藝加工而成。明代著名地理學家徐霞客在西元 1639 年遊歷感通寺後，稱讚感通茶味道絕佳。

現在，感通寺周邊發展了大片的茶園，成為大理出口的名茶。曾經難求的佛茶，已進入了尋常百姓之家，這是茶人之福，更是百姓之福。

043　普陀佛茶是什麼茶？

好山好水出好茶，名茶常常與名山、名水相伴。普陀佛茶，又稱普陀雲霧茶，因其出產自中國佛教四大名山之一的普陀山，加上最初由僧人栽培製作，以茶供佛，故得名普陀佛茶，是半烘炒型的綠茶。

普陀佛茶歷史悠久，始栽於 1,000 多年前的唐代。海島獨特的自然環境，使得茶葉色澤翠綠，香氣馥郁，甘醇爽口。但是，由於產量稀少，珍貴異常，普陀佛茶專供觀音菩薩，即使是少數高僧也難以享用，民間就更難得了。直到清康熙四年（西元 1665 年）至雍正十三年（1735）間，才有少量茶供應香客。

隨著普陀山佛事的幾經盛衰，佛茶的生產亦隨之起落。1980年，停產已久的普陀山佛茶開始恢復研製，透過採摘一心二葉的茶青，經過殺菁、揉捻、搓團提毫、乾燥製成。其製法略似洞庭碧螺春，成茶品質亦與碧螺春略同，茶芽細嫩，捲曲呈圓形，白毫顯露，銀綠隱翠，清香襲人，鮮爽回甘，湯色明亮，芽葉成朵。1984年普陀佛茶榮獲浙江省名茶稱號。若讀者有機會前往「海天佛國」普陀山，一定要嘗一嘗這款佛茶，體會禪茶一味的意境。

黃茶

044　黃茶是什麼茶？

黃茶是六大基本茶類之一，屬於輕發酵茶。因經過獨特的悶黃工藝使得葉色變黃，故得名黃茶。黃茶的製作工藝與綠茶很接近，通常經過殺菁、揉捻、悶黃、乾燥等步驟製作而成。黃茶製作核心工藝是悶黃，利用溼熱反應促使茶葉內含的茶多酚發生一定的氧化反應，轉化出茶黃素，不但讓茶葉呈現黃色，還減少了刺激性，形成了黃茶「黃湯、黃葉，甘香醇爽」的特點。根據所用鮮葉的嫩度和大小，黃茶可分為黃芽茶、黃小茶和黃大茶三類。黃芽茶是以單芽或一心一葉為原料製成的黃茶，主要品類有君山銀針、蒙頂黃芽、霍山黃芽。黃小茶是以一心一、二葉的細嫩芽葉製成的黃茶，主要品類有溈山毛尖、北港毛尖、遠安鹿苑、平陽黃湯等。黃大茶是以一心二、三葉至一心四、五葉為原料製成的黃茶，主要品類有霍山黃大茶、廣東大葉青等。黃茶既有綠茶的鮮爽，又有發酵茶的柔和醇香，雖為小眾茶，卻獨具特色，很適合胃寒的人飲用。

045　君山銀針是什麼茶？

「先天下之憂而憂，後天下之樂而樂」，來自宋朝范仲淹〈岳陽樓記〉的一句名言，使得無數人知曉了洞庭湖畔的岳陽樓。而與岳陽樓隔湖相望，有一座小巧玲瓏的君山島，面積僅接近 1 平方公里。君山島四面環水，竹木蒼翠，風景秀麗，出產中國十大名茶中唯一的一款黃茶 —— 君山銀針。

相傳君山茶的第一顆種子是四千多年前娥皇、女英播下的。關於君山銀針，有這樣一個民間傳說：後唐的第二個皇帝明宗李嗣源，第一回上朝的時候，侍臣為他捧杯沏茶，開水向杯裡一倒，一團白霧立刻騰空而起，慢慢地出現了一隻白鶴。這只白鶴對明宗點了三下頭，便朝藍天翩翩飛去了。再往杯子裡看，杯中的茶芽都整齊地懸空豎了起來，就像一群破土而出的春筍。過了一會兒，茶芽又慢慢下沉，就像是雪花墜落一般。明宗感到很奇怪，就問侍臣是什麼原因。侍臣回答說：「這是君山的白鶴泉水（即柳毅井）泡黃翎毛（即銀針茶）的緣故。」明宗心裡十分高興，立即下旨把君山銀針定為「貢茶」。

用玻璃杯沖泡君山銀針時可以先浸透茶葉，然後再加水至七八分滿並加蓋觀察。開始時茶芽橫臥於水面上，吸水時芽葉間含有氣泡，猶如雀舌含珠。慢慢吸水後，茶芽漸漸直立，豎立懸浮於水面下，如刀槍林立。之後茶芽慢慢下沉，少數茶芽還能在芽尖氣泡的浮力作用下，再次浮起。這種上下浮沉的動感十分迷人，經常令不少第一次見到的人感到神奇。打開杯蓋，一縷含著甜香的白霧從杯中冉冉升起，然後消失，雅稱「白鶴飛天」。當大部分茶芽沉於杯底之時，茶芽林立，十分壯觀。這時端杯品茶，甜醇的香味會使人深深地感到生活的美好和休閒的愜意。

君山銀針外形肥壯挺直，滿被絨毛，香氣清鮮，滋味甘爽，湯色淺黃，是一種以賞景為主的特種茶，講究在欣賞中飲茶，在飲茶中欣賞。黃茶的加工工藝由鮮葉採摘、殺菁、悶黃、乾燥等步驟組成。獨特的悶黃工藝使得黃茶類茶品的口感不像綠茶那麼刺激，醇和不失鮮爽，對腸胃功能弱的人群很友好，是非常有潛力的一類茶。當然，由於一些區域為了促進茶產業的經濟發展，借用了本為黃茶的名字，實質上生產的是綠茶，導致消費者在認知上產生了混淆。

因此，當去市場上選購君山銀針等黃茶類時，大家需要留心一下茶的類型。

046　蒙頂黃芽是什麼茶？

蒙頂黃芽屬於黃茶中的黃芽茶，原產於四川省雅安市的蒙頂山。蒙頂山作為歷史上有文字記載的人工種植茶葉最早的地方，種茶歷史距今已有兩千多年，自然生態環境優異，雨量充沛，土壤屬於紅砂土壤類型，最高海拔 1,440 公尺，所產茶葉作為貢品進貢歷代朝廷。蒙頂黃芽的採摘標準比較高，必須是 1.5 公分到 2 公分、芽頭肥壯的單芽，或者一心一葉初展的芽頭，經過殺菁、初包、複炒、複包、三炒、堆積攤放、四炒、烘焙八道工序製成，特點是悶炒相結合。成茶外形扁直勻整，芽頭肥碩，色澤淡黃。沖泡之後，湯色橙黃明亮，入口滋味鮮醇甘爽，甜香濃郁，葉底嫩黃勻齊，具有乾茶黃、湯色黃、葉底黃的三黃特徵，是蒙山茶中的極品。

047　霍山黃芽是什麼茶？

霍山黃芽屬於黃茶中的黃芽茶，與黃山、黃梅戲並稱「安徽三黃」。霍山黃芽主產於安徽省西部六安市霍山縣海拔 600 公尺以上的山區，例如大化坪、金竹坪、金雞山、火燒嶺、金家灣、烏米尖、磨子潭、楊三寨等地。霍山種茶歷史悠久，唐代即有「壽州霍山之黃芽」的記載，明代王象晉的《群芳譜》亦稱壽州霍山黃芽為佳品。在現代，霍山黃芽的加工工藝一度失傳，直到 1971 年才得以挖掘、研製、恢復生產。1972 年 4 月 27 日～ 30 日，霍山縣農業局茶葉生產辦公室派茶葉技術專家胡翠成、李勝修、謝家琪到烏米尖，和近八十高齡的詹緒純等 3 位茶農共同炒製黃芽 14 斤，用白鐵桶封裝 6 斤上報國務院鑑評，作為國家招待貴賓之用。

茶農們在穀雨前兩、三天，採摘單芽至一心一、二葉初展的鮮葉作為原料，經過攤晾、高溫殺青、低溫做形、初烘、悶黃、攤晾、復烘、攤晾、足焙等工藝步驟製成霍山黃芽茶。在殺青整形的時候，不能直接用手，需要使用一種像小掃帚的工具——「芒花帚」，在鍋裡不停地依照三角形軌跡，採用挑、撥、抖的手法進行翻炒，否則會使芽葉顏色變暗。霍山黃芽茶成茶條形緊密，形如雀舌，顏色金黃，白毫顯露。沖泡以後，湯色黃綠，香醇濃郁，甜和清爽，有板栗香氣。1990 年霍山黃芽獲商業部農副產品優質獎，1993 年獲安徽省科技進步四等獎、全國「七五」星火計畫銀獎，1999 年獲第三屆「中茶杯」名優茶評比一等獎，2001 年、2002 年連續榮獲中國蕪湖茶博會金獎，2003 年獲國際名茶評比金獎。2012 年霍山黃芽證明商標被國家工商總局商標局正式認定為「中國馳名商標」。

048　莫干黃芽是什麼茶？

莫干黃芽是浙江省湖州市德清縣的一種黃茶珍品，產於莫干山地區的竹林間。莫干山位於德清縣西北，是中國著名的避暑勝地，相傳是干將、莫邪的鑄劍之地。莫干山竹林似海，自然環境條件優異，早在晉代就有僧侶上莫干山結庵種茶，直到清末後這種現象才逐漸消失。據《莫干山志》記載：「莫干山茶採製極為精細，在清明前後採製的芽茶，因嫩芽色澤微黃，茶農在烘焙時因勢利導，加蓋略悶，低溫長烘，香味特佳，稱為莫干黃芽。」1956 年春天，到莫干山避暑休養的浙江農學院教授莊晚芳先生，偶然間在市集上發現了一種香味極好的茶葉，認為它足以媲美其他的名茶，還作了一首詩：「試把黃芽泉水烹，香佳味美不虛名。塔山古產今何在？賣者何來實未明。」1979 年，浙江農業大學茶葉系的兩位教授——張堂恆和莊晚芳，在德清縣有關部門的帶領下，重新恢復了莫干黃芽的生產技藝。後來，莫干黃芽和西湖龍井一併被列入浙江省首批「省級名茶」的名單中。

莫干黃芽選用清明到穀雨之間，一心一葉至一心二葉初展的鮮葉作為原料，經過攤晾、殺菁、揉捻、悶黃、初烘、鍋炒理條、足烘等工序製成。其乾茶外形捲曲，呈暗褐色，部分顯黃。沖泡以後，湯色嫩黃明亮，滋味甘醇，有淡淡的甜玉米香，溫和、不刺激，有助於調理脾胃、舒緩神經、解壓。2017 年 12 月 22 日，農業部正式批准對「莫干黃芽」實施農產品地理標誌登記保護。

由於黃茶直至今日仍屬於小眾茶品，而且不懂的人會認為黃茶是陳放的綠茶，影響銷量，因此，1980、1990 年代，當地部分茶農、商家將其按照綠茶的加工工藝改製成綠茶進行銷售。這種現象在許多黃茶產地都或多或少地存在，在購買黃茶時要特別注意。

049　平陽黃湯是什麼茶？

平陽黃湯，亦稱「溫州黃湯」，是原產於浙江省溫州市的平陽、泰順、瑞安等縣市的條形黃小茶，品質以平陽北港（南雁蕩山區）所產為最佳，與君山銀針、蒙頂黃芽、霍山黃芽等知名黃茶齊名。因為歷史上以平陽的茶產量為最多，故通常都稱其為平陽黃湯。

平陽黃湯創製於清乾隆年間，以其優異的品質和獨特的風味成為朝廷貢品，距今已有200餘年。萬秀鋒等故宮專家編寫的《清代貢茶研究》記載：「浙江的貢茶中，數量最多的不是龍井茶，而是黃茶。黃茶是作為清宮烹製奶茶的主要原料。如：乾隆三十六年（西元1771年）巡行熱河時，茶庫給乾隆預備的是六安茶六袋、黃茶二百包、散茶五十斤。黃茶是浙江地方官督辦的主要例貢茶，每年要向宮廷進貢數百斤。」

後來，由於戰亂等原因，平陽黃湯的加工技術曾一度失傳，1982年之後才重新開發生產。平陽黃湯選用平陽特早茶或本地群體種一心一、二葉初展的嫩芽，採摘時要求芽葉形狀、大小、色澤一致。然後，經過攤菁、殺菁、揉捻、「三悶三烘」等工序，歷時48～72小時不等精製而成。其外形細緊纖秀勻整，色澤黃綠顯毫，香氣清高幽遠，湯色杏黃明亮，滋味甘醇爽口，葉底嫩黃成朵勻齊，以「乾茶顯黃、湯色杏黃、葉底嫩黃」的三黃而著稱。由於黃茶在悶黃過程中會產生大量的消化酶，且富含茶多酚、胺基酸、維他命等天然的物質，因而在美容養顏、抗衰延年、健脾養胃、調節生理等方面有一定的輔助作用。

050　溈山毛尖是什麼茶？

溈山毛尖屬於黃茶中的黃小茶，主產於湖南省寧鄉縣溈山鄉的溈山、溈澤、八澤等村，最早產於明朝，長期作為貢茶進貢朝廷，為中國傳統名茶。清同治年間《寧鄉縣誌》記載：「溈山六度庵、羅仙峰等處皆產茶，唯溈山茶稱為上品。」民國《寧鄉縣誌》載：「溈山茶雨前採製，香嫩清醇，不讓武夷、龍井。商品銷甘肅、新疆等省，久獲厚利，密印寺院內數株尤佳。」而且，溈山毛尖作為在溈山密印寺僧侶們呵護下發展起來的佛教茶，在中國禪茶文化中扮演著不可或缺的角色。

溈山自然條件優異，常年雲霧繚繞，土地肥沃，擁有黑色砂質土壤，富含各類優質微量元素，特別適合茶樹的生長。溈山毛尖通常在清明後到穀雨前開始採摘，以一心一、二葉為標準，經殺菁、悶黃、揉捻、烘焙、揀剔、熏煙等步驟製成。與其他黃茶不同，溈山毛尖在揉捻的時候，會撮散成朵，做成朵形茶而不是條形茶。而且，獨特的熏煙工序使其別具風味，這與湖南人（尤其是寧鄉一帶）喜歡熏製食品有一定的關係，是湖南特色之一。製作好的溈山毛尖，芽葉微卷，乾茶色澤黃潤，白毫顯露，煙香撲鼻。沖泡以後，湯色杏黃明亮，松煙香味濃郁，入口滋味香醇爽口，葉底黃亮嫩勻。

051　北港毛尖是什麼茶？

一聽到毛尖，很多人就想到綠茶，比如著名的信陽毛尖。實際上，北港毛尖是市場上稀有的黃茶。（黃茶採摘標準為單芽或一心一、二葉，按葉分為黃芽茶、黃小茶、黃大茶。同樣產於岳陽的十大名茶之一的君山銀針是黃芽茶。安徽六安金寨一帶主要生產黃大茶。）

北港毛尖屬於黃茶類中的黃小茶，因產於湖南省岳陽市的北港而得名。相傳唐朝文成公主嫁入西藏時所攜帶的茶中，湖南的名茶「邕湖含膏」就是今天的北港毛尖茶，不過唐朝製茶技藝還沒廢團改散，是否有原葉茶尚不能確定。北港毛尖通常於清明後的 5 ～ 6 天，以一心二、三葉為標準，在晴天採摘，當天採，當天製，透過鍋炒、鍋揉、拍汗、烘乾四道工序製作而成。其中，它的翻炒與別的茶葉不同，必須在高溫下放入鮮葉，然後中溫炒製，充分地破壞茶葉中的葉綠素。等到鍋中溫度下降為 40℃時，採用鍋揉，而後將炒好的北港毛尖堆積拍緊，上面覆蓋一層棉布用來保溫、保溼。最後，形成色澤金黃、毫尖顯露、芽壯葉肥的北港毛尖。沖泡以後，其湯色橙黃，香氣清高，滋味醇厚、甘甜，是值得各位茶友品飲的好茶。

052　遠安鹿苑是什麼茶？

遠安鹿苑亦稱鹿苑毛尖、鹿苑茶，因產於湖北省遠安的鹿苑寺附近而得名，屬於黃茶中的黃小茶。鹿苑寺附近山川秀美，林木繁茂，擁有丹霞地貌，紅砂土壤富含有機質，而且當地雨量充沛，適合茶樹的生長。據當地縣誌記載：鹿苑茶是鹿苑寺在西元 1225 年建寺的時候，僧人們發現並栽培的，當地村民見茶葉品質優異，便紛紛引種。清朝乾隆年間，鹿苑茶成為進貢朝廷的貢品。

清光緒九年（1883 年），臨濟宗四十五世僧人金田曾到訪鹿苑寺講經，品飲鹿苑茶以後，作詩一首誇讚此茶：「山精石液品超群，一種馨香滿面熏。不但清心明目好，參禪能伏睡魔軍。」

鹿苑茶選用一心一、二葉作為原料，經過攤放、殺菁、初悶、炒二菁、悶黃、揀剔、炒乾等步驟製成。乾茶色澤金黃，白毫顯露，條索呈環狀，俗稱「環子腳」，內質清香持久，葉底嫩黃勻稱。沖泡以後，湯色黃綠明亮，滋味鮮爽甘醇，有濃郁的板栗香。在當地民間，過去講究拿紫砂壺，用當地鳴鳳河的水來沖泡鹿苑茶，搭配瓜子花生來飲用。慢慢地還形成了民謠：「鳴鳳河的水，鹿苑寺的茶，紫砂茶壺要把，瓜子花生隨便抓。」

053　霍山黃大茶是什麼茶？

霍山黃大茶，亦稱皖西黃大茶，主產於安徽省大別山區的霍山、金寨、六安、岳西，以及湖北英山等地。其中，霍山縣大化坪、漫水河及諸佛庵等地所產的黃大茶品質最佳。霍山石斛對生長環境的要求十分苛刻，從這方面也可以看出，當地的自然生態條件是十分優異的。

霍山黃大茶起源於明朝，創製於明朝隆慶年間。霍山黃大茶以一心

四、五葉為採摘標準，葉大梗長，鮮葉採回後應攤晾 2 ～ 4 小時，以便炒製。然後，經過生鍋殺菁、熟鍋做形、初烘、悶黃、拉小火復烘、拉老火烘焙等步驟製成。

霍山黃大茶的外形梗壯葉肥，葉片成條，金黃顯褐，色澤油潤，梗葉相連似魚鉤。沖泡以後，湯色深黃顯褐，滋味濃厚醇和，具有高爽的焦香，好似鍋巴，葉底黃中顯褐。當地俗稱黃大茶為「古銅色，高火香。葉大能包鹽，梗長能撐船」，是一種外形很特別的茶。2010 年，霍山黃大茶被國家農業部認定為國家地理標誌保護產品。

霍山黃大茶茶性溫和，CP 值高，有消食解膩、去積滯等作用，適合作為老百姓日常品飲的口糧茶。由於決定黃茶品質特徵的關鍵工藝是「悶黃」，有一定的技術，建議第一次購買黃茶的朋友選擇有品牌的茶葉公司，以嘗到正宗的黃茶。

054　廣東大葉青是什麼茶？

廣東大葉青是黃茶中的黃大茶，屬於微發酵茶，主產於廣東的韶關、肇慶、佛山、湛江等地。廣東大葉青是採摘雲南大葉等大葉種鮮葉的一心三、四葉以後，經輕萎凋、殺菁、揉捻、悶黃、乾燥製成。在揉捻之後進行悶黃，可以加快茶葉的轉化速度，增強茶湯滋味。大葉青乾茶色澤褐中帶黃，葉大梗長，內質香氣純正。沖泡以後，湯色深黃明亮，入口滋味濃醇甘爽，具有濃郁的鍋巴香，勾人食慾。廣東大葉青茶的銷售客群主要集中在廣東省內，是一款小眾黃茶。

055　岳陽洗水茶是什麼茶？

茶葉的製作，整體上是一個不斷減少含水量的過程。然而，洗水茶聽起來卻似乎反其道而行之。其實在岳陽的民間，很多農家都習慣做洗水茶，它屬於黃茶種類。與常見的茶葉製作相比，主要區別在於殺菁步驟。洗水茶採用一種叫做「撈水」的古代製茶工藝，先將鮮葉置於木製容器中，將燒好的開水沖入容器，蓋住茶葉。然後立即把茶葉撈起來，過冷水進行降溫。就像平常做飯，把菠菜用開水燙一下。殺菁後的茶葉，經過後續的初揉和悶黃步驟，還需經過一個叫做「洗水」的特殊步驟，目的是洗去黏在茶葉表面的物質，及時冷卻茶葉，保持茶的韌性。最後再經過複揉、炭火烘焙、攤涼等步驟，製成色澤微黃、湯色澄黃、葉底黃亮的洗水黃茶，別有一番滋味。

青茶

056　青茶是什麼茶？

青茶，民間亦稱烏龍茶，是六大基本茶類之一，屬於半發酵茶。青茶是採摘鮮葉後，經過萎凋、搖菁、炒菁、揉捻、乾燥等步驟製作而成，核心工藝是搖菁（做菁）。透過調整搖菁的程度，可以製作出六大茶類中香氣和滋味類型最為豐富的茶，色澤青褐，湯色黃亮，葉色通常為綠葉紅鑲邊，有濃郁的花香。青茶按照產區可主要分為閩北烏龍、閩南烏龍、廣東烏龍和臺灣烏龍四類。閩北烏龍的代表有武夷岩茶、閩北水仙。閩南烏龍的代表有安溪鐵觀音、白芽奇蘭、漳平水仙、永春佛手等。廣東烏龍的代表有鳳凰單叢、嶺頭單叢等。臺灣烏龍的代表有東方美人、文山包種、木柵鐵觀音、凍頂烏龍、金萱等。發酵中等、香氣豐富多變的青茶非常受老茶客的歡迎，是顧客眾多的茶葉品類。

057　安溪鐵觀音是什麼茶？

安溪鐵觀音原產於福建省泉州市安溪縣西坪鄉，屬於半發酵的烏龍茶類，是中國十大名茶之一，素有「七泡有餘香」之美譽。其乾茶有「蜻蜓頭、蛤蟆背、田螺尾」的特徵，茶湯呈現琥珀金的色澤，水裡含香，不輕浮，有「綠葉紅鑲邊、三紅七綠」的葉底。

關於鐵觀音的來源，主要有「魏說」和「王說」兩種說法。

魏說講的是：傳說松岩村松林頭茶農魏蔭，每日都以清茶敬奉觀音菩薩。

觀音菩薩感其心誠，託夢使其發現一株茶樹。他用心養護茶樹，製成的茶葉品質非常好。因茶樹為觀音所賜，茶葉外形緊結沉實似鐵，故名「鐵觀音」。

王說講的是：清乾隆元年（西元 1736 年）春，安溪西坪南岩人王士讓在其讀書處「南軒」發現了茶樹，並移植到山下的苗圃，然後製作茶葉進貢朝廷。因此茶烏潤結實，沉重似鐵，味香形美，猶如「觀音」，故乾隆賜名「鐵觀音」。

福建安溪山清水秀，適合於茶樹的生長，目前境內保存的良種有 60 多種，例如鐵觀音、黃旦、毛蟹、梅占等全國知名良種，有茶樹良種寶庫之稱。鐵觀音品種茶樹的鮮葉，就是鐵觀音茶的原料。鐵觀音既是茶葉的名稱，也是茶樹的品種名。安溪縣西坪鄉的地勢，從西北向東南傾斜，根據氣候等不同分為「內安溪」和「外安溪」。內安溪包括西坪、祥華、感德、龍涓、劍鬥、長坑、藍田等鄉鎮。外安溪包括官橋、龍門、湖頭、金谷、蓬萊等鄉鎮。鐵觀音是經過晒菁、涼菁、搖菁、攤青、殺菁、揉捻、包揉、乾燥等多個步驟製作而成的。現今，市場上的鐵觀音主要有：發酵程度較低，湯清色綠的清香型鐵觀音；發酵度較高，茶葉色澤偏向黃黑的炭焙濃香型鐵觀音；近年來在成品的工藝上，經過二次加工，能儲存較長時間的陳香型鐵觀音。其中，清香型鐵觀音乾茶色澤砂綠，圓形緊結，湯色較為清淡、黃中帶綠，滋味鮮爽清淡，蘭花香高昂。但因發酵程度較低，故對脾胃的負擔比較大，不建議多飲。而且，需要低溫、密封或真空儲藏，以保證茶葉的香氣品質不受外界影響。濃香型的鐵觀音，因經過炭焙，發酵程度較高，乾茶顏色略深，墨綠中帶有微微的黑色，整體形狀似蜻蜓頭。沖泡後，湯色金黃明亮，滋味醇厚甘爽，回甘悠久，其特殊的層次豐富的香氣，因為用語言難以描繪，故被尊稱為「觀音韻」。鐵觀音在市場上較為出名的品牌有八馬茶業、華祥苑茗茶、天福茗茶等。

這麼好的茶葉，為什麼在茶葉市場上比較少見呢？甚至在北京的茶博會上都難覓其蹤跡？筆者認為，問題的核心就在於對鐵觀音的無底線炒作，影響了茶葉的品質。第一點：傷胃。為迎合市場追求綠色的需求，許多鐵觀音在製作的時候殺菁程度過低，一路向著綠茶化而去，亂象叢生。部分新入門的茶友，就有將鐵觀音誤以為綠茶的現象。茶友們說，現在的鐵觀音失去了特有的韻味，喝了還有拉肚子、胃寒的情況。第二點：食安問題。由於市場火熱，安溪的茶園不得不多次採摘，使用各類促進生產的農藥、除草劑、化肥乃至激素，導致茶湯滋味寡淡，香氣流於表面，失去了鐵觀音豐富的層次感和韻味。2011 年立頓的鐵觀音稀土超標事件，嚴重影響了鐵觀音的口碑。第三點：假冒。同樣是由於市場銷售過熱，安溪周邊許多地區，甚至是省外不適合鐵觀音茶樹種植的地方，也都引種鐵觀音品種的茶樹，並且將製成的茶葉冠以安溪鐵觀音之名對外販售，造成市場價格混亂，再加上網路以低價販售的鐵觀音茶葉，使得消費者對其徹底失去信心，鐵觀音在茶葉市場的占比也大幅度下降。

不得不感嘆，對茶葉的過度炒作是茶產業的一顆毒瘤。畢竟茶葉只有讓老百姓喝了，才是真的，才能帶來健康。當然，筆者身邊的朋友中，也有不少人沒有放棄鐵觀音，依然拜託筆者帶一些來喝。筆者相信，隨著當地環境土壤得到治理，傳統製作工藝再次回歸，鐵觀音依舊能綻放出屬於自己的光彩。

058　肉桂是什麼茶？

提起肉桂，不喝茶的朋友一般會聯想到做飯用的桂皮。沒錯，在茶界裡還真有一種茶帶有類似桂皮的香氣，叫武夷肉桂茶。

俗話說「香不過肉桂，醇不過水仙」。近年來，因為肉桂廣受歡迎，其種植面積不斷擴大，已經遍布武夷山正岩產區，而且發展到閩北各縣市和省外，與水仙一同成為武夷岩茶中的當家品種。民間所說的廣義的大紅袍，主要是指肉桂、水仙等武夷岩茶。

肉桂又名玉桂，屬於半發酵的青茶，也就是烏龍茶。茶樹為灌木型，中葉類，晚生種。早期肉桂茶產地為武夷山的慧苑岩、馬枕峰等地，茶人們每年用 5 月上旬採摘的春茶，經過晒菁、搖菁、殺菁、揉捻、焙火等工序製成品質上佳的茶品。焙火作為武夷岩茶形成特有風味的關鍵工藝，可以使得岩茶存放的時間更加長久，減輕岩茶的澀味，使得茶湯香氣濃郁，甘潤，溫而不寒，久藏不變質。精品肉桂茶，外觀條索緊實，色澤烏潤砂綠有光澤，一部分茶葉背面有類似蛙皮狀的細小白點，俗稱蛤蟆背，耐沖泡，7 ～ 8 泡仍有餘香。作為一款高香的茶，如果想要泡出高香的味道，一定要用高溫水進行沖泡來激發茶香。

通常投茶量為 7 ～ 8 克，茶水比例為 1：22。沖泡以後，茶湯色澤橙黃清澈，香氣濃郁辛銳，似桂皮香，滋味醇厚甘爽，岩韻明顯。品之唇齒留香，回味悠長，肉桂因而受到了廣大茶友的認可與喜愛。但是受製作工藝的影響，為避免上火，也避免焙火的味道掩蓋茶葉本身的香氣，肉桂新茶需要放置一段時間後再品飲更好。

059　茶葉中的「牛肉」和「馬肉」指的是什麼？

其實這兩種茶葉名詞，指的是武夷山各種不同山場的肉桂岩茶。牛肉指的是「牛欄坑肉桂」，岩韻十足，湯感醇厚，水香一體，口感霸道豐富。而馬肉，指的是「馬頭岩肉桂」，新銳的桂皮香中含著幾分花果香，醇滑甘潤。馬肉和牛肉之所以價格比較高，主要原因是這些年的炒作。這種炒作的行為不僅影響了消費者，更是對當地茶葉市場造成了長久的傷害。最終，當市場不再接受這些概念的時候，高價接盤的愛好者、盲目擴大生產的茶農只能面對慘痛的現實。所以，讀者想喝肉桂的時候，不必追求馬肉或者牛肉，只要是正岩所產就可以了。對於大多數人而言，品質上的差異並沒有宣傳的那麼大。

060　白雞冠是什麼茶？

在武夷山，除了著名的大紅袍，還有四大名叢，其中最具有辨識度的，便是白雞冠茶。白雞冠茶是產於慧苑岩下的外鬼洞和隱屏峰蝙蝠洞的茶樹，它的茶芽葉奇特，屬於光照敏感型的黃化品種茶樹（安吉白茶屬於低溫敏感性的白化品種）。白雞冠茶樹的新芽呈嫩黃色，葉片為淡綠色，十分顯毫。因為形態像雞冠，所以叫白雞冠。

相傳，白雞冠是道教金丹派南宗創派人白玉蟾發現並培育的茶種，採製後作為道士靜坐入定調氣養生的茶飲，是道家的養生茶。白雞冠茶是武夷岩茶中的精品，採製特點與大紅袍類似。由於採摘的鮮葉相對幼嫩，通常採用輕焙火製作。製成的乾茶，外形條索緊結，呈黃褐色。沖泡以後，湯色橙黃，有明顯的玉米香，入口滋味鮮爽甘甜，苦澀味較低，有岩韻。與其他的岩茶相比，此茶火功不高，屬於清新型。

061　鐵羅漢是什麼茶？

鐵羅漢是武夷傳統四大珍貴名叢之一，不僅名字有厚實感，滋味更有厚度。自帶淡淡藥香的鐵羅漢，在岩茶中十分少見。因 西元 1890 年至 1931 年間，惠安縣兩次發生瘟疫，患者喝茶莊的鐵羅漢茶後，病情得到了緩解，老百姓因此覺得此茶如羅漢菩薩救人濟世一般，從此鐵羅漢茶名聲大震。

關於鐵羅漢的原產地，一說是慧苑岩的內鬼洞（蜂窠坑），又一說為竹窠岩。相傳一百多年前，惠安有個陳姓茶莊主，在武夷山開了一個叫做「集泉」的茶莊，經營武夷岩茶。由於莊主非常喜歡鐵羅漢茶，因而特地研究出了一種配製的方法來製作鐵羅漢。因為鐵羅漢茶樹種群稀少，而且繁育困難，因而在歷史上很長的時間裡，鐵羅漢都以配製為主要方式來生產，直到今日才漸漸有大面積種植的能力。當擁有大量的鐵羅漢生產能力以後，鐵羅漢開始遠銷海外，在東南亞一帶廣受好評。

從外形上看，乾茶條索粗壯，緊結勻整，色澤烏褐油潤有光澤，呈鐵色，皮帶老霜（蛤蟆背）。湯色明澈濃豔，香氣馥郁，入口滋味又苦又烈，但是立馬回甘，有明顯的岩韻特徵，飲後齒頰留香。

062　水金龜是什麼茶？

名揚天下的大紅袍，原產於武夷山天心寺廟。在此廟還有一種叫做「水金龜」的茶也很不錯，屬於四大名叢之一。其葉形橢圓，葉面微微隆起，紋路交錯，好似龜甲；而且，其葉片深綠，光澤度好，有油光，在陽光照耀下，閃閃發光，故而得名。民國的茶學家林馥泉記載：水金龜原是屬於天心廟的廟茶，種植於牛欄坑杜葛寨的山峰上。一日傾盆大雨，水金龜的茶樹被沖到了山下面的蘭谷茶場，被養護了起來。然而，當天心寺廟的人發現水金龜茶樹在蘭谷茶場後，雙方於 1919 年至 1920 年，耗費千金打官司爭奪茶樹的產權，使得水金龜名聲大振。後人為此事感嘆，還在牛欄坑刻下了「不可思議」四個大字。

水金龜茶的採製工藝與「大紅袍」類似，製成的乾茶色澤綠褐，條索勻整，烏潤略帶白砂，具有「三節色」，是一款火功不錯的岩茶。沖泡以後，湯色橙紅，口感滑順甘潤，滋味醇和、厚重，有花香、果香，典型的品種香是類似於蠟梅花的香。

在武夷四大名叢中，水金龜的特性並沒有那麼突出，但是能夠靠均衡地呈現武夷岩茶的特性占據一席之地。

063　鳳凰單叢是什麼茶？

「茶中香水，人間單叢」，鳳凰單叢屬於半發酵型烏龍茶，是四大烏龍茶中廣東烏龍的代表。清同治、光緒年間（西元 1875 年～ 1908 年），經過長期細心觀察和實踐，茶農從數萬株古茶樹中，選育出優異單株並加以分離培植，實行單株採摘，單株製茶，單株銷售，「單叢茶」由此出現。又因其發源於潮州鳳凰山，故名「鳳凰單叢茶」。1995 年，鳳凰鎮被評為烏龍茶之鄉。

鳳凰單叢茶最主要的特點是耐沖泡、回甘強勁，以及香氣高揚。其中，耐沖泡是所有接觸鳳凰單叢茶的人們最明顯的感受，鳳凰單叢通常可以沖十五泡以上，甚至二、三十泡，遠高於同為烏龍茶、被譽為「七泡有餘香」的安溪鐵觀音。茶多酚和生物鹼作為影響回甘的重要因素，在鳳凰單叢中含量豐富，製作得當的茶經過特定的沖泡方式，可使茶葉中的茶多酚不被過多析出，回甘明顯。例如：前幾泡講究水的快進快出，品飲後舌底和喉內會呈現出強烈回甘和生津的感覺。香氣高揚的鳳凰單叢，香型也非常多，被譽為「茶中香水」。

其繁複的品種，更是有著「一樹一香型，叢叢各不同」的說法。現今最常見的有十大香型，包括：黃梔香、芝蘭香、蜜蘭香、桂花香、玉蘭香、夜來香、茉莉花香、杏仁香、肉桂香、薑花香。透過採摘、萎凋、做菁發酵、殺菁、揉捻和乾燥六大工藝製作而成的鳳凰單叢，外形條索緊結肥碩，色澤烏褐，內質香氣清高，細膩持久，滋味濃醇爽滑，湯色金黃，清澈明亮，有特殊的「山韻」、「蜜韻」。「芳香溢齒頰，甘澤潤喉吻」，只要多喝、多比較，您也能找到自己喜歡的那杯鳳凰單叢茶，體會最正宗的潮州工夫茶。

前兩年筆者去過鳳凰山的石古坪村，該村是畬族的發源地，有著關於畬族始祖與茶的美麗傳說。鳳凰山還有宋帝趙昺被元兵追至烏崬山，飲紅茵茶稱讚遂稱宋種的傳說，至今這裡還保留宋種繁育數百年的後代。作為工夫茶的發源地，當地人們可以一日無肉，不可一日無茶。希望鳳凰單叢能夠像潮州工夫茶那樣名滿四方，受到更多人的喜歡。

064　宋種是什麼茶？

宋種為茶樹品種，是鳳凰茶區現存最古老的茶樹，因種奇、香異、樹老而著名。宋種茶樹屬喬木類，樹高約二到三人的高度，是從烏崬山鳳凰水仙群體品種的自然雜交後代中，篩選出單株。傳說南宋末年，宋帝昺南下潮汕途經鳳凰山區的烏崬山，日甚渴，侍從們採下一種葉尖似烏嘴的樹葉加以烹製，飲之止咳生津，立奏奇效。從此廣為栽植，稱為「宋種」，迄今已有 900 餘年歷史。

宋種茶屬於半發酵烏龍茶，是鳳凰單叢中最高級的品種。現今包括四個品種：

宋種芝蘭香、宋種蜜香單叢、宋種東方紅、宋種八仙單叢茶。宋種的乾茶條索緊結，色澤烏潤有光澤，香氣馥郁，天然花香突出。宋種茶沖泡以後，湯色橙黃明亮，無雜質，而且餘香幽深，滋味綿長，有一種幽幽渺渺、清清涼涼的氣息穿越齒頰之間。

065　鴨屎香是什麼茶？

鴨屎香茶是鳳凰單叢分支下的一種烏龍茶。關於這種茶的名稱由來，有一種傳說：一個茶農用院子裡一叢茶樹做出一款好茶，茶農擔心茶葉被偷，便以種植茶樹的黃壤土長得像鴨屎為由，故意起了這個貶低茶的名字。別看這種茶名字不雅，其實它香氣優雅，口感誘人。乾茶聞起來很甜，很清新。茶湯喝進嘴後，香氣充盈整個口腔，最舒服的還是嚥下後回味的甘甜，說話都能明顯感覺到齒頰留有餘香，連口水都帶著香甜。如今，它已是鳳凰單叢裡面的上上之品，被廣泛栽培和製作。鴨屎香已經和蟲屎茶、東方美人茶等一樣，成為知名茶品。

066　白芽奇蘭是什麼茶？

「人本過客來無處，休說故里在何方。隨遇而安無不可，人間到處有花香」，留下此名句的著名學者林語堂，出生於中國福建省漳州平和縣。在他美麗的故鄉，有一種魅力十足的烏龍茶 —— 白芽奇蘭。它是珍稀烏龍茶良種，國家地理標誌保護產品，名字非常有詩意。白芽奇蘭發源於福建漳州平和縣的彭溪村，因其鮮葉芽尖帶白毫，成茶具有獨特的蘭花香而得名，與安溪鐵觀音、武夷岩茶、閩北水仙、永春佛手同為福建省烏龍茶類五大茶葉名品。白芽奇蘭主產區為平和縣的崎嶺鄉和九峰鎮等區域，屬於閩南第一高山、海拔 1,544 公尺的大芹山一帶。在閩南下雪是十分罕見的景象，只有平和有。下雪的時候，在大芹山山頂甚至還能看見霧淞奇景。平和縣不僅產茶，而且還大量栽種琯溪蜜柚，茶園在山頂（平均海拔 800 公尺以上），柚子樹在山坡上。因此，茶園病蟲害較少，不需要使用農藥。另一方面，也使得茶湯的後味中帶有蜜柚的清香。

清乾隆年間，彭溪茶農就開啟了以種茶、製茶、販茶為業的歷史。1981年，平和縣崎嶺鄉彭溪村的茶農何錦能先生偶然發現幾株老茶樹與其他茶樹長勢不同，新梢茂盛，芽尖白毫明顯；於是立刻摘取適量茶鮮葉進行試製，成茶品質良好。經過多年大面積的試種觀察，平和縣茶葉指導站確定白芽奇蘭的各方面指標優異。於是在1989年後，白芽奇蘭的苗木繁育與推廣種植逐漸大面積推展。為保護彌足珍貴的白芽奇蘭茶母樹，1993年將該茶樹從岸邊遷栽至白芽奇蘭發現人何錦能先生創辦的平和縣陽山茶廠內，方便呵護管理，使母樹得以保護與傳承。

農業部曾對白芽奇蘭這樣評價：外形堅實勻稱，深綠油潤，湯色橙黃，香氣清高，滋味清爽細膩，葉底紅綠相映，屬青茶類中的優質產品。因為其內含的兒茶素總量高達12%，所以建議使用85℃的水溫沖泡，不要久泡，以免茶湯苦澀，掩蓋住茶湯的甘潤。對於清香型的白芽奇蘭，建議密封以後使用冰箱儲存。而濃香型白芽奇蘭雖然無須冷藏，但仍需注意避光，密封好後放在陰涼處保存即可。目前，白芽奇蘭還稍顯小眾，溢價程度較低，CP值高，是一款值得品鑑的好茶。

067　漳平水仙是什麼茶？

漳平水仙茶形似一個小方塊，是烏龍茶類中唯一的緊壓茶，蘭花香氣高揚持久，方便攜帶儲存，主產於福建省龍岩市漳平九鵬溪地區。1920年代，一位海外華僑曾到寧洋找一位名為劉永發的茶人，要求按照包種茶的樣子生產水仙茶，還制訂了明確的規格：每斤25包，每包大約20克。與傳統的包種茶相比，這種水仙茶體積更小，緊實，節省了空間，有利於運輸，還可以免去稱重的煩瑣步驟。漳平水仙的加工工藝步驟有：採摘大葉鮮葉（芽頭口感苦）、晒菁、晾菁、做菁、殺菁、揉捻、造型和烘焙。工藝結合了閩南鐵觀音和閩北水仙的製作方法。其中，一道重要步驟，是把炒菁後還沒有乾燥的溼茶，放進四方模具中壓製成塊再包上紙張，用炭火焙乾，使得茶葉的香氣和滋味再次得到了提煉。沖泡以後，自帶如蘭氣質的天然花香，茶色赤黃，喝起來滋味醇爽細潤，鮮靈活潑，細品有水仙花香，喉潤好，有回甘，非常耐泡。漳平水仙老少皆宜、高 CP 值的特點，使其受到了市場歡迎，暢銷於閩西各地及福建省外，並遠銷東南亞國家和地區。

068　永春佛手是什麼茶？

在中國福建省的泉州，不但有一個安溪縣生產名茶鐵觀音，還有一個永春縣盛產，獨具地方特色的永春佛手茶。永春佛手茶在印尼、馬來西亞等國家很出名。永春佛手茶，又名香橼種、雪梨，屬於灌木大葉茶。因其葉子如手掌般大，橢圓狀，形似佛手，故又稱金佛手。永春佛手分為紅芽佛手、綠芽佛手兩種，以紅芽佛手為佳，主產於福建永春縣的蘇坑、玉鬥、桂澤等鄉鎮，海拔 600 公尺至 900 公尺的高山處，是福建烏龍茶中風味獨特的名品。佛手茶相傳為閩南一個寺院的住持，將採集來的茶樹枝條嫁接在佛手柑上得來的。而且，永春縣是蘆柑栽種的適宜區（均為山地栽種），是全國最大的蘆柑產區，被農業部有關部門授予「中國蘆柑之鄉」的稱號，山間種植的蘆柑，對佛手茶的香氣和滋味有一定的影響。永春縣與安溪縣距離很近，直線距離僅 30 公里左右，受到安溪鐵觀音製作工藝的影響，佛手茶的外形通常是比較大的顆粒，較重實，色澤烏潤砂綠，稍帶光澤。佛手茶內質香氣濃郁，品種香比較明顯，優質品有雪梨香，上品具有香橼香。茶湯湯色橙黃明亮、清澈，滋味醇厚甘鮮，葉底肥厚，飲之滿口生津，落喉甘潤。永春佛手茶目前還是一個小眾的茶品，但其甘甜、清爽的滋味，使人難以忘懷。

069　毛蟹是什麼茶？

毛蟹除了吃，還能做茶嗎？其實這裡說的毛蟹並不是吃的那種大螃蟹，而是用一種品種叫做「毛蟹」的茶樹鮮葉製作的茶。這種茶樹品種的鮮葉，葉張圓小，頭大尾尖，最明顯的特徵就是茶鮮葉的邊緣鋸齒深、密、銳利，葉面有密布的白色毫毛。如果仔細觀察那些鋸齒，會發現那些鋸齒與其他的茶葉不一樣，是向內鉤的，看起來跟螃蟹殼的邊緣一樣，因此而得名「毛蟹」，與鐵觀音、本山、黃金桂，並稱為安溪四大名茶。毛蟹茶原產於福建安溪縣大坪鄉福美村的大丘侖，具有多產、優質、抗逆性和抗病性強，適合粗放管理的特點，是製作烏龍茶的主要品種之一，屬於高級色種烏龍茶。福建省農科院茶研所編寫的《茶樹品種志》對毛蟹起源有如下記載：「據萍州村張加協云：『清光緒三十三年（西元 1907 年），我外出買布，路過福美村大丘崙高響家，他說有一種茶，生長十分迅速，栽後二年即可採摘。我遂順便帶回 100 多株，栽於自己茶園』。由於產量高，品質好，於是毛蟹就在萍州附近傳開。」

毛蟹茶的製作工藝類似清香型「鐵觀音」的製作工藝，採摘一心一、二、三葉的鮮葉，經過晒菁、搖菁、炒菁、包揉、乾燥等工序製成。成茶外形條索緊結，色澤褐黃綠，質地較鐵觀音要輕，尚鮮潤，內質香氣清高，稍帶一絲甜味和茉莉花香。沖泡以後，湯色青黃或金黃色，富有清香，入口順滑，口感醇厚。儘管毛蟹茶品質比不上鐵觀音，但是其生產成本較低，產量很大。也因此，在過去鐵觀音風靡全國的時候，一些不良的商家常常用毛蟹這類與鐵觀音相似的茶葉來冒充，牟取暴利。對於初入茶界的新人來說，從乾茶的外表上，很難區分毛蟹茶和鐵觀音。要想確定購買的茶葉是毛蟹茶還是鐵觀音，可以透過觀察葉底來區分。一是透過毛蟹茶葉子邊緣的鋸齒特徵做分辨，二是透過觀察葉片捲曲的方向來確定。毛蟹的葉底是向內捲曲的，也就是向葉面的方向捲曲，而鐵觀音剛好相反，是向外翻捲，也就是向葉背的方向捲曲，葉脈較平滑。有些人認為，閩南色種茶比不上鐵觀音。其實，毛蟹茶作為高級的色種茶，如果製作得當，品質並不比普通的鐵觀音差，而且產量大，價格適中。

紅茶

070　紅茶是什麼茶？

紅茶是六大基本茶類之一，屬於全發酵茶。因其沖泡的茶湯顏色紅豔明亮，故得名紅茶。由於紅茶鼻祖正山小種的乾茶色澤烏黑，國際茶葉採購商根據乾茶的色澤稱紅茶為 Black Tea 而不是 Red Tea。紅茶經過萎凋、揉捻、發酵和乾燥等步驟製成，核心工藝是發酵，促進茶葉內的茶多酚發生酶促氧化反應，生成茶黃素、茶紅素等成分，具有紅湯、紅葉、滋味甘醇的品質特徵。根據製造方法的不同，紅茶可分為小種紅茶、工夫紅茶和紅碎茶。代表紅茶有小種紅茶、祁門紅茶、金駿眉、滇紅、九曲紅梅、英德紅茶、寧紅、坦洋工夫紅茶、阿薩姆紅茶、大吉嶺紅茶等。在歷史上，由於以英式下午茶為代表的紅茶文化風靡世界，故現在生產的紅茶主要供國際出口使用，是世界茶葉消費量最大的茶葉類型。

071　正山小種是什麼茶？

正山小種誕生於明朝末年，是世界紅茶的鼻祖，出產於武夷山的桐木關。桐木關為國家級自然保護區，水如碧玉，常年雲霧繚繞，自然生態優異。

關於正山小種的誕生，有兩種主流說法。一種說法是：明朝時的一支軍隊由江西進入福建時，路過桐木關，夜宿茶農的茶廠，由於正值採茶時節，茶廠鋪滿了剛採下的鮮葉，準備做綠茶的鮮葉成了軍人的床墊。當軍隊離去時，心急如焚的茶農趕緊用當地盛產的松木燒火將鮮葉烘乾，烘乾後把變成「次品」的茶葉挑到星村販賣。本以為走霉運的農民，在第二年竟然被人要求專門製作去年加工的「次品」，第三年、第四年的採購量還越來越大，於是桐木關當地茶農不再製作綠茶，專門製作這種以前沒有做過的茶葉。這種生產量越來越大的「次品」，便是如今享譽國內外的正山小種紅茶，只是當時的桐木關茶農並不知道，他們眼中的次品卻是英國女王伊莉莎白的珍愛。

另一種說法是：武夷茶原本是綠茶，由於海上航行的時間很長，綠茶自然發酵，乾茶和湯色都變成深色，但是產生了誘人的香氣和獨特的滋味，深受英國皇家的喜愛。因此，消費者的旺盛需求推動了正山小種的發展。

據清代的《片刻餘閒集》記載，因所產之茶黑色紅湯，現在所產的正山小種曾經叫做江西烏。隨著海上貿易的興起，烏茶大量出口歐洲，風靡世界的英式下午茶用的便是正山小種。因產自武夷山，所以當時歐洲稱其為武夷茶，它也成為中國茶在歐洲的象徵。接著，由於出口需求和國際茶葉貿易競爭的加劇，出現了很多產自非桐木村的仿製小種茶。為了區分，便有了「正山」之說。而「小種」則是因為原茶樹樹種屬小葉種，故名「小種」。

歷史上，正山小種紅茶最輝煌的年代在清朝中期。據史料記載，在嘉慶前期，中國出口的紅茶中有 85% 冠以正山小種紅茶的名義。鴉片戰爭後，正山小種紅茶對貿易順差的貢獻作用依然顯著。

正山小種的傳統工藝有兩點特徵：一是在製作時，會有一道透過紅鍋的工序，二是在乾燥步驟，透過燃燒馬尾松來加溫乾燥，同時可以讓茶吸附煙香的工藝。正山小種條索緊結、肥壯，顏色烏潤，湯色呈帶金黃色的橙紅色，擁有獨特的桂圓味或粽葉味，屬於全發酵茶，茶性溫和，適合絕大多數人飲用。

西元1840、1850年代，茶葉大盜福鈞（Robert Fortune）來到武夷山，把正山小種紅茶的茶樹、工藝偷走帶到印度、斯里蘭卡，並帶走了一批茶工，自此開啟了紅茶全世界種植、加工的序幕。

隨著國際對紅茶的需求及中國經濟的發展，紅茶工藝傳到各地，產生了祁門紅茶、滇紅、英紅、宜紅、川紅等紅茶品類。近年來，在桐木關又誕生了用純芽頭製作的金駿眉，風靡全國。現在，由於紅茶耐儲存、可以調和飲用，許多綠茶產區都在嘗試生產紅茶。

隨著時代的變遷，儘管現在人們很少喝傳統意義上的煙燻正山小種，但是紅茶已經成為名副其實的世界茶飲。

072　祁門紅茶是什麼茶？

中國十大名茶安徽就占了四個，而黃山占了三個，其中祁門紅茶是唯一的紅茶。「祁紅特絕群芳最，清譽高香不二門。」祁門紅茶在國際上與印度大吉嶺茶和斯里蘭卡的烏瓦紅茶並稱為世界三大高香紅茶，享有「群芳最、紅茶皇后」的美譽。

祁門紅茶在清朝光緒年間的安徽省祁門一帶首創。關於祁紅的誕生，有史料佐證的說法有兩種。一種是胡氏說。胡元龍作為貴溪人（今天的池州），僱用了寧州茶工，透過仿製寧紅的製作工藝自製了紅茶，也就是祁門紅茶，在漢口銷售時獲得了巨大的成功。而且，由於清末綠茶滯銷，祁紅的外銷成功引起當時財政稅收捉襟見肘的清政府的重視，並在朝廷奏摺中給予特別推崇。大清第119號奏摺記載祁紅創始過程云：「安徽改製紅茶，權興於祁、建（至德），而祁、建有紅茶，實秉始於胡元龍。」另一種是余氏說。1937年出版的《祁紅復興計畫》記載：「西元1876年（光緒二年），有至德茶商余來祁設分莊於歷口，以高價誘園戶製造紅茶，翌年復設紅茶莊於閃裡。時復有同春榮茶棧來祁放匯，紅茶風氣因此漸開。」文中的「余」指的是余干臣。新編《黟縣誌》記載：

「余干臣，名昌愷，立川村人。祁紅創始人之一，原在福建為官，清光緒元年（1875年）在至德（今東至）縣堯渡街設茶莊，仿福建閩紅的辦法試製紅茶，次年到祁門縣歷口設茶莊……」

祁紅於國家困頓時期誕生，更多的是背負著振興中國茶業的使命和過硬的品質，而少了些文人雅士的傳頌。1915年在巴拿馬太平洋國際博覽會上，祁門紅茶擊敗印度紅茶獲得金獎，在列強打壓中國茶的情況下，它更是重塑了中國茶葉的形象。

傳統祁門紅茶色澤烏潤，金毫顯露，湯色紅豔明亮，香氣馥郁持久，滋味醇厚，以似花、似果又似蜜的「祁門香」征服世界，是英國王室的最愛。祁紅主產於安徽祁門、池州，以及江西原屬於歷史上徽州的部分地區，有大小祁紅產區之說。小產區是指：祁門縣境內除安陵區外的所有產茶區，其中的「歷口」正是祁紅的創始地，1915年獲巴拿馬金獎的祁紅，就是位於歷口的同和昌茶號選送的茶樣。大產區是指：祁門縣，祁門縣周邊的黟縣、石臺、東至、貴池，以及江西省的浮梁縣等地。其中，祁門縣和黟縣歸屬於黃山市，而石台、東至、貴池歸屬於池州。作為在世界享有盛譽的祁門紅茶，圍繞其地理標誌商標的適用範圍，池州和黃山兩地一直紛爭不斷。自2004年9月祁門紅茶協會提出商標申請以來，歷經多次訴訟，總計耗費 13 年，最終於 2018 年，最高法院駁回了祁門紅茶再審申請，祁紅商標的紛爭以確認符合客觀史實和大眾認知的大產區為結果落幕。不難看出，背後各方的利益糾葛是紛爭持續不斷的主因。實際上，較快地解決地理商標的問題，才能更好地將精力投入到創新發展上，使得茶產業興旺、茶文化興盛。若把那一畝三分地都攏在自己手裡，試問產量真的能滿足市場的需求嗎？到頭來還不是仿製品走遍天下，令人黯然神傷？筆者相信，共同將市場做大、做強才是正途。

祁門紅茶的製作方式可分為初製和精製兩大部分。初製部分包含採摘、萎凋、揉捻、發酵和烘焙 5 道工序，製成毛茶。精製部分將長短粗細、輕重曲直不一的毛茶分類，包含篩分、整形、審評提選以及分級歸堆 4 道工序。為了提高乾度，保持品質以便於儲藏和進一步發揮茶香，可再進行復火和拼配，製成外形與品質兼優的成品茶。

市場上常見的祁紅大致分為傳統祁紅和創新祁紅兩類。傳統祁紅即為祁紅工夫，以其經典的祁門香和醇厚的口感而著稱。由於祁門紅茶創製之初以外銷為主，所以祁紅的茶葉切成為 0.6 ～ 0.8 公分的長度，以滿足國外對茶葉的標準要求。1990 年代末，為拓展國內紅茶市場，透過調查市場需求而新創製的祁紅為創新祁紅，典型代表有借鑑碧螺春製作技藝的祁紅香螺和借鑑黃山毛峰製作技藝的祁紅毛峰等。相較於傳統祁紅，創新祁紅在滋味上，雖然醇厚程度有所下降，但更顯清甜。它甜香明顯，與似花、似果又似蜜的傳統祁門香風格不同，可稱為：新祁門香。

品飲祁紅時，可按 1：50 的茶水比例來沖泡單飲，也可以搭配其他的食材調飲，例如牛奶、蜂蜜等。儲存時注意密封和乾燥，放置於陰涼、無異味的地方即可。一些著名的祁紅品牌有天之紅、祥源茶、潤思、祁眉、謝裕大等。筆者曾在安徽工作過十年，多次到過祁門，那裡人文薈萃，物產豐富，有經典的白牆黛瓦山水古橋人家，讓人禁不住深深喜愛古徽州這塊風水寶地。這兩年筆者也去考察過祁門紅茶博物館，見證了祁門紅茶複雜的製作工藝，與非遺傳承人陸國富茶師進行了深入交流。祁紅為茶中精品，性溫味甘，可生熱暖胃。天冷的時候，品一品祁紅是個好選擇。

073　金駿眉是什麼茶？

金駿眉的誕生，充分展現了市場需求驅動的價值，市場決定了產區的創新與供應，雙方攜手創造了一個高級紅茶的新市場，從而引領紅茶這一品類的復興。

金駿眉外形細小而緊秀，顏色為金、黃、黑相間。茶湯湯色金黃，水中帶甜，甜裡透香，無論熱品、冷飲皆綿順滑口，一經推出就享譽京城，繼而風靡世界。

然而這款茶是如何誕生的呢？2005年6月的一天，在幾位北京人（張孟江、閻翼峰和孫連泉，出資人高玉山等）強烈建議採用芽頭製作，並承諾以每斤8,000元的高價買走的情況下，武夷山桐木村正山茶業江元勛手下一位叫梁駿德的製茶師傅，以及江進發和胡結興，用當天下午剛剛從山上採摘的兩斤半芽頭茶青為原料，製作出了半斤左右的紅茶。張孟江等人將茶命名為金駿眉，金為金色，駿為梁駿德的駿，眉為狀似眉毛。這種沒有完全按照正山小種紅茶傳統製作工藝來製作的新品種（不用過紅鍋，因為芽頭幼嫩，70%輕發酵等），在張孟江等人的市場行銷下，僅僅5年便風靡全國，使得原本以出口為主的紅茶品類，增加了內銷的新通路。後來因為梁駿德從江元勛處分離出來，茶名又有了崇山峻嶺的說法，故事很多。如今，金駿眉成為地標品牌，桐木關茶農都可使用。

由此可以看出，茶產業的創新，離不開懂行銷茶文化的人參與其中。如此，才能持續優化產品和服務，擴大消費，減少產能過剩，落實助力茶產業的健康發展。

074　坦洋工夫茶是什麼茶？

「閩紅精品天下高，坦洋工夫列榜首。」坦洋工夫茶是閩紅（福建紅茶）三大工夫紅茶之首，產於福建省福安市坦洋村，距今已經100多年，此地在之前生產桂香茶。福安市三面環山，一面臨海，氣候溫和，雨量充沛，土壤肥沃，形成了茶樹生長得天獨厚的生態環境，為其優良的品質奠定了基礎（福建省茶科所也在坦洋村附近）。相傳坦洋工夫茶由坦洋村村民於清咸豐元年（西元1851年）試製成功。為什麼叫坦洋工夫茶呢？據說坦洋曾經有位姓胡的茶商（胡福四）運茶出海經銷，不巧途中遇到了大風浪，船上的其他夥計全部被風颳進了海裡，只有他拖住船板，得到了一位廣東行船商人的搭救。經過這位胡姓商人的提議，這位胡姓茶商潛心研製出了屬於坦洋自己的紅茶。因製作過程繁複，很需要下一番功夫，故而得名。另外，坦洋工夫紅茶製茶創始人之一是武舉人施光凌，他是著名的豐泰隆茶行創始人。

坦洋工夫通常選擇一心一葉或一心二葉的鮮葉，經萎凋、揉捻、解塊、發酵以及乾燥和精製步驟製作而成。成品茶外形條索緊結，色澤烏潤，芽毫金黃。沖泡以後，湯色明紅，滋味甜和，香氣高爽，一時間聲名大噪。而後更是經過廣州運往歐洲進行銷售，征服了喜歡飲用紅茶的歐洲人，成為英國王室的特供茶。1915年，坦洋工夫茶與茅台酒一起在巴拿馬萬國博覽會上贏得金獎，躋身國際名茶之列。2007年坦洋工夫茶正式成為國家地理標誌保護產品，2009年被北京奧運經濟研究會和福建省茶葉學會聯合評為「中國申奧第一茶」。

如今，李宗雄老師是坦洋工夫紅茶界做了60多年茶的老茶人，成為領軍人物，他的兒子李立也已經成為能手。筆者的師兄——李彥晨，則和李宗雄老師一樣，在大家的建議下申遺，成為坦洋工夫首批非遺傳承人之一，他是李宗雄老師的侄子。而李彥晨的父親李敏泉，則是上一代國營茶廠技術領軍人物，曾經赴非洲索馬利亞（Somalia）指導製茶。

075　寧紅是什麼茶？

「寧州紅茶譽滿神州。」寧紅茶發源於江西省九江市的修水縣，是中國最早的工夫紅茶之一。因修水縣自古有「分寧、義寧、寧州」等名字，又因該種茶的製作工藝屬中國特有的工夫紅茶，故稱寧紅工夫茶，簡稱「寧紅茶」。

寧紅茶起源於乾隆晚期（約西元1785年），名揚於道光初年，鼎盛於光緒年間。作為重要的外銷茶，寧紅茶以外銷俄國為主，東南亞為輔，是萬里茶道上不可或缺的重要成員。清光緒十七年（1891年），修水著名茶商羅坤化開設於漫江的「厚生隆」茶莊產製的白字號寧紅茶，在漢口以每箱100兩白銀的價格賣給俄商。適逢俄國太子遊歷來華，為寧紅茶贈予「茶蓋中華，價甲天下」的匾額，寧紅太子茶由此得名。1892年至1894年，修水每年出口寧紅茶30萬箱（7,500噸）給俄商，占江西省出口茶葉的80%。

到1904年，寧紅茶更是成為清朝的貢品。後因第一次世界大戰和抗日戰爭等的影響，寧紅茶的銷售先後經漢口、上海、廣州、香港等口岸茶市進行外銷。

由於修水地處山區，交通不便利，運輸耗時長，在九江、漢口、上海、香港的茶市和口岸，往往會出現等寧紅茶到了才開箱品優的現象，因此寧紅茶有了「寧紅不到莊，茶葉不開箱」的崇高行業地位。在 1915 年美國舊金山巴拿馬太平洋萬國博覽會上，寧紅茶獲得甲級大獎章。2015 年 8 月 9 日，在義大利米蘭世博會「百年世博，中國名茶」國際評鑑會上，「寧紅茶」獲得了公共品牌金獎和企業品牌金駱駝獎雙豐收，實現了寧紅茶百年再現輝煌。

寧紅茶的產區峰巒起伏，林木蒼翠，多雲霧，其土質肥沃，有機質含量豐富，為茶樹提供了優越的自然生態環境，自唐代便有茶葉的生產。北宋年間，黃庶、黃庭堅父子曾將家鄉精製的雙井茶推賞至京師，贈京師名士蘇東坡等，使雙井茶名聲大噪。

寧紅茶對原葉的採摘要求較高，一般需要在穀雨前，選取一心一葉至一心二葉，芽葉大小、長短一致的鮮葉作為原料。後經萎凋、揉捻、發酵、乾燥等工序製成。寧紅茶製作技藝已入選國家非物質文化遺產名錄。目前，寧紅主要分寧紅金毫、寧紅工夫茶和寧紅龍鬚茶三個品種。特級金毫據說就是採用和寧紅太子茶一樣的原料。

寧紅龍鬚茶是一款工藝獨特的茶，因為捆上五綵線，作為一擔茶的好彩頭置於上面，且製成後的成茶「身披紅袍，外形似鬚」而得名。製成的乾茶形狀像毛筆頭，又像古時的紅纓槍槍頭，故又稱「掌上槍」。又因為茶在杯中沖泡時，似菊花綻放，也稱「杯中菊花」。

成品寧紅茶外形條索緊結秀麗，鋒苗挺拔，略顯紅筋，色澤烏潤微紅，內質香高持久，上品有果香、蘭花香。茶湯湯色紅豔，滋味醇厚甜和，葉底紅勻，肥厚。寧紅茶較耐泡，泡上 3 ～ 5 泡不是問題。

寧紅茶的龍頭企業是寧紅公司，寧紅集團重組後和浙江更香公司同屬一個集團。寧紅公司在北京馬連道核心位置開設店鋪，筆者經常過去品鑑。近代寧紅的品牌知名度不如祁紅、金駿眉等紅茶，但是品牌也因此溢價比較少，茶友們若將其作為口糧茶，是個不錯的選擇。大公司的寧紅金毫茶和國際盛會的紀念茶，也是很好喝的。

076　宜紅工夫是什麼茶？

在美麗雄壯的三峽，不僅有民族英雄屈原、四大美女之一的王昭君，更有三峽葛洲壩和湖北宜紅茶。宜紅性味之錦繡，可與金駿眉比肩。

宜紅工夫亦稱「宜紅」，是產於湖北宜昌、恩施的條形工夫紅茶，為中國國家地理標誌產品。宜紅工夫茶創製於清道光年間，最早由廣東商人鈞大福在五峰漁洋關傳授紅茶採製技術，設莊收購精製紅茶運往漢口，再轉廣州出口。

後來，咸豐和光緒年間，廣東的茶商到鶴峰縣改製紅茶，在五里坪等地精製，由漁洋關運往漢口出口。當時，漁洋關一躍成為鄂西著名的紅茶市場。西元1850年，俄國開始在漢口採購湖北一帶的紅茶。1861年，漢口列為通商口岸，英國開始在漢口設立洋行，大量收購紅茶。因交通關係，由宜昌轉運漢口出口的紅茶，取名「宜昌紅茶」，宜紅因此而得名。宜紅由英國轉售至西歐，美國和德國的商人也時有購買，宜紅得到成功發展。

1950年代，湖北宜紅主要分布在五峰、長陽、鶴峰、恩施、宜都、宜昌、建始、宣恩、利川，以及湘西的石門、慈利等縣。1951年，宜都縣（今宜都市）建立國營宜都茶廠，收購各縣紅毛茶進行精製加工，經漢口口岸出口。宜紅通常以一心二、三葉為採摘標準，經萎凋、揉捻、發酵、乾燥等工序製成，典型特徵為：「橘紅湯、果蜜香、味醇爽。」成茶條索緊細有毫，色澤烏潤。沖泡以後，湯色紅亮，香氣甜純高長，滋味醇厚鮮爽，具有「冷後渾」的特點，是中國高品質的工夫茶之一。

077　白琳工夫是什麼茶？

西元1850年代前後，白琳工夫紅茶創製於福建省福鼎太姥山麓的白琳、翠郊、磻溪、黃崗、湖林等村。當時，以白琳為集散地，設號收購，遠銷重洋，白琳工夫也因此聞名海外。白琳工夫曾與坦洋工夫、政和工夫並稱為閩紅三大工夫茶，是重要的外銷茶品。

白琳工夫紅茶原以福鼎當地的小葉種菜茶為製茶原料，後期改用福鼎大白茶良種作為原料。為了保證白琳工夫的品質特點，在採摘時，十分講究鮮葉的嫩度，要求早採、嫩採。否則芽葉過大，會導致成品外形粗鬆，滋味淡薄，影響品質。茶葉採摘後，經過萎凋、揉搓、解塊、發酵、烘焙等步驟製成。其乾茶外形緊結纖秀，色澤烏黑，含大量橙黃毫芽。沖泡後，湯色紅豔明亮，有金圈，滋味清鮮甜和。馥郁的花果香使白琳工夫在歷史上一度可以媲美祁門紅茶，是一款值得人們關注的好茶。現今，許多人的脾胃功能都較弱，不妨多嘗試一些有益於腸胃的紅茶。

078　英德紅茶是什麼茶？

英德紅茶是英國和德國的紅茶嗎？當然不是！英德紅茶雖然在中國的名聲比不上正山小種、金駿眉、祁門紅茶等，但是早已享譽世界，曾經是中國最主要的出口茶。英德紅茶產於廣東省的英德地區，有著中國紅茶後起之秀、中國紅茶之花和東方金美人的讚譽。生產它的茶廠（紅旗茶廠）是當時中國最大、成立最早的紅茶生產廠，也是現代紅茶工藝的搖籃，很多製茶機器都是在這裡研發製造的。英德紅茶與祁門紅茶、滇紅並稱三大出口紅茶。紅旗茶廠當年由中南局第一書記陶鑄親自督建，也是著名的知青茶廠。筆者參觀茶廠時看到1950年代的製茶機器仍然在使用，並且還非常科學，雖然很多用的是手工製的木頭，卻很符合製茶的原理，做出的茶優於一些現代機器製作的，讓人由衷感到讚嘆。1963 年，英國女王伊莉莎白二世在宴會上使用英德紅茶（葉茶一號）招待貴賓，獲得廣泛稱讚和推崇。

廣東英德，山川秀美，生態宜人，素有「嶺南古邑，粵北明珠」之稱。英德的茶業歷史悠久，茶聖陸羽就在《茶經》中提到嶺南韶州等地產茶，其味極佳。當時的英德就是韶州的主要產茶地。近代以來，為了響應出口創匯的策略需求，英德在政府的支持下，1955 年從雲南引進國家良種雲南大葉種茶籽試種成功。之後經過不斷的選育、研製，英德紅茶於 1959 年成功問世。茶樹在 1986 年被認定為省級良種。當時的英德紅茶主要供應出口，產品以紅碎茶為主，出口量約占了中國全部紅茶產量的 90%。隨著時代的變遷，為培育適合英德紅茶發展的優良茶樹品種，英德依託廣東省農業科學院茶葉研究所的科學研究技術，緊密關注茶葉生產中最新的研究成果，研製出英紅 9 號。最高等級的英紅 9 號茶葉，被稱為金毫茶。金毫茶外形條索圓直緊結，金毫顯露，勻稱優美，色澤烏黑紅潤。沖泡以後，湯色紅豔明亮，金圈明顯，富有茶黃素。金毫茶香氣濃郁純正，帶有花香，滋味醇滑甜爽，非常耐泡，沏上十幾泡沒有問題。而且，其優秀的品質特徵，非常適合製作成奶茶飲用。加奶後，茶湯棕紅瑰麗，滋味濃厚清爽，色香味俱全，相較於採用滇紅、祁紅製作的奶茶，別有一番風味。經營英德紅茶的知名茶公司有英九莊園、積慶里等，不僅茶好，環境也很優美，成為特色景區。各茶公司的電商與茶園連結也在鄉村振興中有很大的影響。

英德在紅茶產品的研發上持續創新，2016 年 9 月 15 日，35 棵選育的「英紅 9 號」茶樹種子，跟隨「天宮二號」在酒泉衛星中心升空，在空間飛行了 63 天，是太空育種飛行時間最長的茶樹種子。另外，作為距離廣州最近的著名茶區，英德紅茶對廣州人來說是一種情結，早已融入他們每天的早茶之中。

著名的廣東省農科院茶科所也坐落在英德茶區。

079　滇紅是什麼茶？

滇紅和普洱紅茶或者古樹紅茶是同一類嗎？當然不！雖然都是雲南茶，但因品種和地域工藝不同，特別是品種差異大，做出的紅茶外形、香氣滋味明顯不同。滇紅以鳳慶大葉種為適製品種，該茶樹品種屬喬木型大葉類，早生種二倍體，外形更為細長緊秀，溶出的茶黃素、茶紅素更豐富。普洱紅茶則選用各種製作普洱茶的原料，用紅茶工藝製作而成，外形不是很講究，滋味醇厚。

滇紅是雲南特色紅茶的簡稱，屬於大葉種紅茶類，主產區位於滇西南瀾滄江以西、怒江以東的高山峽谷區，包括鳳慶、勐海、臨滄、雙江等縣。滇紅是工夫紅茶的後起之秀，以外形肥碩緊實，金毫顯露和香高味濃的品質獨樹一幟，而著稱於世。滇紅包括滇紅工夫和滇紅碎茶。滇紅工夫於 1939 年在鳳慶與勐海縣試製成功，首批試製成功的滇紅共 500 擔，先用竹編茶籠裝運到香港，再改用木箱鋁罐包裝進入市場，為歷史名茶。滇紅碎茶於 1958 年試製成功。

滇紅採用雲南大葉種茶樹鮮葉為原料，選用鮮葉的標準是一心二、三葉。滇紅工夫的製茶工藝工序有萎凋、揉捻、發酵、乾燥。滇紅碎茶初製工序有萎凋、揉切、發酵、乾燥。成品滇紅工夫外形條索緊結、肥碩，色澤烏潤，金毫顯露，內質香氣鮮郁高長，沖泡後散發出自然果香和蜜香，滋味濃厚鮮爽，富有收斂性，其湯色紅豔，葉底紅勻嫩亮。滇紅 CTC（Crush，碎；Tear，撕；Curl，捲）碎茶外形顆粒重實、勻齊、純淨，色澤油潤，內質香氣甜醇，滋味鮮爽濃強，湯色紅豔，加牛奶仍有較多茶味，呈棕色、粉紅或薑黃，以濃、強、鮮為其特色。很多出口紅茶都要拼配進滇紅滋味才夠。

滇紅內含成分豐富，通常選用 80 ～ 85℃的水來沖泡，頭三泡出湯要快，一秒鐘即可出湯，之後可適當延長出湯時間。

080　「九曲紅梅」是什麼茶？

九曲紅梅源出自武夷山的九曲，相傳閩北、浙南一帶的農民北遷，在大塢山一帶落腳，開荒種糧種茶，為謀生計，製作了九曲紅，帶動了當地農戶的生產。九曲紅梅採摘是否適期，關係到茶葉的品質，以穀雨前後採摘為優，清明前後開園，品質反居其下。九曲紅梅因其色紅香清如紅梅，故稱九曲紅梅，滋味甜醇。九曲紅梅茶生產已有近 200 年歷史，早在西元 1886 年，九曲紅梅就獲巴拿馬世界博覽會金獎，但其名氣遜於西湖龍井茶。

081　晒紅茶屬於滇紅嗎？

當然不是。滇紅誕生於雲南省的鳳慶，品種與一般普洱茶樹種不同，其在工藝上屬於全發酵，而晒紅採用日光進行乾燥，沒有高溫乾燥、烘焙的步驟，它的發酵程度比滇紅低，大約為 70% ～ 80%。在香氣方面，由於高效烘乾的方式，新製作的滇紅有高昂的香氣，但香氣會隨著存放時間的延長而減弱。而發酵沒那麼徹底的晒紅則不同，新製的晒紅會有少許青澀味，偏酸，存放一年左右後再品飲味道會更好。若再稍微多放一段時間，會產生一些陳香，別具特色。從製作工藝上來講，滇紅烘乾時間短，而晒紅乾燥時間長短受天氣環境影響大，長則需要晒好幾天，卻也有了陽光的味道，滋味醇厚。從外觀上來講，晒紅則沒有滇紅那麼整潔、漂亮。

黑茶

082　黑茶是什麼茶？

黑茶是六大基本茶類之一，屬於後發酵茶，也叫做微生物發酵茶。因其原料較粗老，而且葉色呈現油黑或黑褐，故得名黑茶。在英文中，黑茶為 Dark Tea 而不是 Black Tea。黑茶一般指經過殺菁、揉捻、渥堆和乾燥等步驟製成的毛茶，以及以這種毛茶為原料加工而成的茶。黑茶也包括某些綠磚（餅）茶經較長期間存放，經微生物作用而改變原有綠磚（餅）茶風味的茶。黑茶的核心工藝是渥堆，透過營造有益於微生物生存的溫溼度環境，促進茶葉在溼熱和微生物的共同作用下進行轉化，生成茶紅素、茶褐素等物質，形成「乾茶烏黑油潤，湯色黃褐，陳香，滋味醇厚」的特點。黑茶類產品普遍能夠長期保存，而且有越陳越香的品質。按產地，黑茶主要有湖南黑茶、湖北黑茶、四川黑茶、雲南黑茶和廣西黑茶，例如：湖南的渠江薄片、安化黑茶，湖北的青磚茶，四川的雅安藏茶，雲南的普洱茶，廣西的六堡茶等等。

083　湖北老青磚是什麼茶？

內蒙古等地煮奶茶喜歡用青磚茶，它色澤青褐，形似磚頭，香氣純正，滋味醇和，沖泡後的湯色橙紅，葉底呈暗褐色，屬於黑茶類。其產地主要在湖北省咸寧地區的蒲圻、咸寧、通山、崇陽、通城等縣。因為其最早在羊樓洞生產，又名「洞磚」。據《湖北通志》記載：「同治十年（西元 1871 年），重訂崇、嘉、蒲、寧、城、山六縣各局卡抽派茶厘章程中，列有黑茶及老茶二項。」這裡講的老茶指的就是老青茶，距今已有 100 多年的生產歷史。1890 年前後，在蒲圻（湖北赤壁市）的羊樓洞開始生產炒製簍裝茶，即將茶葉炒乾後打成碎片，裝在竹簍裡運往北方，稱為炒簍茶。約 10 年後，山西茶商便以此為基礎在羊樓洞設莊，以老青茶為原料進行蒸壓，試製青磚茶。由於蒸壓後的磚面印有「川」字商標，也叫「川」字茶。

有好奇的朋友可能會問，為什麼這種茶磚都會印上「川」這個字呢？畢竟青磚茶產於湖北省，當時主要面向北方的蒙古國和俄國銷售，又不是銷往四川地區。其實啊，這個川字最主要的原因，跟當時經營青磚茶的茶莊和茶商有關。羊樓洞最早與「川」字有關的商號，是清代山西旅蒙最大商號「大盛魁」開辦的「大玉川」茶莊（後改名三玉川）。據內蒙古文史資料《旅蒙商大盛魁》記載：著名旅蒙商大盛魁投資設立的「三玉川」茶莊，其據點就設於湖北省蒲圻縣的羊樓洞。而這「大玉川」商號名字的來歷，其實是取自為紀念茶仙盧仝而製作的一套「大玉川先生」的茶具，因為寫下〈七碗茶歌〉的盧仝，自號就是玉川子。另外，與「川」字有關的商號，還與山西祁縣的渠家有關。渠家基業的創始人，字百川，經過艱苦創業，逐漸發家。渠家在羊樓洞開辦的茶莊大都與「川」有關，例如「長源川」、「長盛川」、「三晉川」、「宏源川」等茶莊。

在渠家大院門樓上掛的「納川」二字，既有海納百川、聚財的意思，又寓意著「包容」，是渠家創業先輩對後輩的諄諄叮囑。

在西元 1870 年代至 1880 年代，現今的赤壁市羊樓洞地區，面積不足 1 平方公里的小鎮內，聚集了 200 家茶莊和茶葉加工坊，它是名副其實的國際茶葉貿易名鎮。2012 年羊樓洞被國家文物局確定為萬里茶道的源頭之一，是青磚茶之鄉。作為近代中國重要的茶葉原料供應和加工集散中心，青磚茶從這裡起步，由萬里茶道走向世界，推動了漢口和九江兩大茶市的發展。

說到製作技藝，青磚茶分為灑面、二面和裡茶三個部分。面茶較精細，裡茶較粗放。一級的灑面茶以青梗為主，基部稍帶紅梗，條索較緊，稍帶白梗，色澤烏綠。二級的二面茶以紅梗為主，頂部稍帶青梗，葉子成條，葉色烏綠微黃。三級的裡茶為當年生的紅梗，不帶隔年的老梗。面茶製作分殺菁、初揉、初晒、複炒、複揉、渥堆、晒乾七道工序，裡茶製作分殺菁、揉捻、渥堆、晒乾四道工序。鮮葉採割後先加工成毛茶，毛茶再經篩分、壓製、乾燥、包裝後，製成青磚成品茶。青磚茶發酵度較其他黑茶輕。品飲時，先用茶刀撬開一片，用沸水先洗一下茶，洗茶有利於後續茶的出湯和發香。青磚茶外形端正光滑，厚薄均勻，磚面色澤青褐，湯色紅黃明亮，具有青磚茶特殊的香味，品飲時無青澀感覺，葉底粗老呈暗褐色。

隨著時代的發展、科技的進步、生活節奏的加快，傳統的青磚茶有利於運輸和儲存的優點被弱化，而不便於沖泡的問題卻常常被放大，因而影響了市場的開拓。為了解決這一問題，茶商們也積極轉變，適應市場的變化，推出了便於沖泡的小包裝茶品，讓廣大的消費者能夠一品香茗，感受青磚茶獨特的魅力。相信未來青磚茶一定能夠獲得更大的發展。

084　湖南渠江薄片是什麼茶？

湖南以黑茶聞名，而渠江薄片被認為是湖南黑茶的鼻祖。民間相傳，渠江薄片是由西漢名臣張良所造，俗稱張良薄片。唐朝皇家選用的名茶飲品中就有渠江薄片。唐代末期（西元 856 年）楊曄在《膳夫經手錄》中曾有「渠江薄片茶（有油，苦硬）」的記載，五代十國時期，後蜀二年（935 年）毛文錫的《茶譜》中曾記載：「潭邵之間有渠江，中有茶而多毒蛇猛獸。鄉人每年採擷不過十六、七斤。其色如鐵，而芳香異常，烹之無滓也。渠江薄片，一斤八十枚。」

現在的渠江薄片，選用最高等級的天尖黑毛茶為原料，經過兩蒸兩製，冷渥堆後，壓製成每片重 6.25 克的薄片。其外形為古銅幣狀，色澤油潤，飲用攜帶方便，可用沸水沖淋，或者燜泡來飲用。湯色橙紅明亮，香氣純正持久，陳香濃郁，滋味醇和濃厚，葉底黑褐，均勻一致，堪稱茶中一絕。其外形典雅，非常適合作為禮品。現今生產渠江薄片的有中糧中茶牌、湖南省渠江薄片茶業有限公司的奉家渠江薄片等。

085　廣西六堡茶是什麼茶？

要論祛溼哪家厲害？六堡茶當仁不讓！因產自廣西壯族自治區梧州市蒼梧縣六堡鄉而得名的六堡茶，作為唯一一款低溫發酵、竹簍存放，窖藏、洞藏或者木板乾倉存放的僑銷茶（其他黑茶都為邊銷茶），其口味特點明顯，擁有一眾粉絲喜愛。

歷史上不但有茶馬古道，還有一條茶船古道，起點就在廣西的六堡。梧州人民透過內河航運把茶葉、瓷器等貨物運往世界各地，與外界建立了廣泛的貿易關係，形成了歷史積澱深厚的「茶船古道」。茶船古道從廣西六堡開始，沿六堡河，經東安江，走賀江，入西江，直達廣州，對接「海上絲綢之路」的船運茶葉通道，是全國獨一無二的連接了桂、粵、港，直通東南亞的茶船古道。透過茶船古道，六堡茶走出深山，越洋過海，成為海上絲綢之路的重要商品之一。

六堡其地產茶、製茶的歷史可追溯到 1,500 年前。《廣西通志稿》曾記載：

「六堡茶在蒼梧，茶葉出產之盛，以多賢鄉之六堡及五堡為最，六堡尤為著名，暢銷於穗、佛、港、澳等埠。」清朝中後期，社會動盪不安，一些華人紛紛遠渡南洋，躲避亂世。在此期間，馬來西亞發現了巨量的錫礦，吸引很多華人前往。由於南亞氣候潮溼悶熱，常常有人因腸胃和溼氣得病，後來有人發現，常喝六堡茶的工人不易得病。於是，六堡茶調理腸胃、祛溼功效好的消息很快傳開，推動了六堡茶的發展。也因此，六堡茶是近代中國早期重要的出口換匯產品。

六堡茶條索長整緊結，色澤黑褐光潤，湯色紅濃明亮，香氣醇陳，滋味醇和爽口、略感甜滑。六堡茶正統應帶松煙和檳榔味，以「紅、濃、陳、醇」四絕著稱，屬於後發酵類茶，也就是黑茶。採摘的一心二、三葉或三、四葉的茶鮮葉，經過殺菁、揉捻、堆悶、複揉、乾燥五道步驟初加工，再經過篩選、拼配、渥堆、氣蒸、壓製成型以及陳化製作而成。2008 年，這種古老的製作技藝被列入廣西壯族自治區第二批非物質文化遺產名錄。六堡茶著名的大品牌有三鶴、中茶、茂聖、福臨門、金花等。筆者曾去過位於六堡鎮的黑石山茶廠，體驗儒菲六堡茶，製茶大師韋潔群是六堡茶國家級非物質文化遺產代表性傳承人，三鶴的木板乾倉和藏茶山洞給筆者留下深刻印象。隨著時代和技術的不斷進步，如今生產六堡茶的企業也開始注重零售市場，推出了多種多樣的口味和包裝，創新工藝生產的金花六堡茶銷量也很不錯。現代社會人們普遍有溼氣方面的問題，不妨選擇六堡茶喝一喝，或許有意想不到的感受。

086　四川雅安藏茶是什麼茶？

雅安藏茶屬於黑茶類，產於四川雅安。雅安地處四川西南方向，位於川藏、川滇公路交會處，是四川盆地與青藏高原的結合過渡地帶，也是古南方絲綢之路的門戶和必經之路，素有「川西咽喉」、「西藏門戶」、「民族走廊」之稱。

西元前 53 年，茶祖吳理真在蒙頂山種下七株茶樹，開創了世界人工植茶之先河。由於地緣關係，雅安自古就承擔著供應藏區茶葉的重任，《西藏政教鑑附錄》曾記載「茶亦文成公主入藏地也」，迄今已有 1,300 多年供茶歷史，從未間斷。雅安藏茶是藏族同胞的生命之茶和民生之茶。在不同的歷史時期雅安藏茶有不同的稱謂，如烏茶、大茶、西番茶、邊銷茶、南路邊茶等。

從定義上來講，雅安市所轄行政區域範圍內採用一心五葉以內的茶樹新梢，經傳統的已列入國家級非物質文化遺產名錄的「南路邊茶製作技藝」加工生產出的各種規格、形狀的緊壓茶、散茶、茶包及工藝茶等系列產品，統稱為「雅安藏茶」。狹義的藏茶是指藏區民眾自吐蕃時代以來傳承至今，一直飲用的以雅安本山茶（小葉種茶）製作的磚茶。

藏茶有「紅、濃、陳、醇」四絕，「紅」指茶湯色透紅，鮮活誘人；「濃」指的是茶味濃醇，飲用時爽口酣暢；「陳」指芳香濃厚；「醇」是指入口不苦不澀，滑潤甘甜。藏茶雖然和紅茶的湯色在感官上非常相近，但是兩者發酵的類型是不同的。紅茶發酵是酶促發酵，發酵時間較短，主要形成茶黃素、茶紅素。藏茶發酵是包含微生物、溼熱作用、酶促發酵的生物工程，發酵時間相對較長，在發酵過程中將多酚類物質轉化為茶紅素、茶黃素、茶褐素，並在發酵過程中形成有益於人體的微生物菌群及衍生物，幫助人調理腸胃，助消化，加快新陳代謝。此外，研究表明，藏茶中含有近百種營養成分，包含磷、鎂、鉀等礦物質，具有抗氧化、促消化、抗輻射、抑制動脈硬化、抗病毒等功能。

藏茶的飲用方式有沖泡飲用或煮飲，也可以調飲。藏茶具有極大的包容性，每個人可以根據自己的喜好調配藏茶，加入水果、蜂蜜、乳製品、香料、酥油等。

087　雲南下關沱茶是什麼茶？

關於雲南茶，有一種說法，同一種茶，原料最好的做沱茶，較好的做餅茶，等級低的做成磚茶。沱茶以下關茶廠生產的為佳，一般單塊 100 克。沱茶從加工技藝上講，屬於再加工的緊壓黑茶。由於發酵環境溫度低，目前主做普洱生茶。歷史上，景谷人李文相於光緒二十六年（1900 年）創辦製茶作坊，用晒菁毛茶做原料，用土法蒸壓月餅形團茶，又名谷茶或者景谷姑娘茶。兩年後，被下關「永昌祥」商號借鑑生產。1916 年，永昌祥商號在此基礎上改革工藝，於茶的底部開窩，便於乾燥、組合包裝和運輸。由於圓而飽滿的單個體在雲南話中稱為「坨」，於是改叫「坨茶」，後因銷往四川沱江一帶大受歡迎，進而演變成了「沱茶」。

雲南下關沱茶採用產於滇西南地區的雲南大葉種晒菁毛茶做原料，在清光緒二十八年（1902 年）創製。因集中在作為交通驛站的歷史重鎮「下關」（大理市市區地域）加工，得名下關沱茶。素有「風城」之稱的下關，一年之間常常有來自北方的乾燥氣流，對下關沱茶的品質形成極為有利。下關沱茶的外形好似一個小窩頭，凹口端正，緊結光滑。下關沱茶，色澤烏潤顯毫，香氣馥郁，湯色橙黃明亮，滋味醇厚，有回甘。在沖泡的時候，既可以用茶刀撬開一部分來沖泡品飲，又可以放入鍋內蒸幾分鐘，然後將鬆散的茶存入茶葉罐，以便後續分次飲用。下關沱茶與雲南白藥和雲煙被譽為「滇中三寶」，並且在 2011 年入選國家商務部的「中華老字號」稱號，製作技藝也入選國家非物質文化遺產名錄，是地理標誌保護產品。

1970 年代開始的著名銷法沱茶是熟茶，至 2000 年初停產，在市場流通的僅有 1988 年和 1992 年的兩款，是收藏市場的搶手貨，有一種焦香味，價值千金而不易得。

088　千兩茶是什麼茶？

千兩茶屬於黑茶類，始創於清朝道光年間（西元 1821 ～ 1850 年）的湖南省安化縣江南一帶，是安化的傳統名茶。該茶為圓柱形，每捲（支）茶一般長約 1.5 ～ 1.65 公尺，直徑 0.2 公尺左右，淨重約 36.25 公斤。因每捲（支）茶葉的淨含量為老秤的一千兩，故而得名「千兩茶」（老秤一斤約等於 16 兩）。又因其外表的竹簍包裝成花格狀，也叫花捲茶。

相傳清道光元年（西元 1821 年）之前，陝西商人到湖南安化採購黑茶，為騾馬運輸方便，減少茶包體積，節約運輸費用，將採購的散裝黑茶踩壓成包運回陝西。當時，這種踩壓成包的黑茶叫「澧河茶」（澧水是從湖南前往陝西的重要河道）。後來，陝西茶商又對茶包做了改進，將重量 100 兩的散黑茶踩壓捆綁成圓柱形的「百兩茶」。清同治年間（1862 年～ 1874 年），晉商「三和公」茶號在「百兩茶」的基礎上，將茶葉重量增加至 1,000 兩，採用大長竹竹簍將黑毛茶踩壓捆綁成圓柱形的「千兩茶」。千兩茶的加工技術性強，做工精良，工藝保密，1952 年，湖南省白沙溪茶廠聘請劉家後人進廠帶徒傳藝，使少數工人掌握了千兩茶的加工工藝技術，亦使白沙溪茶廠成為獨家掌握千兩茶加工工藝技術的廠家。據統計，白沙溪茶廠在 1952 年～ 1958 年共生產千兩茶 48,550 捲（支）。由於千兩茶的全部製作工序均由手工完成，體力耗費大，效率低，白沙溪茶廠開始以機械生產花捲茶磚取代千兩茶的做法，停止生產千兩茶。1983 年，白沙溪茶廠唯恐千兩茶加工技術失傳，決定將當年在廠內加工生產千兩茶的老技工李華堂聘請回廠傳藝帶徒，從初夏至深秋歷時四個多月，共製作出千兩茶 300 餘支。後來為了滿足市場需求，1997 年白沙溪茶廠重新恢復傳統的千兩茶生產。

2010 年 5 月 10 日，臺灣著名茶人曾志賢跨越海峽，來到湖南安化尋找一支 50 年前產的千兩茶，茶的包裝上寫著「華堂」二字，感人的故事風靡茶界。中央電視臺特為李華堂老先生拍攝了「黑茶之王」紀錄片。2014 年，CCTV-10 探索發現欄目深入千兩茶優質原產地「高馬二溪」進行了深入挖掘，將作為國家級非物質文化遺產的千兩茶製作工藝，完整拍攝保留下來，並在 2014 年 7 月 1 日晚 10 點進行首播。

安化千兩茶具有悠久的生產歷史和獨特的製作工藝，其傳統製作技藝在 2008 年被列入國家級非物質文化遺產名錄。千兩茶選用經殺菁、揉捻、渥堆、烘乾等多道工序粗製形成的二、三級安化黑毛茶做原料，以棕片、葉、花格竹簍為包裝，經過蒸、灌、絞、壓、捶、滾、箍等幾十道工序加工成型，包裝與加工同時完成，加工過程中對水分的高低、溫溼度的控制十分精確。陳年千兩茶，色澤如鐵，隱隱泛紅，開泡後陳香醇和綿厚，湯色透亮如琥珀，滋味圓潤、柔和，令人回味，同一壺茶泡上數十道後，湯色依舊。新製的千兩茶，味道濃烈有霸氣，有樟香、蘭香、棗香之分，澀後回甘是其典型特徵。

現在很多商家收藏千兩茶是因為其便於儲存與轉化，或者因其霸氣可以作為茶苑的裝飾與象徵，等到品飲或零售時切成餅片，然後就可以撬開沖泡了！

089　金花是金色的茶花嗎？

不是的！茯茶中的「金花」實際上是一種有益的真菌，其囊殼呈金黃色，學名叫做冠突散囊菌，是國家茶葉行業唯一列為二級機密保護的菌種，發現距今已經 600 年左右，其發現是祖先的集體智慧結晶，根本不是現代人的發明，金花之父的說辭是錯誤的。

金花的發現有一些傳說，比如：在西元 1540 年代初期，一支陝西涇陽的商隊在湖南安化購進了一批正宗的安化黑茶，經過長途跋涉來到了甘肅地段，時值伏天，路途中又恰遇一場傾盆暴雨，致使馬背上很多的茶葉都滲了水，繼而產生金花。又比如：熱門影視作品《那年花開月正圓》中，關於落水「發花」的劇情設計也令涇陽茯茶聲名大噪。無論如何，因為在銷售地加工更方便販賣，600 年前陝西涇陽的製茶師傅發現，在把黑毛茶壓製成茯磚茶的過程中會自然產生金黃色的物質，故而稱它為「金花」。歷史上一直是把湖南安化等地的黑毛茶原料運送到陝西涇陽縣來壓制茯磚茶，並有「非涇水不能發花」之說。這說明涇陽獨特的氣候地理條件，適合冠突散囊菌群的生長，是自然發花的關鍵因素。

然而，自然發花畢竟很難，而且不受控制。1951 年，中國茶葉公司在北京進行茯磚茶加工發花試驗，經過反覆試驗，製成 61 片茯磚，初步認為發花關鍵在於溫、溼度的控制。同時，中國茶葉公司（中茶）安化磚茶廠從涇陽僱請 3 名技工，並取涇陽水來安化進行茯磚茶發花研究。直到 1953 年，手築茯磚茶試製終於獲得成功，結束了產區不能加工茯磚茶的歷史。而催生神奇「金花」形成的「發花」工藝，則被視作國家二級機密保護起來。茯磚茶發花是在一定的溫、溼度的條件下，使優勢菌種冠突散囊菌大量生長繁殖，並借助其體內的物質代謝與分泌的胞外酶的作用，實現色、香、味品質成分的轉化，形成茯磚茶特有的品質風味——「菌花香」。茯茶經過「金花」的轉化，色澤黑褐油潤，金花茂盛，陳香顯露，茶湯色澤紅濃，滋味醇厚回甘、綿滑。

2005 年 5 月，應湖南省益陽茶廠的委託，劉仲華帶領團隊前往茶廠進行發花生產技術升級。他們在中茶安化磚茶廠研究的「發花」工藝基礎上，經過兩年試驗，找到了合適的技術，實現了黑茶誘導調控發花、散茶發花、磚面發花及黑茶品質快速醇化等加工新技術，使無梗的鮮嫩茶葉也成功「發花」。

2007 年 5 月 8 日，劉仲華在長沙舉辦的第二屆國際茶業大會上，作了主題為〈湖南黑茶 —— 人類健康的新希望〉的演講，引起很大迴響，也促進金花及黑茶推廣。

如今，很多茶類都實現了發花，比如金花六堡、金花普洱、金花大紅袍等。雖然在人工發花對人體的長久安全性等方面還有一些爭議，有待時間的驗證，而且口味上有人喜歡，有人不喜歡，但作為一種優勢菌種，金花在茶的應用上還是有所發展。

港澳臺茶品

090　東方美人茶是怎麼來的？

東方美人茶的誕生始於一場意外，100 多年前發生了一場蟲害，茶小綠葉蟬把臺灣茶園的茶樹葉子吃得不成樣子，又小又枯黃，當時正是收成的季節，茶農很不甘心，就將就著把葉子採下來製作了。因為先天不足，加重了工藝中的萎凋和發酵程度，加上茶小綠葉蟬咬過的唾液殘留，結果得到了意料之外的口感和香氣。後來，此茶被洋行收購銷往倫敦，倫敦的一個英國茶商看上了這個茶，他把這個茶獻給了英國的女王陛下。女王用她的水晶杯泡茶，發現茶婀娜多姿，香氣馥郁，非常喜歡，於是芳心大悅的女王為茶賜名：Oriental Beauty，就是東方美人茶。這種茶香氣獨特如香檳，又名茶中香檳。東方美人茶屬於發酵度最高的一款烏龍茶，發酵程度大約 70%，已經接近紅茶口感。

091　文山包種是什麼茶？

文山包種茶，屬於烏龍茶（青茶）類中的臺灣烏龍茶，是臺灣烏龍茶中發酵程度最輕的清香型烏龍茶之一，發酵程度為 8% ～ 12%。因採用輕焙火輕發酵的製作工藝，展現出清揚的香氣，又叫「清茶」。此茶產自臺北市、新北市一帶，包括臺北市的文山、南港，新北市的新店、坪林、深坑、石碇、平溪、汐止等地，至今已有兩百多年的歷史。文山包種茶作為臺灣北部烏龍茶的代表，與凍頂烏龍茶齊名，享有「北文山、南凍頂」之美譽。

西元 1869 年臺灣產製的烏龍茶被英商陶德與買辦李春生成功地外銷至美國，但在 1873 年發生滯銷的情況，於是商人只好將賣不掉的庫存烏龍茶送至福州，燻上香花改製成花香包種茶，意外地獲得好的迴響。於是在 1881 年，福建泉州府同安縣茶商吳福源（吳福老）先生渡海至臺，獨資經營「源隆號」茶莊，透過引進包種茶製法，開始製造這種具有花香的包種茶，此為臺灣烏龍茶改製包種茶的由來。關於包種茶的名稱由來，根據臺灣《南港志》記載，包種茶由距今約 150 多年前的福建安溪人王義程所創，他仿照武夷茶的製茶方法，將俗稱「種仔茶」的青心烏龍品種的每一株茶樹上採摘的茶葉分別製作，再將製好的茶葉運到福州加上香花，用福建所產的白色四方毛邊紙兩張，內外相襯，放茶四兩，包成長方形的「四方包」，包外再蓋上茶葉名稱及行號印章，稱為「包種仔茶」或「包種茶」。其中，包種茶的「種」指的就是青心烏龍，這是一個發源於福建省建甌市的灌木型小葉種茶樹，屬於晚生種品種，其茶樹鮮葉的採摘時間相比其他茶樹要晚。與文山包種同樣出名的凍頂烏龍，也是以青心烏龍為原料製成的。1885 年，福建省安溪縣的茶人王水錦和魏靜時相繼至臺，在臺北州七星區、南港大坑地區，悉心從事臺灣茶的研究和改進。

在目前的文山包種茶產地中，以新北市坪林區最為知名。坪林位於新北市的東南部，崇山環繞，林木茂盛，清澈見底的北勢溪從中蜿蜒而過，沿溪兩岸多為茶園。其地土壤肥沃，氣候終日溫潤涼爽，雲霧瀰漫，正適合茶樹的生長，所產的文山包種茶，品質極佳。坪林每年都會舉辦春、秋兩季文山包種茶比賽，茶葉的品質水準可謂是全臺灣最佳。因此，也有「坪林包種茶等於文山包種茶」之說。

最適合文山包種茶的茶種，傳統上公認以青心烏龍為最佳。近年來，臺茶 12 號（金萱烏龍）因其栽種與產量優勢，成為第二大主力品種。此外，由於臺灣北部茶區的栽種歷史悠久，坪林、文山等老茶區仍保留有最早從大陸移植到臺灣的茶種與在地原有的茶種，比如大慢種、武夷、大葉等，賦予包種茶在原本就高香的基礎上更豐富的風味。

文山包種茶的鮮葉採摘有「雨天不採，帶露不採」之說，晴天要求在上午十一時至下午三時之間採摘為宜。由於氣候地理因素，可分四季進行鮮葉採收，春茶約於三月底至四月底採收，夏茶為七月，秋茶為九月，冬茶約為十月底至十一月底，一般春茶和冬茶品質較好，秋茶次之。通常要求手工採摘一心二葉到四葉的鮮葉，葉肉肥厚，色呈淡綠色為佳，而且需要等茶芽展開成開面葉，整體對口芽超過採摘面的一半以上後，才開始慢慢採摘。太早採摘的過嫩的茶鮮葉，做出的茶品質苦澀、香氣不揚，太晚採摘則老葉過多，影響口感。

採摘的時候需要用雙手彈力平斷茶葉，斷口成圓形，不可用力擠壓斷口，如果擠壓出汁，將隨即發酵，茶梗變紅，會影響茶葉品質。因此，每裝滿一簍就要立即送至茶廠加工。文山包種茶的製作工藝分初製和精製兩步。初製包括日光萎凋、室內萎凋、做菁、殺菁、揉捻、解塊、烘焙等工序，其中以翻動做菁最為關鍵，每隔1～2小時翻動一次，一般需翻動四、五遍，以達到發香的目的。

待發酵程度為8%～12%後，則可完成接下來的初製步驟。精製則以烘焙為主要工序，毛茶放進烘焙機後，在70°C恆溫下不斷翻動發香，使葉性保持溫和。專業的茶人會借助自身的焙火技術調整出有別於市場上常規風味的個人特色風味及口感。

好的文山包種茶外觀墨綠帶油光，呈自然捲曲的條索狀，茶湯呈現金黃蜜綠色，香氣特別清新、幽雅，散發自然的蘭花香。文山包種茶入口圓潤、甘甜、柔順，而且保有綠茶的鮮爽，呈現出大自然最清新與乾淨的原味。推薦使用紫砂小壺或蓋碗沖泡，投茶量約占壺或蓋碗容積的三分之一，先用沸水溫燙茶具再投入茶葉，沖入沸水。頭泡茶通常用於「醒茶」，即浸潤舒展茶葉，可喝可不喝。再次沖入沸水，沖泡後即可出湯品飲。

包種茶也常取「包中」的諧音，有「包準考中」之意，適合送與讀書、求職的親朋好友作為一個好彩頭，希望喝茶的人可以考試順利，金榜題名。

092　金萱茶是什麼茶？

在嘉義縣的阿里山鄉境內，出產一種風味獨特的茶，俗稱金萱茶。金萱茶是由臺茶12號的茶青製作的半球型包種茶，屬於半發酵茶。臺茶12號是無性系茶樹品種，屬於灌木型，中葉類，中生種，最早是由臺灣茶葉之父吳振鐸在臺灣茶葉改良場，以「臺農8號」為母本，「硬枝紅心」為父本，經過有性雜交育成。臺茶12號是1980年代成功培育的排列第12號的新品種。該種茶樹葉片厚，呈橢圓形，顏色濃綠，富有光澤，茸毛很多，適合製作包種茶。吳振鐸為了紀念祖母，將此茶樹品種以祖母的閨名命名為金萱。

金萱茶外形條索緊結，呈半球狀，色澤翠綠，帶有紅色，天然散發出非常稀有的牛奶香或桂花香。這種天然的奶香，很少的茶類才可以做得出來，是金萱茶最顯著的品質特徵。沖泡以後，茶湯清澈蜜綠，入口滋味濃郁飽滿，喉韻悠長，深受女性和年輕消費者的喜愛。

093　日月潭紅茶是什麼茶？

憑藉著「萬山叢中，突現明潭」的奇景而聞名於世的日月潭，不但有美麗的自然風景，還出產一種日月潭紅茶，它是臺灣的頂級紅茶。日月潭位於臺灣南投縣中部的魚池鄉，此地與紅茶的淵源可追溯至 1925 年的日據時代。在當時，日本人由印度阿薩姆省引進了阿薩姆紅茶大葉種茶樹，並選中魚池鄉作為紅茶產地。魚池鄉所生產出的高級紅茶，是臺灣外銷茶的主力之一，曾經在國際市場上與錫蘭紅茶、大吉嶺紅茶相媲美。1978 年，南投縣為推廣當地紅茶，結合當地的旅遊勝地 —— 日月潭，將紅茶正式命名為日月潭紅茶。1999 年，臺灣農業部門以臺灣山茶為父本，以緬甸大葉種為母本進行雜交，經過不斷地選育，培育出了臺茶 18 號的茶樹品種（臺茶 18 號因為有臺灣山茶基因，茶芽沒有茸毛）。用臺茶 18 號鮮葉製成的紅茶茶湯鮮紅清澈，滋味甘潤醇美，除了具有天然肉桂香外，還有淡淡的薄荷香，這種香氣被紅茶專家譽為「臺灣香」。因為茶湯亮紅，臺茶 18 號也被叫做「紅玉茶」，獨具臺灣特色，適合女士品飲。

094　梨山烏龍茶是什麼茶？

梨山烏龍茶屬於低發酵度的清香型烏龍茶，原產自臺灣中部的梨山地區，是臺灣高山烏龍茶的代表作。梨山指的並不是一座單獨的山頭，而是海拔 1,200 公尺以上的一個山地區域。因為歷史上被安置在此地的退伍軍人及家眷為了生計，種植了大面積的水梨樹和其他的果樹、蔬菜、茶樹等經濟作物，因而統稱為梨山，是臺灣海拔最高的茶產區。在梨山地區，茶樹與果樹是交錯種植的，茶樹在生長的過程中吸收大量的果樹氣息，地下根系也互相影響，因而造就了梨山茶擁有水梨香、蜜桃香等花果香的特點，這與出產於江蘇省蘇州市太湖洞庭山的洞庭碧螺春和出產於福建省漳州平和縣的白芽奇蘭擁有獨特花果香的原因相同。梨山烏龍採摘標準和製作工藝與閩南烏龍類似，主要在春、冬兩季採摘，透過萎凋、搖菁、炒菁、包揉、乾燥等工序製成。多次包揉過的茶葉，乾茶呈緊結圓實的顆粒狀，色澤墨綠鮮嫩，香氣淡雅。沖泡以後，花香、果香撲面而來，茶湯呈蜜綠琥珀色，入口滋味清新甘甜，滑順爽口，不苦不澀，回甘持久，高山茶韻明顯，十分耐沖泡。除了用熱水沖泡，梨山烏龍茶還非常適合製作冷泡茶，滋味甘甜鮮爽，是一款深受年輕女性喜愛的茶葉產品。

095　珍珠奶茶是如何誕生的？

珍珠奶茶原名粉圓奶茶，起源於 1990 年代前後的臺中市。當地的泡沫紅茶店將具有本地特色的小吃 —— 粉圓，創造性地加入到奶茶中，製作出了珍珠奶茶。由於當時咖啡店在臺灣還未流行，上班族和學生都喜歡去泡沫紅茶店談生意或者聚會，很快這款茶飲就紅遍臺灣。其中加入的粉圓是由地瓜粉或者木薯粉精製而成，咬的時候不沾牙又有韌性。相傳清朝慈禧年間，臺灣府用木薯粉為主要原料代替糯米做成類似元宵的粉圓甜羹，進貢給慈禧作為獻壽禮，粉圓甜羹獲得了慈禧的讚賞，由此成為臺灣家喻戶曉的點心。

一時風頭響噹噹的珍珠奶茶業，由於 2013 年在臺灣爆出的毒澱粉事件（塑化劑）而遭受重創，慢慢被其他茶飲所取代。使用加入工業原料的毒澱粉以後，製作的食物在彈性、黏性以及外觀的光亮度等方面都有所提升，但是會對人體的腎臟造成極大的損傷，因而鬧得人心惶惶，談「Q」色變。現在的各大新式茶飲品牌為了在殘酷的市場競爭中存活，也會有各類食品安全問題產生，消費者一定要多加注意，適量飲用。

國際茶品

096　番茶是什麼茶？

「番茶，番茶，便宜又好喝！」番茶是晚期採摘的茶鮮葉或者老葉子製成的下等茶的總稱，也是對主流日本茶（煎茶、玉露等）之外的茶葉的總稱，就是「番外之茶」，原本被歸類於百姓茶，做出來也僅供產茶區域當地人自己消費。別看現在日本人喝的茶 70% ～ 80% 都是煎茶，但其實是從日本江戶時代（西元 1603 年～ 1867 年），日本人才開始喝蒸製煎茶。以前日本茶也有等級之分，貴族喝抹茶，商人喝釜炒茶，老百姓喝番茶。有人說因為它是下等茶所以才叫番茶，其實它原來還有個名字叫「土茶」，是日本各地根據當地的風土與傳統製作而成的茶，又因為它一般是在晚秋時期製作，所以也叫「晚茶」。雖然番茶不上檔次，但它是日本普通老百姓愛喝的，這才是茶的本質。

番茶的製茶法各產地都不一樣，一般選用新芽採摘以後再次長出來的芽（二茬茶或三茬茶），或者長得稍微有點硬的葉子，可以用蒸、炒、煮等方法製作。大片的葉子直接被製成京番茶，莖和葉子被製成「足助番茶」，秋天用鐮刀割下來的茶葉，吊在屋簷下就叫「陰乾番茶」等。番茶中有大量的大葉子和老葉子，所以會比較澀，建議泡淡茶飲用，茶湯的顏色一般比較淡。喝番茶時最好使用厚實的茶碗，沖泡出美味的竅門是要用煮沸的開水沖，燜 30 秒左右，當它開始散發獨特的茶香時就能喝了。番茶中的咖啡因含量少，對腸胃刺激也小，如果睡前想喝茶，推薦大家喝番茶，不需要燜泡很久，短時間就能泡好。

097　宇治茶是什麼茶？

宇治茶是日本綠茶的一種，日本京都的茶葉商人常常把京都府、奈良縣、滋賀縣、三重縣四個地方產出的，透過京都府內宇治地區的茶葉製法加工的茶葉命名為「宇治茶」，它與靜岡茶、狹山茶共稱為日本三大茶。由於日本茶起源於王城之地 —— 京都，因而了解宇治茶的歷史就了解了日本茶的歷史。

日本真正開始種茶是在日本的鐮倉時代，遠渡中國學習臨濟禪宗而歸的日本禪師 —— 榮西，將帶回的茶樹種子帶給栂尾高山寺的明惠上人培養種植。但是，由於地處京都西部的尾山氣候相對寒冷，不適合茶樹的大量種植，於是明惠上人開始在京都南部的宇治等地進行茶樹的推廣和栽培。室町時代，當時執政的足利三代將軍 —— 足利義滿，在宇治地區為自己開設了七個御用茶園，被稱為「宇治七茗園」，奠定了宇治作為日本名茶區的地位。西元 1467 年，「應仁之亂」爆發，日本進入分裂多戰的戰國時代，但是當時軍事力量強大的織田信長和豐臣秀吉等武將私下嗜茶，宇治地區因而在茶葉領域的特殊地位得以保留下來，並持續繁榮。接著，江戶時代的宇治被封為德川幕府的御用貢茶，一直延續到幕府末期。

宇治茶在栽培方法和製茶技術上，對日本茶葉都有著不小的影響。日本各地流傳的製茶技術，大多承襲了宇治茶的製法。西元 1738 年，宇治的茶農家 —— 永谷宗元，開發了用火力乾燥茶葉，同時用手揉捏製作的手揉製法，這種製法成為今日製造煎茶的基礎。約 100 年後，宇治確立了玉露的製法，即用葦簾或稻草覆蓋茶園遮蔽光線的被覆栽培法。因為遮住了紫外線，茶種的澀味得到了有效控制，更能誘發出茶葉中的甘味。覆蓋茶園種植的茶葉會被製作成碾茶，用石碾碾細後的碾茶就是抹茶。宇治茶雖然以碾茶為主，但是到了江戶時代中期，宇治在用鐵鍋炒茶的工序中引入了抹茶「蒸」的製茶方法，於是就誕生了現在的「煎茶」。同樣是在江戶時代，每年無數的「宇治製茶師」前往江戶為德川將軍進貢茶葉，久而久之，宇治便成為日本高級茶產地的一個代名詞，確定了其日本茶之鄉的地位。宇治內有兩處公認的世界文化遺產：平等院和宇治上神社。平等院改造於平安時代後期，屋頂裝有鳳凰，內部飾有絢麗多彩的寶相花紋圖樣以及五彩繽紛的扉畫。宇治上神社則是平安時代後期建築中現存最古老的神社建築。

作為「日本茶之鄉」，宇治會定期舉辦各種茶活動，比如每年 6 月前後及 10 月前後舉行的獻茶祭，每年 10 月上旬舉行的宇治茶祭，在日本立春起第 88 天舉行的八十八夜茶採摘會，每年 5 月下旬左右為了繼承和弘揚日本茶道文化而舉辦的全國煎茶道大會，以及參觀各種抹茶工廠。

在漫長的歷史長河中，長期引領日本茶文化的宇治，現在依然作為高級茶的產地受到廣大消費者的信賴；並且，宇治還在不斷地增強相關產業的創新，促進產業發展。例如：根據地域優勢和自然條件，在茶葉培育和製茶工藝上進行複雜的研究，用品牌培養品牌。在宇治市內設立茶業研究所，除了負責「宇治茶高品質、高品種培養」之外，還進行「新時代宇治茶創新」和「下一代茶人才培養」等機能強化。在製作過程中，形成主產品與衍生品共存的完整產品體系。在體驗方面，實現一產、二產與三產融合，互促發展，讓宇治可玩、可賞、可遊、可購。以場景展示文化，用影像讓遊客們在源氏物語博物館中，真切感受平安時代王朝貴族之間的愛恨情仇等。或許國內茶業從業者能從以上種種方法中，探索出一條未來發展之路。

098　阿薩姆紅茶是什麼茶？

阿薩姆紅茶產自印度東北部的阿薩姆邦（位於喜馬拉雅山東南麓的峽谷地區，和不丹相鄰），這裡海拔較低，夏日炎熱，再加上季風帶來的大量降雨，使得茶葉長勢優異。阿薩姆邦地廣人稀，水稻和茶是其主要的經濟來源，有兩千多個茶莊園。作為印度最早的茶葉產地，茶葉產量占印度茶葉總產量的 80% 以上。由於英國人嗜茶成癮，早起要喝茶，工作時要喝茶，下午也要喝茶，使得英國的紅茶消費量與日俱增。即使英國人當時從荷蘭人手中搶到了茶葉的貿易壟斷權，中國茶葉高昂的價格依舊讓英國人捉襟見肘。為了擺脫從中國購買高價茶情況，英國人不遺餘力地將茶苗、茶種、茶農、茶師通通挖角，嘗試在殖民地種植、生產茶葉。19 世紀初，自從蘇格蘭探險家羅伯特．布魯斯（Robert Bruce）在阿薩姆發現了野生大葉種茶樹以後，英國創立茶葉研究所並將野生大葉種與中國小葉種雜交，科學培育出優良品種，並且從中國武夷山地區找來製茶師到當地傳授製茶技術，不僅改善了茶葉品質，也提高了產葉產量。此後，紅茶界將來自此區的大葉品種茶樹統稱為阿薩姆種，阿薩姆紅茶也只使用阿薩姆大葉種茶樹製成的茶。西元 1838 年，阿薩姆生產的首批茶葉抵達倫敦。1840 年阿薩姆茶葉公司成立，並在印度拓展種植領域，由此，阿薩姆紅茶開啟了印度紅茶的黃金時代。到了 19 世紀末期，英國從印度進口的茶葉量是從中國進口的 15 倍左右，幾乎擺脫了對中國的依賴。

阿薩姆紅茶一般分為 3 ～ 5 月的春茶、5 ～ 10 月的夏茶和 10 ～ 12 月的秋茶三個採摘季。春茶的茶湯較濃，風味相對清淡，品質一般，通常用作茶葉拼配（例如作為英式早茶配方中的主角），或者透過 CTC 工藝加工成碎茶與茶粉。

夏茶品質最好，茶湯濃郁，採用中國傳統紅茶加工工藝製作的阿薩姆紅茶，通常都來自這個季節。而秋茶的品質較次，主要銷往印度本地市場。阿薩姆紅茶以其濃厚的滋味而出名，滋味濃而澀，茶湯渾厚且帶麥芽香，屬於烈茶，因此非常適合製作成奶茶飲用。印度人習慣喝奶茶，他們在紅碎茶或 CTC 茶裡面加入各種香料，統稱香料茶，又叫瑪薩拉茶（Masala Chai）。一般沖泡阿薩姆紅茶，泡茶水溫在 95 ～ 100℃即可，加水沖泡 2 ～ 3 分鐘以後，就可以感受阿薩姆紅茶的熱烈風味。

099　錫蘭紅茶是什麼茶？

斯里蘭卡，古稱錫蘭，是印度洋上的明珠，一個美麗的島國，盛產藍寶石。筆者曾經訪問過這裡的茶區，雖處熱帶，但茶山晝夜溫差大，非常適合茶樹生長，製作出的茶葉品質很高。錫蘭紅茶，又被稱為「西冷紅茶」、「惜蘭紅茶」（該名稱源於錫蘭的英文 Ceylon 的發音，直接音譯而來），與安徽祁門紅茶、阿薩姆紅茶、大吉嶺紅茶並稱世界的四大紅茶，被稱為「獻給世界的禮物」。錫蘭紅茶平均價格與品質在世界紅茶出口市場中最高，出產的烏瓦紅茶被譽為世界三大高香紅茶之一。

錫蘭曾為英國殖民地，於1948年獨立，1972年更改國名為斯里蘭卡，此後所產的茶本應當稱為斯里蘭卡紅茶，但至今也多被稱為錫蘭紅茶。錫蘭紅茶的誕生，與100多年前在當地爆發的一場咖啡鏽病有很大關係。18世紀末，錫蘭淪為英國的殖民地，當時錫蘭的主要經濟作物是咖啡，沒有人對茶葉感興趣。1824年，英國人將中國茶樹引入錫蘭，並在康提（Kandy）附近的佩拉德尼亞植物園（Peradeniya Botanic Gardens）播下第一批種子。在西元1870年代，突如其來的一場咖啡鏽病使得當地的咖啡園遭受滅頂之災，但是能夠抵禦病害的茶樹大難不死。於是英國種植園主們購得中部山區的大片土地開發茶葉種植園，並在1980年代迅速發展壯大。

錫蘭紅茶有六大茶區，主要生產傳統紅碎茶和CTC茶，其國內消費量很少，絕大部分用於出口。根據海拔高低，茶葉被劃分出三個等級：高地茶、中地茶、低地茶。錫蘭紅茶的主要品種有烏瓦茶（Uva）、汀布拉（Dimbula）茶和努沃勒埃利耶（Nuwara eliya）茶等幾種。當地常年雲霧瀰漫，但是冬季吹送的東北季風帶來過多的降雨量（11月～次年2月），不利於茶園生產，烏瓦茶反而以7～9月所獲的品質為最佳。

產於山岳地帶西側的汀布拉茶和努沃勒埃利耶茶，則因為受到夏季（5～8月）西南季風雨勢的影響，以1～3月收穫的茶最佳。錫蘭的高地茶通常製成碎形茶，呈赤褐色，其中的烏瓦茶湯色橙紅明亮，上品的茶湯有金黃色的光圈，具有刺激性的風味，透出如薄荷、鈴蘭的芳香，滋味醇厚，雖較苦澀，但回味甘甜。汀布拉茶的湯色鮮紅，滋味爽口柔和，帶花香，澀味較少。努沃勒埃利耶茶無論色、香、味都較前兩者淡，湯色橙黃，香味清芬，口感稍近綠茶。錫蘭紅茶透過英國傳入香港後，發展出具有香港特色的飲料：絲襪奶茶及鴛鴦紅茶。

一般所熟知的「錫蘭紅茶」只是一個統稱，泛指斯里蘭卡地區所產的紅茶，只有 100% 斯里蘭卡生產的茶葉才能被稱為錫蘭紅茶，市場上許多紅茶也宣稱為錫蘭紅茶，實際上是拼配了印度、肯亞（Kenya）等產區的紅茶。為了規範錫蘭紅茶的出口，斯里蘭卡政府茶葉出口主管機構統一頒發了「錫蘭茶品質標誌」的持劍獅王標誌。該長方形標誌上部為一右前爪持刀的雄獅，下部則是上下兩排英文，上排為 Ceylon tea 字樣，即「錫蘭茶」，下排為 Symbol of quality 字樣，即「品質標誌」之意。擁有此標誌的錫蘭紅茶才是經過斯里蘭卡政府認可的純正錫蘭紅茶。另外，斯里蘭卡還建有茶葉拍賣局，可以主導茶葉的大宗銷售。

100　紅碎茶是什麼茶？

中國人崇尚原葉茶，除了得其色、香、味以外，還有外形審美和儀式感，所謂的「茶、水、器、藝、境」缺一不可。而國外普遍喝紅碎茶，作為一種調飲而存在。那麼，就有必要單獨講一下國際紅茶的主體：紅碎茶。

紅碎茶是紅茶的碎渣嗎？是紅茶版的「高碎」嗎？正宗的紅碎茶與民間常說的「高碎」有著根本上的不同。老北京常喝的「高碎」，是高等級的茶葉在日常搬運和裝袋的過程中剩下的碎屑。雖然高碎在出售前經過了一定的篩選，湯色、滋味也不差，但是由於賣相不佳，導致市場價格普通，常作為老百姓的日常飲用茶，屬於口糧茶。而享譽全球的紅碎茶，一般要求用 3 級以上嫩度的優質鮮葉為原料，並透過在工藝流程中加入揉切工藝製作而成。紅碎茶的加工工藝是由鮮葉萎凋、揉切、發酵和乾燥等工序組成。注意，紅碎茶的揉切步驟位於發酵工藝之前，對後續的加工步驟以及色、香、味的形成有一定的影響。而「高碎」是成品之後再轉變茶葉形態，無後續的加工步驟。好比為炒菜前的切菜和上桌前的擺盤，較容易理解和記憶。

在製法方面，紅碎茶製法主要分為傳統製法和非傳統製法兩種。其中，非傳統製法裡面最常見的 CTC 紅茶（Crush，碎；Tear，撕；Curl，捲），將透過萎凋、揉捻後的茶葉，倒入兩個轉速不同的滾軸之間，將茶葉碾碎、撕裂、捲起，使其成為極小的顆粒狀，細胞破壞率高，有利於多酚類酶性氧化，可在極短的時間內沖泡出香氣高銳持久，滋味濃、強、鮮的茶湯。

紅碎茶的產品品質風格各異，但各類的外形基本遵循一致的規則。依照從大到小的順序，規格可主要分為葉茶、片茶、碎茶和末茶 4 種類型。其中，碎茶外形較葉茶細小，呈顆粒狀和長粒狀，湯色豔麗，味道濃厚，易於沖泡，是紅碎茶的主要形態。而末茶外形呈細末沙粒狀，色澤烏潤，緊細重實，湯色較深，滋味濃強，是茶包的好原料。

在國際市場上，買家更加關注茶葉的滋味和香氣，強調滋味的濃度、強度和鮮爽度，湯色要求紅豔明亮，以免泡飲時茶的風味被牛奶、水果等搭配品的味道所掩蓋。而在外形方面，達到勻齊一致即可，無須完整的芽葉。西元 1679 年，世界上的首次茶葉拍賣由東印度公司在英國倫敦舉辦，開啟了茶葉大宗交易的序幕。直至今日，世界茶葉貿易總量的 70% 左右都是透過拍賣完成的，印度、斯里蘭卡、肯亞等茶葉主要生產國和出口國，都擁有各自的茶葉買賣市場。茶葉拍賣的機制，透過透明的價格體系、完善的交易規則，保障買賣雙方的資訊對稱和公平競價，幫助賣方快速回籠資金，也幫助買方節省了中間步驟的成本。拍賣機制最終節省了大量的時間成本，取得買賣雙方的共贏。

反觀中國，由於更注重茶葉的外形，鮮葉採摘步驟難以提高機械化程度，人力成本居高不下。另外，除大規模茶公司外，其他茶公司品管能力較弱，不便於國際的大宗交易。筆者認為：一方面，茶業在文化上應更好地與新時代結合，改變市場對茶業固有的印象。另一方面，建立消費者好理解的茶葉等級，降低認知負擔，使得茶葉的購買過程更加省心。何不也像紅酒那樣，大部分符合健康標準，分等定級，作為老百姓喝得起的口糧茶，一少部分開發成為具有文化和品味的高級品牌茶，願中國茶業發展的越來越好！

101　拉普山小種是什麼茶？

為國際上所熟知的拉普山小種是什麼茶？在中國似乎沒有聽過。其實在歷史上，拉普山小種與今天的正山小種最初是畫等號的。武夷山的正山小種作為世界紅茶的鼻祖，透過福州口岸進行出口，茶名因而受到了福州方言的影響，拉普山小種茶，就屬於音譯。若是直譯過來，則是「松煙燻過的小種茶」的意思。英文中的茶名，強調的是正山小種煙燻的獨特口味。而在武夷山，當地人強調的是「正山」二字所代表的地域權威性，並劃定了正山的相應範圍（主要為桐木的十二個自然村）。對同一種產品，國外茶商強調的是口味，中國強調的則是地域範圍。

最初的拉普山小種紅茶，有一股隱隱的松香，需求量大、價格高。但生產這種茶，只能用長於武夷山的野生茶樹葉製作，採摘也限定在春季的某個時間段內，大大限制了供給。因此，武夷山之外的地區，也都紛紛開始模仿製作拉普山小種。東印度公司和中國的茶商考慮到倫敦的水質較硬，會間接淡化「正山小種」的清香，而倫敦的石灰質水正好可以淡化過濃的味道，所以，他們用松枝燻茶葉的時間有所加長，從而將「拉普山小種」的滋味製作得更為濃烈。

正宗的武夷山「正山小種」，帶有鮮甜的果香或者淡淡的松香，整體的特質是清淡纖細、餘香幽幽。而用於出口的「拉普山小種」，則味道更加強烈，煙味也較為濃郁，香味好似主治腹瀉、腹脹的正露丸。因其漆黑的茶水色很容易讓人聯想到柏油，故在國外也被稱為柏油拉普山。此外，它們之間還有一個差異，正山小種使用冷煙燻製茶葉，而拉普山小種則使用溼熱的煙燻製茶葉。因此，拉普山小種茶現在已經不能代表正山小種茶，它是一個專供出口的獨立茶葉品種。

102　玄米茶是什麼茶？

所謂玄米茶，就是將經浸泡、蒸熟、滾炒等工藝製成的玄米與茶葉，按照1:1的比例拼配而成。茶葉一般使用番茶，也可以選用深蒸茶、焙茶、抹茶等。玄米就是糙米，是稻米脫殼後原粒的米，呈暗紅色。《說文解字》中講道：「黑而有赤色者為玄。」故稱其為玄米（廣東人把玄米也叫做紅米）。因省掉了磨去外皮的工序，故玄米比白米的價格低廉。這款廣為人知的廉價茶，傳說是從茶懷石中獲得的靈感（茶懷石是日本的一種料理體系，是基於日本的茶道文化而來），經研發後變成了一個新品種。「蓬萊堂茶鋪」是玄米茶的發祥地，據說當時只是不小心將鍋巴掉進了開水桶裡，立刻就香氣四溢，於是想到了研發玄米茶。玄米茶分為顆粒玄米茶和碎玄米茶。顆粒玄米茶是完整的顆粒玄米和日本煎茶的條茶拼配而成的，可以直接沖泡飲用。而碎玄米茶是碎玄米和日本綠茶的片茶拼配而成的，並不適合直接沖泡，需製成茶包後才可飲用（對製酒工藝了解的朋友可以透過坤沙和碎沙的概念來輔助記憶）。玄米茶外觀勻整，黃綠相間，湯色黃綠明亮，既保有茶葉的自然香氣，又增添了炒米的芳香，滋味鮮醇，適口，茶葉中的苦澀味大大降低。跟其他的茶相比，玄米茶使用的茶葉量相對比較少，而且用火炒過後，咖啡因含量也因此減少，對身體的刺激很小。保存時應避免高溫、潮溼、陽光直射，放入密封的容器中保存（由於玄米茶容易吸附其他的味道，應避免放入冰箱中保存），開封以後盡快飲用為佳。

玄米茶因獨特的香味，受到女性消費族群的青睞，是一款適合從小孩到老人的各個年齡層人群飲用的日常飲用茶。中國作為茶葉的起源國，類似的再加工茶其實並不少，比如擂茶、酥油茶、白族三道茶以及八寶茶等。岡倉天心評論茶人時曾講到，「若想真正欣賞藝術，唯有讓藝術成為生活的一部分才有可能」，玄米茶在國內的流行，便是日劇、韓劇熱播以及時代發展影響生活方式的經典案例。因此，筆者認為，加強推廣國內的茶文化，普及口糧茶、生活茶，可以使更多的人愛上茶，促進茶行業發展得越來越好。玄米茶並非一成不變的茶，在家就可以根據自己的口味，製作屬於自己的玄米茶。喜歡玄米香的就多放玄米，搭配上喜愛的茶葉，體會一番獨特的滋味。

103　伯爵茶是什麼茶？

伯爵是一種高貴的爵位，而伯爵紅茶是以紅茶為基底，加入佛手柑油的一種調味茶。其英文原名 Earl Grey 中的 Grey 取自西元 1830 年代的英國首相查爾斯．格雷（Charles Grey）。伯爵茶這個名字的由來有很多種說法，最有戲劇性的一種是：格雷伯爵曾派人前往中國出差，期間救了一個溺水者，這位溺水者為報答救命之恩，便將一種祖傳的紅茶加工方法提供給了他。當然，除了確定茶名與格雷伯爵有關之外，其餘的部分仍多有爭議。英國人對茶的鍾愛不亞於亞洲的中國和日本，不同的是中國和日本大多偏愛綠茶，並且比較重視茶葉本身的原味香氣，而英國人則偏向於紅茶，而且更愛研究紅茶調味的技藝，這與英國人喜愛芳香植物的緣故是分不開的。作為英式下午茶的主打茶品之一，在品嘗各類茶點以後，來一口伯爵茶，那清香馥郁的滋味，沖刷了厚重的味蕾，使得精神為之一振。現代的伯爵茶有著不同的香味，大家不妨貨比三家，看看哪一款聞著最舒服，也可嘗試同牛奶結合，自製一款調飲。

104　瑪黛茶是什麼茶？

世界足球巨星梅西常常會喝的瑪黛茶，與足球、探戈、烤肉並稱為阿根廷的四寶。瑪黛茶的全名是耶巴瑪黛茶（Yerba Mate），來自於西班牙語的譯音。瑪黛樹是冬青科大葉多年生木本植物，一般株高 12 ～ 16 公尺，野生的可達 20 公尺，樹葉翠綠，呈橢圓形，枝葉間開雪白小花，生長於南美洲。因為美洲人對這種葉子的處理方法和中國的茶葉相似，所以把這種美洲特有的葉子稱為「瑪黛茶」。

在歷史上，南美洲印地安部落的瓜拉尼（Guarani ）人有飲用野生瑪黛葉汁水的習慣，瓜拉尼人視瑪黛葉汁水為眾神的禮物。後來，西班牙的殖民者也接受了這種飲品，並嘗試擴大種植，用於營利。瑪黛樹種子的種皮表面覆蓋有膠質，難以透水、透氣，在不經過任何處理的情況下，種子發芽率僅 10% 左右。因此，人工種植最早是在西元 1650 年～ 1670 年，在耶穌會傳教士的研究下取得成功，所以瑪黛茶也被稱為耶穌會茶。

瑪黛茶的外觀是碎末狀的，不像中國的茶葉放一點點就可以，它需要放入 5 ～ 25 克。而且在傳統上，喝瑪黛茶需要用專門的杯具，杯子肚子大，口部大，中間位置明顯縮小，通常使用不鏽鋼和葫蘆製作。瑪黛茶與綠茶的加工方式類似，因此採用 70 ～ 80℃的水溫沖泡以後，即可用底部帶有過濾孔的不鏽鋼吸管飲用。當地人泡茶往往放入很多的茶葉，外人初喝時會覺得味道很苦，但習慣以後不再覺得苦，而且喝起來有一股芳香、爽口之感，同時有提神解乏之功效，這一點很像是中國的苦丁茶。長期飲用瑪黛茶對健康非常有益，因為它含有維他命 B，擁有強大的抗氧化能力，並有助於減少體內的不良膽固醇和三酸甘油酯。瑪黛茶還有提高抗壓和消化的功能，淨化人體內部，具有抗憂鬱的功效，能幫助運動者快速恢復體力。

如同茶在中國，在南美的阿根廷，瑪黛茶除了能為人們帶來健康，已經成為當地的一種文化和信仰。自 2015 年開始，每年的 11 月 30 日為「瑪黛節」，這是阿根廷除國慶日以外最大的狂歡節日。節日期間，在阿根廷首都布宜諾斯艾利斯的街頭，可以看到許多著裝漂亮的少男少女向行人分贈小盒包裝的瑪黛茶。在瑪黛茶的一些主要產地，還會舉行花車遊行和民族舞會，每年度評選出的「瑪黛公主」更成為阿根廷美女形象的代言人，摘冠者可以免費到國內任何地方旅遊，還會收到不少珍貴的禮品。

105　摩洛哥的薄荷綠茶是什麼茶？

說起摩洛哥，很多人可能會想到三毛的作品《撒哈拉的故事》、經典電影《北非諜影》，或者是讓無數人沉醉其中的網紅旅遊地 —— 舍夫沙萬（Chefchaouen）的「藍白小鎮」。

其實，氣候炎熱的摩洛哥非常流行飲用中國的綠茶。摩洛哥本地並不產茶，相傳在西元 17 世紀時，英國瑪麗女王向摩洛哥國王贈送了一批精美的茶具，然後飲茶之風氣在摩洛哥宮廷開始流行起來。之後的很長一段時間裡，摩洛哥的茶葉都是透過與英國貿易的方式獲得，價格昂貴的茶葉只有富裕的家庭才能消費得起。進入 19 世紀以後，隨著生產和貿易不斷增加，茶葉的價格不斷降低，逐漸發展成為摩洛哥的民族飲料。據報導，摩洛哥的人口約為 3,000 萬，每年卻消耗 6 萬噸茶葉，真可謂「每個摩洛哥人的身體裡面，一半都是綠茶」。

薄荷綠茶的製作十分簡單，可以就地取材。首先，將當地出產的糖和薄荷加入到茶葉中。然後，用熱水沖泡茶葉，或者用茶壺煮上 3 ～ 5 分鐘即可。薄荷綠茶能夠清涼祛暑，解渴提神，消食解膩，是摩洛哥人每天都要喝的茶。

106　阿富汗與茶有什麼故事？

阿富汗古稱大月國，位於亞洲西南部，是一個多民族的國家。這裡的居民大部分信奉伊斯蘭教，根據《古蘭經》的教義，酒是絕對禁止的，而且排在絕對禁止榜第一位。他們認為酒有刺激性，會嚴重削弱人的自制力，使人容易去做傷天害理的事情。而茶葉，同其在中國寺廟普及的原因類似，信奉伊斯蘭教的人為了專心修行，需要一種能夠提神醒腦的食材。這時，起源於非洲衣索比亞的咖啡，率先出現在阿富汗地區並且流行開來，咖啡館也如雨後春筍般，開了很多家。但是，由於咖啡館過於世俗化，清真寺主持宗教事務的人員認為咖啡會影響寺裡的宗教修行，於是他們便開始攻擊咖啡，並在中國茶葉出現以後，開始大力提倡飲茶。

阿富汗的飲食以牛、羊肉為主，少吃蔬菜，而飲茶有助於消化，又能補充維他命的不足。當地人通常夏季以喝綠茶為主，冬季以喝紅茶為多。阿富汗人飲用綠茶的方式與中國不同，他們會在茶湯中加入小荳蔻、檸檬、蜂蜜或者冰糖，有時候還會加入一些薄荷，是一種有當地特色的香料綠茶。在阿富汗街上，也有類似於中國的茶館，或者飲茶與賣茶兼營的茶館。傳統的茶館和家庭，一般用當地人稱為「薩瑪瓦勒」（Semaver）的茶炊煮茶。這種茶炊的主體結構與俄羅斯的茶炊相同，如同在傳統的火鍋上加了水龍頭。

當然，在阿富汗廣闊的鄉村地區也流行喝奶茶，奶茶味道有點像蒙古族的鹹奶茶。或許，這也是蒙古帝國在歷史長河中給阿富汗留下的痕跡之一吧。

再加工茶

107 再加工茶是什麼茶？

再加工茶是以初製加工的六大茶類為原料，經過特定的製作工藝，再次加工而產生的成品茶。再加工茶主要類型有將鮮花、水果等食材的香氣與茶葉融合的窨製茶，例如茉莉花茶、荔枝紅茶等。也有將食材與茶葉進行組合的產品，例如小青柑、陳皮黑茶、水果茶等。還有將毛茶製成磚形、坨形、餅形的緊壓茶。

108 花茶是什麼茶？

花茶亦稱「窨花茶」、「燻花茶」，是用茶葉和香花進行拼和窨制，使茶葉吸收花香而製成的一種茶，屬於再加工茶。現代的花茶因為窨製採用的鮮花不同，主要有茉莉花茶、玫瑰花茶、白蘭花茶、珠蘭花茶、桂花茶等，其中，茉莉花茶的產量最高，受到廣大消費者的喜愛，尤其是在以京津冀為代表的北方地區和四川成都地區最為流行。如今，茉莉花茶在中國的福建、廣西、廣東、江蘇、浙江、重慶、四川、雲南等地皆有生產。

109 蘇州茉莉花茶是什麼茶？

「好一朵美麗的茉莉花，滿院花開也香不過它。」〈好一朵美麗的茉莉花〉作為江蘇的民歌經典，曾在維也納金色大廳唱詠，享譽世界，說明江蘇的茉莉花品質很高，香名遠播。

上有天堂，下有蘇杭。自然條件優異的蘇州，除了有如雷貫耳的洞庭碧螺春，還出產高級的茉莉花茶，名聲最響的一款叫做「蘇萌毫」。

由於蘇州的緯度高，平均氣溫在 15 ～ 16℃，對於喜歡高溫、溼潤的茉莉花來說，產量受限。宋朝時期，茉莉花最初只用於文人雅客們的觀賞和把玩。後來由於興起了以香入茶的熱潮，經過不斷地嘗試，茉莉花茶脫穎而出，但此時仍為小眾。發展到明朝，蘇州的虎丘、長青一帶開始出現了以花窨茶的手工作坊、茶行。進入清代雍正年間，蘇州茉莉花茶開始大量銷售至東北、華北和西北市場。後來，由於抗日戰爭的爆發，各產茶地區受交通影響，安徽、浙江等地的毛茶難以運到福建省進行窨製，出現了滯銷。而蘇州由於地理位置的優勢，製茶業得到了很大的發展，成為新的茉莉花茶加工中心。

蘇萌毫是產於江蘇蘇州茶廠的特種高等級茉莉花茶，於 1970 年代研製。它選用高檔毛峰烘菁為茶胚，配以蘇州市郊虎丘的優質茉莉鮮花窨製，經鮮花攤放、拼和、窨花、通花收堆、起花、烘乾、提花等工序製成，通常為六窨一提。其外形條索緊細勻直，色澤綠潤顯毫，香氣鮮靈持久，湯色黃綠明亮，滋味醇厚鮮爽，葉底嫩黃柔軟，花香、茶味協調。1982 年、1986 年、1990 年，蘇州茶廠生產的「蘇萌毫」連續三次被評為全國名茶，風頭一度蓋過久負盛名的洞庭碧螺春。

然而，隨著改革開放逐漸深入，蘇州的工業化程度迅速提高，許多土地和人力轉而投入到能帶來更大經濟效益的產業中，蘇州的茉莉花茶產業因此逐漸沒落。如今，蘇州茉莉花茶走的是精品路線，會選用名貴的碧螺春作為茶胚，值得品鑑。

110　碧潭飄雪是什麼茶？

「一汪碧潭，幾簇飄雪」。在產茶大省四川，出產一種獨特的茉莉花茶——碧潭飄雪。碧潭飄雪外形緊細挺秀，白毫顯露，香氣持久，回味甘醇。與其他地方的茉莉花茶不同，正宗的碧潭飄雪是要保留一些茉莉乾花在茶中的。也正因為這樣，此茶沖泡以後，茶湯碧綠，朵朵潔白的茉莉花瓣浮於水面，好似飄雪，故得名碧潭飄雪。

四川成都是休閒之都，民間一直有喝茉莉花茶的傳統。碧潭飄雪的創始人徐金華老先生出生於成都新津縣。在 1970 年代，擔任新津縣文化館長的徐公，為了招待從成都騎腳踏車前來的文化人士，自行購買了一些茶葉和茉莉花來製作花茶。由於客人們飲後評價很好，還經常再要一些回去喝，因此徐公開始進一步改良這種花茶，從最開始單純的拌花工藝，變為窨花＋拌花技藝，以此改善茶湯的滋味。朋友間也稱這種茶為「徐公茶」。書畫名家黃純堯教授，飲此茶後賦詩道：「天生麗質明前芽，清香入骨窨製花。葉形湯色皆佳品，異軍突起徐公茶。」青年畫家鄧岱昆，更是創作了一首藏頭詩：「碧嶺拾毛尖，潭底汲清泉。飄飄何所似，雪梅散人間。」英國的前首相卡麥隆（David Cameron）到訪成都時，也曾讚許過碧潭飄雪。

如今，碧潭飄雪的窨製技術被列為四川省的非物質文化遺產。徐金華老先生為了更好地傳承這項技藝，選擇與「竹葉青」品牌公司合作，2018 年將碧潭飄雪註冊為商標。精選四川峨眉山海拔 800 公尺以上的明前春茶作為茶胚，與廣西橫縣的茉莉花相結合，開啟了中國茉莉花茶精品的新時代。若大家喜歡品飲茉莉花茶，不妨試一試碧潭飄雪。它不僅有茶，還有花，茶湯美感十足，非常適合招待客人、舉辦茶會。

111　珠蘭花茶是什麼茶？

珠蘭花茶的產製歷史悠久，早在明代時就有出產，清代咸豐年間更是開始大量生產（西元 1890 年前後花茶生產較為普遍）。筆者最開始是在吳裕泰了解到珠蘭花茶的，其起源於徽州的茶莊，是吳裕泰的當家品種之一。筆者曾經做過「茶與酒和而不同」的活動，用珠蘭花茶與葡萄酒進行調配，或者製作冷萃茶、冰茶，香氣滋味不減，令人印象深刻！

珠蘭花茶選用烘菁中的黃山毛峰、徽州烘菁、老竹大方等優質綠茶作茶胚，透過混合窨製成花茶。珠蘭花茶清香幽雅、鮮爽持久，是中國主要花茶品種之一，雖然其清香、鮮靈度遜於茉莉花茶，但在滋味濃烈、香氣持久等方面勝於茉莉花茶。珠蘭花茶的歷史十分悠久，據《歙縣誌》記載：「清道光，琳村肖氏在閩為官，返裡後始栽珠蘭，初為觀賞，後以窨花。」清代詩人袁枚對珠蘭讚譽有加，寫了一首〈珠蘭〉的詩來稱頌珠蘭。珠蘭雖然看起來不起眼，卻暗藏芬芳，在清風的吹拂下，香味能飄到百米之外，近聞似無，而愈遠愈香。珠蘭花莖柔軟，風吹枝動，一串串蓓蕾般的花朵，在風中輕輕搖擺，彷彿歡迎的小手，表達著內心的熱情。

珠蘭屬金粟蘭科，花朵小，直徑 0.15 公分，似粟粒，色金黃，花粒緊貼在花枝上，每一花枝上有 6 ～ 7 對花粒，構成一花序。珠蘭花開自 4 月上旬至 7 月，盛開期在 5 ～ 6 月，香氣濃郁芬芳，因此夏季窨製珠蘭花茶最為合適。珠蘭花茶原產於安徽省黃山市歙縣，現主要產地包括安徽歙縣、福建福州、浙江金華和江西南昌等地。在製作方面，珠蘭花要求在早晨採摘生長成熟的花枝，飽滿豐潤的花粒。鮮花進廠後，去掉枝條和異物以後，需及時薄攤在竹匾上，讓鮮花散失水分，促進吐香。然後，中午前後及時將花與茶拼和窨製，做成珠蘭花茶。由於增加窨製的次數後，在復火的過程中會使得花香減弱一些，而且，珠蘭花在反覆乾燥、吸溼的過程中會變黑，影響鮮爽度。因此，通常採用單窨來製作，會比雙窨的成品品質要好。

珠蘭花茶外形條索緊細，鋒苗挺秀，白毫顯露，色澤綠而潤，沖泡以後，既有珠蘭花特有的幽雅芳香，又有高檔綠茶鮮爽甘美的滋味。以花入茶，自古有之，不奪茶之本味，既芳香解郁，又能豐富品茗者的感受。

112　荔枝紅茶是什麼茶？

到底是荔枝，還是紅茶？怎麼聽起來感覺怪怪的？

「一騎紅塵妃子笑，無人知是荔枝來。」唐朝詩人杜牧的著名詩篇，使得人們對荔枝心馳神往。荔枝味甘、帶酸，作為歷朝歷代的貢品，古今皆愛。荔枝和紅茶一同製作的茶葉，味道很不錯。

荔枝紅茶屬於再加工茶，產於廣東（因為荔枝盛產於閩粵一帶，而廣東為茶葉對外出口的集散地且緊鄰產茶大省福建，故當地茶商能夠大量製作荔枝紅茶），但其創製時間暫不明確。在中國，為品嘗茶湯的清甘原味，不流行用水果入茶，茶以清飲為主。唯有不奪茶之清香的花茶，在中國流行開來，頗受文人雅士的喜愛。而水果茶在國外受到熱烈的歡迎，有用切片的蘋果、草莓、檸檬等與茶湯共同浸泡的喝法，也有添加果味香料的紅茶，例如伯爵茶。據了解，荔枝紅茶是華商為外銷特意研究製作的，在 1929 年的報紙上就有香港茶莊販售荔枝紅茶的新聞資訊，一些廣東茶莊的茶單上也有「桂味荔枝紅」的品項。因此，荔枝紅茶的創製最遲應不晚於 1920 年代末。

中國的荔枝紅茶使用了類似花茶的窨製加工工藝，將帶有荔枝汁液的新鮮荔枝殼拌入高級的工夫紅茶中，共同焙火，再揀出果殼製作而成。製作中的一大要點是要低溫焙火。成品荔枝紅茶，茶葉的外形條索緊結細直，色澤烏潤，內質香氣芬芳，滋味鮮爽香甜，湯色紅亮，有荔枝風味。這種紅茶，需要飲茶人在品鑑上下功夫，緩緩斟飲，細細品啜，在徐徐體會和欣賞之中，吃出茶的醇味，領會飲茶真趣，使自己心情歡愉、怡然自得，獲得精神上的昇華。好的荔枝紅茶，濃甜的果香和醇厚的紅茶搭配相得益彰，冷熱皆宜，頗受外國友人的欣賞。好的正山小種紅茶都有松煙香、桂圓湯的味道，荔枝與桂圓口感接近，而且皮厚、果味濃郁，這樣的創新茶也是有基礎的。現今年輕人喜歡的新式茶飲，有很多是添加水果的果茶，不妨嘗試一下荔枝紅茶，感受不一樣的口感與滋味。

113　小青柑是什麼茶？

小青柑屬於再加工茶中的柑普洱茶，是用廣東省江門市新會出產的青柑皮和雲南普洱茶組合而成的。通常 7 ～ 8 月份採摘尚在成長期的新會柑，保持柑皮完整，去除果肉後裝茶製作，一顆重 8 ～ 10 克左右。小青柑有晒乾、半晒乾、烘乾的差別，以晒乾的為上。但因全晒乾時間較長，太依賴天氣因素，所以實際生產中，往往採用半晒乾的工藝製作。其茶質純淨，融合了清純的果香和普洱茶醇厚甘香之味，沖泡以後茶湯紅濃透亮，入口甘醇順滑，韻味悠長。而且一顆小青柑剛好一泡，攜帶方便，因此大受歡迎。又因為其諧音為「小心肝」，因而更為年輕情侶們所中意。

小青柑可用掀蓋沖泡法、碎皮沖泡法、鑽孔沖泡法三種方法，採用100℃的開水沖泡。經五次沖泡以後，投入陶壺、銀壺、玻璃壺中煮飲，滋味更加醇厚，果香更加濃郁。小青柑成熟度不高，青柑皮油酮類成分豐富，含有豐富的揮發精油，香氣高銳清爽。由於小青柑的柑皮本身是強寒性的，即便加上較溫和的熟普洱茶，整體上仍然較涼，因此，孕婦、哺乳期的產婦和生理期的女性，應少喝或最好不喝小青柑茶，以免影響身體健康。另外，普洱茶儲存得當的話可以久存，但是未成熟的青柑有保存期限和香氣保持時限的問題，在食品安全管理上也有爭議，其內裝入的普洱茶品質有的也待存疑。所以，購買這種因攜帶、沖泡便捷和口感良好而風靡一時的茶類時，要選擇正規商家和通路。

114　乾隆三清茶是什麼茶？

三清茶選用松實（松子仁）、梅花、佛手柑這三樣清雅、高潔之物，搭配龍井新茶，用收集的雪水烹製，不僅能品，還能吃，正如乾隆所說，「喉齒香生嚼松實」。以風雅自居的乾隆皇帝，幾乎每年正月上旬都在自己的龍潛之地重華宮選定一個吉日舉辦茶宴，邀請重要的大臣一道品茶、嘗果、賞景、賦詩等。新年新氣象，既放鬆、遊戲一番 ，又維繫了君臣之間的感情。乾隆皇帝一生喜愛喝茶，對茶葉、水質、品茶器具都很挑剔，晚年更是說出「君不可一日無茶」的名句。乾隆十一年（西元 1746 年）秋天，乾隆皇帝巡遊五臺山以後，在回京途中遇雪，品茶時寫下了著名的〈三清茶〉詩，其中描寫「三清」的有：

「梅花色不妖，佛手香且潔。松實味芳腴，三品殊清絕。」據清宮檔案記載，所有重要的御用茶器上，都要刻寫這首御筆〈三清茶〉詩，包括琺琅彩三清茶詩壺、描紅青花三清茶詩碗等數十件茶器。其中，最有代表性的瓷器就是三清詩茶碗了，有青花的，有礬紅彩的，是乾隆皇帝一生的鍾愛。

115　緊壓茶是什麼茶？

除了散茶，大家現在常見的包著綿紙的茶磚、茶餅等就是緊壓茶了！從普洱茶的標準定義以及普洱茶的儲存價值來看，散茶（未進行壓製的雲南晒菁毛茶）都不能被稱為普洱茶。緊壓茶屬於再加工茶類，生產歷史悠久，其做法與古代蒸菁餅茶的做法相似。由於過去產茶區大多交通不便，運輸茶葉是靠肩挑、馬馱，在長途運輸中茶葉極易吸收水分，而且貨物太散會導致運送數量太少，而緊壓茶類經過壓製以後，比較緊密結實，增強了防潮性能，也便於運輸和儲藏，所以得以廣泛生產。另外，蒸壓工序有助於茶葉的後期轉化，營造出穩定適宜的溫溼度環境，有一些緊壓茶還會發出金花，茶味醇厚，因此在少數民族地區廣受歡迎。而且對於粗老的茶葉來說，緊壓後看不到外形，便於在包裝紙上做文章，整體外觀精緻典雅，方便作為禮物。典型的緊壓茶有茯磚茶、千兩茶、方包茶、藏茶、沱茶、青磚茶、普洱茶餅等。不僅黑茶可以緊壓，白茶緊壓的也很多，除此以外，六大茶類中的其他幾種也都有了緊壓茶，比如綠茶中的銀球茶、青茶中的漳平水仙小方塊茶、紅茶中的古樹晒紅茶餅、黃茶中的小圓餅等。

116　混合茶是什麼茶？

茶靠拼配，酒靠勾兌，混合茶是透過將不同國家和地區的茶進行調配而製作成的。家喻戶曉的伯爵茶、英式早茶、愛爾蘭式早茶和下午茶都是極具代表性的混合茶。

混合茶的核心是具有競爭力的價格和統一的滋味和香氣，開發混合茶的人希望消費者可以認定一個特定公司的特定品牌茶葉，降低認知負擔。為了保持茶葉味道的統一，也為了防止一些不可控制的因素影響生產，茶葉品牌公司一般會尋找多個茶葉供給地，混合 10 至 30 個國家或地區生產的茶葉。因此，很多國外茶葉商品的外包裝上沒有特別精確的生產地。儘管隨著情況的變化，茶葉的生產地不可避免地也會有所變化，但最終對茶葉的味道幾乎不會產生影響，這也是混合茶的核心競爭力和優點之一。混合茶無論什麼時候喝，都會讓人覺得很舒服，價格也較為低廉。事實上，如今在紅茶之國 —— 英國，大部分人喝的茶並不是單一產地茶，而是混合茶。

傳統的紅茶公司將混合茶作為代表產品極力推廣，是因為混合茶的銷量占了茶葉總銷售量的大部分。雖然混合茶沒有單一茶園茶獨特的滋味和香氣，但在使用先進的拼配技術以後，融合各種茶葉的特性，可以精心調配出很多優質的茶葉產品。例如：在2013年，川寧公司創造性地將大吉嶺茶和阿薩姆茶進行結合，為英國伊莉莎白女王配製出加冕60週年的紀念茶，頗受在場賓客的讚許。

另外，在很多國外的茶品中會混合一些其他非茶之葉和果實香料，製作出功能茶、香料茶，也是一種不錯的嘗試與選擇（他們更看重茶的飲料屬性）。

混合茶一方面有助於消除普通消費者對茶葉產地的執念，利於創製新品；另一方面，可以在茶葉的生產、加工步驟中，進一步增加機械化的程度，降低成本，提高效率。在純茶瓶裝飲料行業中，受限於水溫和儲存等因素，茶湯的滋味難以與傳統方式沏的茶看齊，不妨在如何混合不同的茶葉上做一些探索，既可形成寶貴的企業核心技術，增加市場競爭力，又能與傳統沏出來的茶形成差異化，為行業開闢出一條新路。

117　茶膏是什麼？

茶膏其實是茶葉的一種深度加工產品，製作方法有些類似於秋梨膏。先把茶葉搗碎，加入清水熬煮，待茶葉內含成分充分析出以後，選用細密的濾網將茶葉與茶湯分離。然後，將清澈的茶湯繼續熬煮，直至成為膏狀（跟炒菜時的收汁一樣）。最後，用模具將膏狀物定形。其實，茶膏並不是新產品，茶聖陸羽就曾在《茶經》中記載「出膏者光，含膏者皺」，說明當時人們就發現好茶有出膏的現象。歷史上，由於茶膏僅向皇室供應，因此民間對其知之甚少。

清皇宮製膏法，不同於大鍋熬法，它是在唐宋時期製膏工藝的基礎上，運用了生物二次發酵技術，促使茶葉內含成分分解轉化，然後反覆取汁，熬成稠密度較高的軟膏入模，低溫乾燥而成。現今故宮有保存完好的茶膏，為方形餅狀，色黝黑，尺寸不過寸許，每塊重 4 克，上面壓有花紋，中間有壽字，四福繞之。清代醫藥學家趙學敏所撰的《本草綱目拾遺》中曾記載：「茶膏，性味甘，苦，涼。歸心、胃、肺經。功能，清熱生津，寬胸開胃，醒酒怡神，煩熱口渴，治舌糜、口臭、喉痺。」如今，有一些茶公司開始生產不同的茶膏產品，工藝略有不同，大多做成丸狀，或扁粒狀，或沖泡，或悶泡，或煎煮。只是無論古法還是創新，均要注意勿添加香精、色素，以免影響健康，採用天然茶葉熬煮才為上策。

非茶之茶

118　什麼是非茶之茶？

非茶之茶指的是採用不屬於山茶科山茶屬植物的花、果、根、莖、葉等製作的「茶」，是一種泛化的茶葉概念，屬於代用茶或花草茶。非茶之茶在市場上非常的多，例如菊花茶、陳皮茶、苦丁茶、沉香茶、螃蟹腳、莓茶、廣西甜茶、荷葉茶等，具有多種、多樣的形態和滋味，常常以養生保健茶的形式出現。

119　廣西金花茶是什麼茶？

提到金花，很多人會想到金花茯磚茶。但是，有一種形似小金盃的花朵，被稱為金花茶，也能用來泡茶。不同於常規茶品，作為山茶科近親的特色茶品——廣西防城港的金花茶，被譽為植物界大熊貓，為國家一級保護植物，經過人工培育，廣受歡迎，特別是廣東人非常熱愛品飲其花朵，製作金花茶成為當地的新興產業，助力鄉村振興。

金花茶屬於山茶科山茶屬，與茶、山茶、油茶、茶梅等為孿生姐妹，國外稱之為神奇的東方魔茶，是「茶族皇后」。作為一種古老的植物，金花茶的出現時間可以追溯到白堊紀時期。而且，全世界 95% 的野生金花茶僅分布於中國廣西防城港市十萬大山的蘭山支脈一帶，最常分布在海拔 200 到 500 公尺之間，最高不會超過 800 公尺，最低不低於 20 公尺，因此廣西被譽為金花茶的故鄉，金花茶也被廣西防城港市定為市花。金花茶單生於葉腋，花色金黃，耀眼奪目，彷彿塗著一層蠟，晶瑩而油潤，似有半透明之感。花朵盛開的時候，有杯狀的、壺狀的或者碗狀的，嬌豔多姿、秀麗雅緻。金花茶是自然界中唯一盛開金黃色花朵的山茶，具有科學研究、觀賞、藥用等重要價值。

金花茶由中國植物學家左景烈於 1933 年 7 月 29 日在廣西防城縣（今防城港市防城區）大菉鄉阿泄隘首次發現（以前，人們沒有見到過花色金黃的種類）。但由於種種原因，左景烈並沒有給這種全新的植物取名字。直到 1948 年，這種金黃色的茶花才被另一位植物學家戚經文命名為金花茶。為了更好地保護金花茶，人們專門建立了保護區，並積極進行人工的選育和雜交工作，成功培育出了人工金花茶品種。沖泡的時候，取 2 ～ 3 朵金花茶，用開水沖泡或將花朵放入沸水中煮 2 ～ 3 分鐘，再靜置 2 ～ 3 分鐘以後即可品飲。其湯色金黃明亮，靜止時可看到花粉沉於底部。茶湯入口，茶香繞舌，初時稍微帶有苦味，繼而苦盡甘來，令人心生愉悅。金花茶的花朵碩大金黃、蠟質俊美，花期長，葉大而秀，除了品飲，還能做成盆栽，極具觀賞價值。

金花茶含有 400 多種營養成分，富含茶多糖、茶多酚、皂苷、黃酮、茶色素、蛋白質以及多種維他命、胺基酸、有機微量元素等，對降血糖、降血壓、降血脂、降膽固醇有幫助，對糖尿病及其併發症有明顯的功效。

120　金絲皇菊是什麼茶？

「採菊東籬下，悠然見南山。」菊花作為一種非茶之茶，其清香的味道受到廣大人士的喜愛。

金絲皇菊是菊花中的精品，色澤金黃，碩大飽滿，花香濃郁，一朵就能充滿整個杯子，十分具有觀賞性。金絲皇菊茶的原產地在江西省的修水，具有「香、甜、潤」三大特點，茶湯鮮亮，入口清香甘綿，解渴生津，富含多種胺基酸、維他命和微量元素。相比普通菊花而言，金絲皇菊的黃酮含量高出150%，胺基酸含量高出30%，有著消暑生津、疏散風熱、明目、潤喉等功效，是藥食同源的佳品。但是由於菊花性寒，不建議體虛的人士飲用。筆者的茶苑在招待茶友的時候，有時會取出用玻璃製作的大唐碗進行展示。在其中，先放入一朵金絲皇菊，再放入兩朵玫瑰花骨朵和少量茶葉一同沖泡，其優美的形態和迷人的滋味，令茶友們無不拍手稱讚。

121　螃蟹腳是什麼？

雲南古樹茶叢生之地，偶爾會有稀有的螃蟹腳伴生，藥食同源，這一現象經常被喜歡古樹茶的老茶客津津樂道，也是檢驗一個茶人是不是很博學的試金石。螃蟹腳在植物學上叫做楓香槲寄生，因其枝條為節狀帶毫，形似螃蟹腿，故被稱為「螃蟹腳」、「茶茸」。在茶界，以雲南省景邁山古茶園出產的「螃蟹腳」最為出名。要注意，螃蟹腳作為寄生植物，在適宜的環境下，其他的南方省份和尼泊爾、印度、泰國等眾多國家的非茶樹上也有出產。但是，古茶樹上的螃蟹腳枝節較為短圓，晒乾後色澤為褐黃，而其他樹上的螃蟹腳枝節扁長，有突出條紋，色澤發綠。正宗古茶樹上的「螃蟹腳」，味道清香，入口爽滑，滿口生津，回甘猛烈，有清熱解毒、健胃消食以及清膽利尿的作用。由於現在去古茶山的人越來越多，人們都會採摘，導致現在見到螃蟹腳的機率大大下降了。在日常泡普洱茶時，放入少量螃蟹腳，可以激發茶湯的滋味。在煲湯時放一些螃蟹腳，能提升湯的鮮味。但是由於螃蟹腳比較寒涼，孕婦要慎飲。

122　苦丁茶是什麼茶？

提到苦丁茶，相信大家都不陌生。當上火、口乾、喉嚨痛的時候，很多人都會泡上一杯苦丁茶喝一喝，以改善身體的不適。然而，苦丁茶雖然叫做茶，但是並不是傳統意義上的茶葉。在中國南方生長的大葉苦丁屬於冬青科植物，苦丁茶原料是大葉冬青的葉子，最早創製於東漢時期，主要產自福建、廣東、廣西、海南地區，味道苦澀。而在中國中西部生長的小葉苦丁，則屬於木犀科女貞屬植物，主要產於雲貴川地區，其製成的茶有綠茶的清甜，苦澀味不及大葉苦丁茶。東漢《桐君錄》曾記載：「南方有瓜蘆木，亦似茗，至苦澀，取為屑，茶飲，亦通夜不眠。」這裡的瓜蘆木指的就是現在的苦丁（苦丁一詞其實是從明代才開始這麼稱呼的）。苦丁茶的製作與傳統的茶葉製法有些相似，先採摘3～4片嫩葉，經過萎凋、殺菁、揉捻、乾燥製成。大葉苦丁茶外形條索粗鬆，呈墨綠色，有點像一根根的小棍子。而小葉苦丁茶外形條索緊細挺秀，色澤綠潤，更像傳統認知裡的茶葉。苦丁茶在沖泡以後，湯色淡綠明亮，富有清香，入口滋味先苦後甘，爽口生津。與綠茶有些相似的苦丁茶，寒性相對較強，不易保存，建議苦丁茶在保存的時候，可以參考綠茶的儲存方法，裝入密閉容器中，放入冰箱保存。若是苦丁茶出現成團、長毛的現象，就一定不要喝了。另外，苦丁茶畢竟是寒涼之物，脾胃虛弱的人，例如老年人和嬰幼兒，以及處於生理期的女性朋友，建議不喝，以免給身體帶來不必要的負擔，造成不適。

123　化橘紅是什麼？

化橘紅不是橘子，而是一種柚子，它是芸香科柑橘屬的常綠小喬木，在當地已有1,000多年的種植歷史，自古就有「南方人蔘」和「一片值一金」的說法，明清時期成為宮廷的貢品，《本草綱目拾遺》稱其治痰症如神。那麼，為什麼化橘紅這麼特別呢？能不能推廣到其他地方種植呢？還真不行，化橘紅之所以效果顯著，主要是因為當地的土壤中富含礞石、鎂等礦物質，尤其是礞石的含量，最高可達20%左右。只有從這種土壤生長的橘紅，才含有充足的黃酮素。而且，礞石本身也是用來祛痰的重要物質。引種到其他地方的橘紅，功效會急遽減少，失去相應的價值。也因此，論祛痰的效果，還得是化州產的化橘紅。

化橘紅3月上旬開花，通常於5月中下旬開始採收果實。採收好的果實，簡單清洗後放入烘乾爐中進行乾燥處理。當果實含水量降至20%的時候，通常會壓製成圓柱體，方便後期機器切片，然後繼續烘乾至含水量為10%即可。剛烘乾好的化橘紅，並不會馬上開始銷售，而是根據果品的品質，分級存放3～5年才出售。存放的時間越久，效果越好，一顆存放50年的化橘紅珍品，曾經在拍賣會上拍出了人民幣38,000元的高價。

這麼好的東西，在挑選的時候有哪些要注意的呢？化橘紅與其他地方種植的橘紅有兩個重要的區別：一是化橘紅的表皮上，有豐富、細膩的絨毛，而其他地方的橘紅沒有，即便是從化州引種的橘紅，絨毛也會逐漸消失。二是化橘紅的表皮上，布滿白色的小點，也就是黃酮素。而其他地方種植的橘紅，表皮顏色比較深，沒有這種點狀物質。若是初次飲用化橘紅，建議放入一片沖泡即可，免得苦味過重，遮蓋了化橘紅淡淡的柚香。在煲湯的時候，也可以少量放入幾片化橘紅，不但能去除腥味，還能提鮮。

124　蟲屎茶是什麼茶？

蟲屎茶又名「龍珠茶」，是廣西等地苗族、瑤族喜歡的一種特種茶。當地老百姓把野藤茶葉和換香樹（化香樹）等樹的枝葉堆在一起引來小黑蟲，將小黑蟲吃完留下的蟲屎顆粒炒乾，和蜂蜜、茶葉按照5：1：1的比例再炒，炮製而成。蟲屎茶香味好，味濃略顯甜，口味醇厚，湯色烏深，有清熱消暑、解毒、健脾助消化的功效。

125　大麥茶是什麼茶？

大麥茶是一種在中國、日本、韓國比較普及的代茶飲。在中國的許多韓國燒烤店都能見到它的身影，有濃厚的麥香，很好喝。大麥是北方的一種古老的農業作物，它有早熟、耐旱、耐鹽、耐低溫等特點，使得栽培非常廣泛，與人們的生活息息相關。大麥茶也在廣泛栽培的過程中自然而然地產生了。大麥茶是將大麥炒製後，再經過沸煮而得，喝了它不但能開胃，還可以助消化，大麥茶的香氣來自梅納反應（Maillard reaction）。由於人們不斷追求健康、健美，大麥茶因不含茶鹼、咖啡因等刺激性成分，不影響睡眠，以及輔助減肥的優點，獲得了許多人的喜愛。但是要注意，大麥茶不宜放涼飲用，放涼後不僅香氣、口感會差一些，而且對脾胃也不好。

126　沉香茶是什麼茶？

被譽為香中之首、藥中之王的沉香，不但在薰香、手串、香包和調製香水等方面有著廣泛的應用，還是日本救心丸的必備原料之一。除此之外，現在市場上還有一種沉香茶，主要有三種類型：第一種，直接將沉香煮水來喝。第二種，選用二次加工的沉香勾絲，與普洱茶一同壓製成茶餅。第三種，採摘種植了15～20年以上的沉香樹老葉子，仿照烏龍茶的加工工藝，經過攤晾、搖青、殺青、揉捻、烘焙等工序製作而成。沉香茶外形緊結勻整，色澤綠潤，呈顆粒狀，與鐵觀音有些相似。沖泡時，一般放入 8 ～ 10 顆，用 250 毫升的茶器沖泡，可以出湯 10 次左右。泡出的茶湯是淡淡的金黃色，明亮清澈。入口潤滑，生津解渴，又香又甜。常飲用沉香茶，能造成安神入眠、排出毒素、降低血脂等效果，深受消費者的喜愛。只是要記住，沉香葉一定要經過加工炮製，並不能直接食用。現今，在種植沉香樹的海南、廣東、廣西、臺灣等地，都出售這種沉香茶。

127　荷葉茶是什麼茶？

愛蓮盡愛花，而我獨愛葉。清香的荷葉，不僅可以製作叫花雞、荷葉粥、荷葉包飯等美味佳餚，本身還可以作為主要原料，製作出能夠清熱解暑、生津止渴、調節身體脂類代謝的荷葉養生茶。荷葉茶的製作比較簡單。首先，選用新鮮的嫩荷葉，清洗乾淨。其次，剪掉葉柄和蒂部，將荷葉撕成大小均勻的扇形。再次，將荷葉切成細條，放入蒸鍋內蒸上 20 ～ 30 分鐘，期間要用筷子翻動一次。待蒸好後，將荷葉條放在竹箕上攤涼，並用剪刀剪成小段，用製作茶葉的手法揉捻，破壞荷葉的細胞壁。最後，採用日晒或者焙茶機乾燥以後，裝入密封袋，置於陰涼處保存即可。荷葉茶既可以清飲，也可以根據需求搭配其他的食材一同泡水飲用。例如：可以增加山楂、陳皮、生薑、羅漢果等一起飲用。

但由於荷葉本身微微偏涼，身體虛寒，脾胃、腸胃不佳的人，以及處於生理期的女性，都不建議飲用荷葉茶。另外，荷葉茶應在兩餐之間飲用，不要在吃飯的時候喝荷葉茶，以免影響食物的消化。

128　廣西甜茶是什麼茶？

很多人都吃過樹莓，紅色的漿果，甘甜可口，也稱覆盆子。在廣西，民間把其樹葉加工以後當作茶來飲用。因為喝起來甜滋滋的，得名「甜茶」。甜茶與羅漢果、合浦珍珠、廣西香料，並稱為廣西四大名品。

廣西甜茶並不是傳統意義上的茶，其植株是薔薇科懸鉤子屬植物中的一種，為多年生、有刺的落葉灌木，葉子長得很像楓樹葉。甜茶主要生長在廣西金秀大瑤山地區海拔 800 ～ 1,000 公尺的山上，這裡是中國第二大動植物醫藥王國、國家自然保護區，土壤中硒的含量豐富。金秀茶葉協會的莫宇寧會長曾經專程帶筆者考察了金秀大瑤山的神奇所在，非常令人震撼。與其他普通懸鉤子植物不同，它的葉子味道是甜的，而且它全身都是寶，根、莖、葉、果實，均可入茶、入藥。每年七、八月份，是甜茶甜度最高的時候。

如今，甜茶是按照綠茶的工藝來加工的，要經過攤菁、殺菁、揉捻、烘乾等工序步驟製作。製成的甜茶外形條索緊結、色澤綠潤、呈螺形顆粒狀。沖泡以後，湯色淺黃，清香撲鼻，入口滋味非常甜，像喝糖水一樣，但是並不膩。另外，當地人還用甜茶葉代替白糖，製作甜茶粽子、甜茶飯等當地的特色小吃。

廣西甜茶的果實，別名就叫做樹莓。甜茶果實紅裡透亮，清香味鮮，果肉甘甜，而且營養十分豐富，含有 18 種胺基酸，包括人體必需的 8 種胺基酸在內，和人體必需的鋅、硒、銅等礦物質。據《廣西中藥標準》記載，廣西甜茶有「清熱降火、潤肺、祛痰、止咳」的功效，被民間譽為「神茶」。

除上述所說，廣西甜茶有兩個極具開發價值的內含物：一個是甜茶的多酚類物質，另一個是甜茶素。甜茶的多酚類物質，有良好的抑菌效果，可作為天然的食品防腐劑；而且，對改善鼻子過敏、花粉過敏以及在潤膚、保溼以及防紫外線方面有一定的效果。在日本，廣西甜茶已經被開發成多種保健飲料，用來防治花粉過敏。廣西甜茶內含的甜茶素，是一種可以用在食品加工中的理想甜味劑，它有人類最易接受的甜味，純甜茶素的甜度是蔗糖的300倍，但是熱量卻只有蔗糖的百分之一。許多的現代食品，為了更好的口感，會加入一定量的蔗糖，比如常見的優格，通常會加入4%～6%的蔗糖。如果能用甜茶素替代蔗糖的使用，將能生產出口味更好的無糖食品，並且有效地降低糖的攝取量。這對豐富中國的食品品種，提高食品的安全性，有著非常重要的意義。

129　莓茶是什麼茶？

在湖南省著名的旅遊勝地——張家界地區，有一種名為「莓茶」的產品，近年來十分火熱，本地又叫它藤茶、土家甘露。最初，莓茶是明代茅崗覃氏土司的祖傳藥茶，是當地少數民族特有的一種野生保健飲品。如今，在湖南、湖北、雲南、貴州、廣東、廣西和福建等地皆有所分布。

莓茶的學名為顯齒蛇葡萄，是一種多年生藤本植物，與一般認知中的茶葉不同，屬於非茶之茶。由於莓茶加工時會有溶出物留在表面，晒乾後有一層白霜，好似發霉的樣子，民間故此把這種茶叫做「霉茶」，發霉的霉。但是，將其作為商品名稱非常不好聽。於是，便根據其植物學的屬性，最終將其更名為含有草字頭的「莓茶」。2013年，中國國家衛計委批准其作為新食品原料，自此莓茶開始受到健康產業的重視，逐漸被大眾熟知。莓茶外形條索細嫩，白霜滿披，捲曲似龍鬚。沖泡以後，湯色嫩黃清澈，入口滋味微苦，但回味甘甜、鮮醇，對調養身體皆有幫助。需要特別注意的是，莓茶在歷史上畢竟是藥茶，每日還是適量飲用為好。

130　雪菊是什麼茶？

在美麗的新疆和田，不但有著名的和田玉，還有一種被當地維吾爾族稱為「古麗恰爾」的傳統花茶——崑崙雪菊。雪菊的植物學名叫做「兩色金雞菊」，因其能夠生長在海拔3,000公尺以上的新疆崑崙山積雪高山區域而得名。雪菊沖泡以後，湯色紅豔透亮，並伴有淡淡的藥香。如意茶苑在對外授課和做活動展示的時候，常常選擇將雪菊、玫瑰花苞和少量冰糖搭配在一起，並用大唐碗泡的形式呈現給參與者，反應極好。雪菊不僅生長在新疆，在西藏地區也有種植，而且西藏雪菊往往種植在海拔更高的山上。中國農業大學校友研發的西藏雪菊，品質高、耐嚴寒，成為當地的鄉村振興產品。經檢測，其內含的綠原酸、菊甙、黃酮等物質，含量要比普通雪菊高一些，有利於調養身體。

另外值得一提的是，由於生長環境特殊，可以對抗嚴寒的雪菊與同為菊科的杭白菊等南方品種不同，其寒性沒有那麼強，適量飲用對腸胃的刺激比較小。隨著市場的熱銷，許多種植於平原上的雪菊產品紛紛湧入各銷售平臺，但是其內含物卻不如生長於高山的雪菊豐富。因此購買雪菊的時候，建議選擇種植於高山上的雪菊。

131　鷓鴣茶是什麼茶？

「茶中靈芝草，羊肥愛啃食。」在海南省的民間流行喝一種獨特的鷓鴣茶。

據說海南四大名菜之一的東山羊所用之羊，就是因為愛吃鷓鴣茶的鮮葉，才一點膻味都沒有。相傳，古時海南的萬寧地區，有家村民養了一隻鷓鴣鳥。一天這隻鳥生病了，村民求醫無門，便上山採摘了野生的茶葉泡熱水給鷓鴣喝。幾天後，鳥的病不但好了，還活了很久，於是人們將這種茶取名為鷓鴣茶。這種茶從植物學上講，是屬於大戟科的野生灌木，與通常所指的山茶科山茶屬的茶葉不同，是一種非茶之茶。歷史上，民間曾認為其僅僅生長在海南萬寧的東山嶺一帶。實際上，這種植物在海南的瓊中、樂東、保亭、通什等山區都有所分布。但是，萬寧東山嶺和文昌銅鼓嶺所產的鷓鴣茶，品質最好，名氣最大。額外值得一提的是，在電視連續劇《紅樓夢》中，片頭「飛來石」的遠景就採自萬寧的東山嶺。

鷓鴣茶的採製很有特色，通常要將葉片連著枝條一同摘下，帶回後逐片摘下葉片，手工將葉片層層疊加並捲成球狀。然後，用晒乾的椰子樹葉將球狀的茶葉綁起來。綁成一串約 20 個左右，放到太陽下晒乾或者掛在樑上自然風乾，有點像北方院子裡掛的一串串大蒜。需要泡茶的時候，解下一個茶團投入熱水中即可，十分方便。鷓鴣茶的乾茶色澤灰綠，緊實乾淨。沖泡以後，茶湯呈現深琥珀色，透亮均勻，有好聞的藥香。其茶湯入口滋味醇厚、甘平，具有清熱、解油膩、助消化的作用。在遠離萬寧的地方，鷓鴣茶的傳說沒有那麼知名，但是人們由於在五月五日的端午時節要吃肉粽、肥鵝這類油膩的食物，為解膩，人們從五月初一就將鷓鴣茶和其他植物的葉子一同飲用，所以民間也稱其為「五月茶」。

如今，海南鷓鴣茶已經成為當地極具地方特色的旅遊商品，許多旅客都會選擇將其作為伴手禮送給親朋好友。筆者曾經受邀前往海南，發現幾乎大多數餐廳一上來就給客人一壺鷓鴣茶飲，飲之清涼舒爽，有親切的感覺。友人送筆者一串形如大念珠的鷓鴣茶，氣味濃烈香辛，掛在門口木臺上，還令蚊蠅少了許多。

132　老鷹茶是什麼茶？

老鷹茶並不是真正的茶葉，而是來自一種學名為「毛豹皮樟」的植物代茶飲品，是雲貴川地區響噹噹的特色茶。西南地區的老百姓將其作為盛夏時節的祛暑佳品，尤其是在四川的農村，有自採、自製、自飲老鷹茶的習慣。原產於四川省石棉縣的老鷹茶，產製歷史悠久，最早可追溯至春秋戰國時代。唐朝時，老鷹茶還曾作為貢品進獻朝廷。關於茶名的來源，主要有兩種說法：一種說法是毛豹皮樟樹僅生長於高海拔的崇山峻嶺間，只有像老鷹那樣的猛禽才能飛到樹上採食和築巢，因此而得名。另一種說法是，古人製作「老鷹茶」，是將採摘的芽葉放在開水中燙一下後撈出，然後慢慢陰乾，故被稱為「撈陰茶」。因發音相近，逐漸被稱為「老鷹茶」。

老鷹茶色澤棕紅，肥碩壯實，富有清香、樟香、麝香等香氣類型。用沸水沖泡或煮以後，其湯色金黃帶紅，清澈明亮。入口滋味濃郁刺激，會回甜、回甘。而且，茶中不含咖啡因，沒有刺激作用，不影響睡眠。如今，在重慶、成都、貴州等城市的餐飲行業，滋味上佳的老鷹茶備受歡迎。

133　蓮花茶是什麼茶？

出淤泥而不染，濯清漣而不妖。北宋理學家周敦頤的一篇散文〈愛蓮說〉，將蓮花的高潔與君子連結起來，用蓮花形容文人的高潔品格。蓮花的高潔和乾淨，也為很多修行者所鍾愛，天女散花，蓮花寶座，說的就是蓮花。

小荷才露尖角，早有蜻蜓立上頭。清雅脫俗的蓮花，與至清至潔的茶葉之間，有什麼故事呢？明代顧元慶所編寫的《雲林遺事》中記載：元代第一畫家倪瓚嗜好飲茶，他將茶與蓮花巧妙地進行了結合，創製出富有蓮花清香的蓮花茶。製作方法是：在池沼中擇取蓮花蕊略破者，以手指撥開，入茶滿其中，用麻絲紮縛定，經一宿，次早連花摘之，取茶紙包晒。如此三次，錫罐盛紮以收藏。

隨著生產技術的進步，現今可將含苞待放的蓮花進行速凍、冷藏，並在特定的溫度、時間下，透過循環加熱的方式，脫水後製成蓮花茶（也就是凍乾），也可以進行低溫烘乾包裝成品。作為大型睡蓮的香水蓮花，一年四季皆可開花，無蓮蓬、蓮子，每株一年可開 200 ～ 300 朵，花可達 30 公分，花朵顏色有金、黃、紫、藍、赤、茶、綠、紅、白九色，又稱九品蓮花，既可觀賞，也可品飲。觀賞時，取紅花、紫花、白花等各色花朵，五彩斑斕，香氣雅緻而持久。因含蠟質，較一般鮮花更易保存，花期更長。品飲時則選用白花，其含有的花青素很少，更加香甜適飲。沖泡的時候，選用大的玻璃壺（500 毫升容量以上），或者敞口的碗等易於觀賞的容器，開水沿著容器四周沖入後，蓮花吸飽水便會逐漸綻放，漂浮於水中，令人賞心悅目。品之怡然，觀之翩躚，好不愜意！適合多人品飲。另外，蓮花亦可燉湯，如香蓮雞、魚、排骨等。可以將花裹上面，炸成美食，還可以加糖果、布丁做成果凍，芬芳而不刺激。香水蓮花含有豐富的植物胎盤素、膠原蛋白、黃酮、低聚糖、生物鹼、維他命等，經常飲用可以消熱、美容、保持健康。

香水蓮花原產於臺灣，適合生長在熱帶和溫帶。如今，香水蓮花在廣東珠海、廣西柳州、江西廣昌、雲南盈江、江蘇南京等地均有種植。

134　紅茶菌是什麼？

紅茶菌最早由中國人在渤海一帶發現，因產生的菌膜酷似海蜇皮，所以叫做海寶，俗稱「醋蛾子」、「胃寶」。民間百姓用喝剩下的茶葉末、白糖，加上一點海寶，放在裝滿涼水的瓶子或者罈子中發酵。過幾日，待水的顏色稍稍變黃，就可以倒出裡面的水飲用。海寶水酸酸甜甜，小孩都把喝這種水當作一種享受。但是，大人卻不會讓孩子隨便喝，因為民間相傳海寶水是一種可以治療胃痛的東西。從成分的角度來看，紅茶菌是由酵母菌、醋酸菌、乳酸菌共生所產生的液體，經常飲用，能緩解腸胃的不適，對軟化血管也有一些幫助。但這只是輔助作用，產生效果慢，不能將其當作藥物。在製作紅茶菌的過程中，液體中會逐漸產生一種類似果凍狀的凝膠物質，產生的原因是醋酸菌在代謝時，消耗葡萄糖、果糖等營養物質，將其轉化成為多醣。這些多醣中不可溶的部分，比如細菌纖維素，黏附在醋酸菌的細胞壁上，便隨著細胞分裂增殖，編織成一層層的網狀菌膜。日常吃到的椰果，其實就是木質醋酸菌在椰汁中產生的，與透過吉利丁粉製作的果凍不是同一種東西。另外，細菌纖維素還常被用作穩定劑、增稠劑、乳化劑等，加入到冰淇淋、果凍、飲料以及各式糕點裡。如今，海寶以康普茶為名在歐美很流行，但其實老一輩早就都喝過了。

常見問題

135　為什麼說中國是茶的故鄉？

中國是茶的故鄉。一方面，中國是茶樹的原生地，世界上最早的茶樹發源於雲貴高原。被譽為動植物王國的雲貴高原，古茶樹的數量最多，茶樹品種也最多。目前，世界上最早的茶籽化石被發現於 1980 年的貴州晴隆縣，其距今 164 萬年以上。另一方面，中國也是最早開始人工栽培和加工利用茶的國家。所以，中國當之無愧是茶的故鄉。

136　歷史上關於茶葉發源地有哪些爭論？

如今在談到茶葉原產地時，中國是世界茶葉原產地已成為世界共識。然而在歷史上，曾一度出現過印度起源論和中印兩源論。

自英國打敗荷蘭後，透過銷售中國的茶葉獲取了巨額的財富，並且助長了英國的工業化。然而，由於中國物產豐富，並且開始禁煙運動和以茶制夷的措施，使得英國在與中國的貿易交鋒中始終處於被動的狀態。英國人害怕在茶葉問題上受制於中國，因此一直在想辦法培養其他的茶葉種植地。畢竟在那個時代，茶葉就如現代的石油，是最重要的物資，也是財富的象徵。西元 1824 年，英國人在印度的東北部發現了野生大茶樹，於是產生了關於茶樹起源的歷史爭論。1834 年，隨著英國商人階級的壯大，產生了很高的貿易自由呼聲；另一方面，由於東印度公司內部嚴重的腐敗等問題，導致公司在財政上陷入危機，不能為英國政府提供充足的稅收。因此，東印度公司對華貿易壟斷權被取消。同年，英國官方成立了專門的茶葉委員會，透過英國軍人查爾頓（Lieutenant Charlton）在阿薩姆發現的茶樹，宣布發現印度的本地茶品種。為了達到排擠中國茶葉國際市場占有率的目的，英國以此為憑據，大力宣傳茶樹最早起源於印度，中國和日本的茶樹，都是從印度傳過去的，企圖從根源上切斷茶與中國的連繫，這就是所謂的印度起源論。然而，由於中國關於茶葉的飲用史和文化史非常豐富，學術界並不都接受這一種觀點。1935 年，美國作家威廉·烏克斯（William Ukers）的著作《茶葉全書》就認為中國與印度都是茶樹的起源地，此為中印兩源論。

在茶葉起源地的這場爭論中，中國由於沒有發現野生大茶樹的報告，無法提供現代植物學意義上的發現史和栽培史，當時情況十分尷尬。終於，1961 年 10 月，在中國勐海縣巴達區發現了高達 30 多公尺的野生大茶樹，它是當時全世界所發現的最大的「茶樹之王」。張順高、劉獻榮等學者考察巴達野生大茶樹的報告，有力地回擊了英國和印度一部分學者的偽學說，揭示了茶樹原產於中國的客觀事實。後來，陸續發現的更多野生茶樹和貴州晴隆164萬年前的茶樹籽化石，以及原產地茶樹基因演化的多樣性，茶種群遷移的脈絡等，使得茶葉產自中國再次成為世界共識。另外，畢竟野生茶樹只是生物學上的發源，如果沒有人類的開發和利用，只是一片樹葉而已，真正更有價值的在於最早栽培和利用茶葉，從這方面來說，中國更是無可置疑的茶葉發源地。真實可能短時間會被謊言矇蔽，卻不可能永遠被掩蓋。文化的自信隨著發展而彰顯，讓中華茶文化更加燦爛。

137　中國茶是如何演變至今的呢？

關鍵的演化節點有茶的起源、唐代煮茶、宋代點茶以及明清的散茶沖泡。

各階段的重要人物有：發現茶的神農氏，編纂第一本茶經的茶聖陸羽，將喝茶提升至藝術巔峰的皇帝——宋徽宗，以及廢團改散使得茶葉進入尋常百姓家，進而促進六大茶類誕生的明朝開國皇帝——朱元璋。筆者奉上一段順口溜幫助記憶：「唐煮、宋點、明清泡。神農識茶，陸羽聖。徽宗點茶藝巔峰，元璋改散眾茶現。」

138　貢茶是怎麼回事？

學成文武藝，賣於帝王家。萬國來朝的古代中國，納貢與宮廷造辦，使宮廷文化相較之民俗文化，集國之力世之智，更為精湛。皇家的青睞，也加深了宮廷文化在民間的傳播。宋徽宗帶領大臣的鬥茶賽，也成為一段經典佳話。茶在明代朱元璋廢團改散以前，一直是上層社會享用的精品，並不是尋常百姓可以享用的。

西元前 1,000 多年的周武王時期，茶作為納貢物品開始初步形成制度（當時的茶主要用於祭祀）。到了唐朝，貢茶制度進一步得以完善並形成固定制度，延續了上千年，直到清朝的滅亡（茶聖陸羽曾經推薦顧渚紫筍和陽羨茶為貢茶）。貢茶制度的主要形式有兩種：一是地方獻納的納貢制，二是朝廷直屬的貢茶院制。各朝代的重要貢茶院有：唐宋前位於四川蒙頂山的蒙頂皇家茶園，唐代位於湖州長興的顧渚貢茶院，宋代位於福建建甌市的北苑御茶園，元明時期位於福建武夷山的武夷御茶園和清代位於杭州的胡公廟御茶園，以及雲南寧洱縣的困麓山皇家古茶園等。著名的貢茶有：雅安蒙頂茶、常州陽羨茶、湖州顧渚紫筍茶、西湖龍井茶和武夷岩茶等，幾乎囊括了所有盛產的優質茶葉（就連浙江的黃茶，在清代也列入貢茶，用於加工奶茶）。據說故宮的金瓜貢茶目前還有一點留存，只是品過的人說：歷經百年歲月，已經真水無香，有顏色沒什麼味道了！雖然是故事，卻可見人們對宮廷貢茶的嚮往。

從歷史上看，中國的貢茶制度歷史悠久，雖然貢茶使產茶地區和廣大茶農備受艱辛，但客觀上說，貢茶制度也保護了地方名優產品，推動了產茶地區茶葉的生產和發展，促進了茶葉的精工細作和技術改進，豐富了中國的茶文化。貢茶以其優良的品種、精湛的技藝、風雅的茶道和精良的茶具，成為引領一個地區，甚至一個時代的一面大旗。

139　六大茶類的標準是如何誕生的？

六大茶類分類法是 1979 年由著名茶學專家陳椽教授，會同全國知名專家商研後提出的分類方法，並在茶業通報 1 ～ 2 月合刊上發表（之前並沒有這種提法）。他以每種茶類在製法中的內質變化，即茶多酚的氧化程度、快慢、先後等不同，而呈現不同色澤的茶葉變色理論為基礎，從製法和品質上對茶葉進行系統分類，將茶葉分為綠茶、紅茶、黃茶、青茶（烏龍茶）、白茶、黑茶六大類，這種分類得到廣泛的認可和應用。除此之外，陳椽教授在長期分析研究中國茶業發展歷史和前人研究成果的基礎上，多方查閱國內外茶業發展史料，於 1970 年代末、1980 年代初撰寫了〈中國雲南是茶樹原產地〉和〈再論茶樹原產地〉兩篇文章，論證了中國雲南是茶樹的原產地，有力回擊了 1940 年代英、美、日、印等國某些學者提出的「茶樹印度起源論」。陳椽教授的研究成果，以及後來 1980 年貴州晴隆縣山上發現的 164 萬年茶籽化石，證明了中國是茶樹的原產地，對國內外產生了深遠的影響。

140　對於茶類，如何快速入門？

中國茶類主要分為基本茶類、再加工茶類和非茶之茶。其中，基本茶類一般根據發酵工藝分為六種，分別是不發酵的綠茶、微發酵的白茶和黃茶，半發酵的烏龍茶（青茶），全發酵的紅茶和後發酵的黑茶。俗話說：讀萬卷書不如行萬里路，行萬里路不如名師指路。學茶需要多喝茶，多研究，跟對人，喝對茶。

141　如何理解、記憶六大茶類的特點呢？

六大茶類不好記憶？不怕，其實六大茶類很簡單，無非是六種燒菜手法。綠茶就是炒菜，白茶是涼拌，黃茶是黃燜，烏龍茶是燒烤，紅茶是紅燒，而黑茶就是燉菜。為什麼說綠茶是炒菜呢？炒綠葉菜的時候，菜是香、是綠的。

白茶是涼拌，因為它不炒不揉，非常的清爽。黃茶是黃燜，就是在綠茶的基礎上，把鍋蓋蓋上，再一燜，有溼熱的反應，以及葉綠素的減少，就使它變黃了，更加醇厚了。烏龍茶是燒烤，燒烤有什麼特點啊？除了茶葉本身的香氣的激發以外，還有一種炭香或者叫糊香，用學術術語來講叫做梅納反應。一經烤後，它水分含量更少，也更加香。紅茶是紅燒，因為紅茶是全發酵茶，它非常的紅亮。黑茶是燉菜，它就好比是那些老湯燉菜，它是在微生物的作用以及小火慢燉下，最後呈現的非常醇厚的後發酵的結果。所以說，人類的發展歷史，首先是學會了吃，後面才有了茶。茶的歷史只不過 5,000 年左右，茶的加工的工藝，其實就是借鑑了燒菜的方法。

142　為什麼名茶冠以地名？

好山好水出好茶，獨特的自然環境孕育出珍貴別緻的茶葉，謂之「地域香」。而且，以地理名稱標識的茶葉是國家地理標誌保護產品，更突顯了茶葉地位。名稱前面是地域，後面是品種以及品種附加的獨特工藝，它們共同組成了茶葉的主要品質特徵。

143　鐵觀音是綠茶？大紅袍是紅茶？安吉白茶是白茶？

這是一般人的誤解。實際上鐵觀音和大紅袍都屬於烏龍茶，而安吉白茶屬於綠茶。那麼它們都有什麼特點呢？鐵觀音具有蘭花香、觀音韻、綠葉紅鑲邊外觀，是非常受百姓喜歡的一款高香的烏龍茶，它的發酵度是低的。大紅袍生長在武夷山，經過高溫的焙火，非常的濃香，特別適合一些老茶客。安吉白茶是一個優良的茶樹品種，屬於綠茶的一個白化品種，宋徽宗曾經在《大觀茶論》裡多次提到這款白茶的稀有性。所以說不能望文生義，不能以茶葉名稱裡面的顏色來判定它到底是什麼茶的品類。

144　滇綠是普洱茶嗎？

不對！「冬飲普洱，夏品龍井」，乾隆皇帝的一句話讓普洱茶名聲大振。那麼，滇綠就是普洱茶嗎？當然不是。滇綠是選用雲南大葉茶，按照綠茶工藝製作的綠茶，殺菁徹底，多出產於雲南省的臨滄、保山、思茅、德宏等地區，有色澤綠潤、條索肥實、回味甘甜、飲後回味悠長的特點，但不具備後期轉化的空間，不能長期存放。而普洱茶的原料是雲南的晒菁毛茶。兩者最根本的差異是殺菁溫度的高低，滇綠的殺菁溫度在 210 ～ 240℃，烘乾溫度在 80℃以上，而晒菁毛茶的殺菁溫度要低於 180℃，日晒乾燥的溫度一般不會超過 40℃。因此，晒菁毛茶內含有少量的多酚氧化酶等，有利於後期轉化的酶，這也是普洱茶越陳越香的關鍵。

歷史上也有用晒菁工藝來加工綠茶的，但因為晒菁對綠茶品質影響較大，殺菁不完全，現在基本上已經被淘汰。當前保留的晒菁工藝主要是以雲南大葉種為原料，作為普洱茶初製工藝而存在的。所以，一說到晒菁就只能是普洱茶了。

由於新製成的滇綠，無論是香氣還是顏色都比新的普洱生茶要好，因此，有不良商家將滇綠壓製成所謂的普洱茶，騙許多不懂普洱茶的人。滇綠可以現飲，但不具備收藏、儲存價值，大家購買的時候一定要小心甄別。

145　烏龍茶的品種和產地有哪些？

烏龍茶分閩南烏龍、閩北烏龍、廣東烏龍和臺灣烏龍。閩南烏龍代表性的茶類是鐵觀音，閩北烏龍是大紅袍，廣東烏龍是鳳凰單叢，臺灣烏龍具有代表性的是凍頂烏龍、文山包種等。

146　大陸地區烏龍茶與臺灣烏龍茶有哪些異同點？

臺灣烏龍茶的發酵度從最低到最高都有，非常廣泛。傳統上，大陸地區烏龍茶整體的發酵程度較臺灣烏龍茶高，例如：大陸的大紅袍、濃香鐵觀音、鳳凰單叢，發酵程度都較高。臺灣的凍頂烏龍茶，發酵程度較輕，接近於清香型鐵觀音。文山包種茶的發酵程度更低，甚至接近於綠茶。而隨著時代的演變，也有一些特例，比如：發酵度最高的東方美人茶，發酵度都接近於紅茶。還有，茶樹品種和製作工藝都來自安溪鐵觀音的臺灣木柵鐵觀音，其發酵度較高，屬於重烘焙茶。

147　在茶湯中產生澀味的茶多酚和紅酒中產生澀味的單寧相同嗎？

茶湯有澀味，紅酒也有澀味。從廣義的概念上講，紅酒中的單寧和茶中的茶多酚是可以等同的，都有抗氧化性。但是，從物質構成和精準度方面來講，這兩個術語又是不同的。比如：傳統的燃油汽車和新能源汽車，雖然都是汽車，但並不相同。單寧是來源於英文的音譯詞語，其本身的含義是鞣質。鞣質中的典型代表——鞣酸，因為能使蛋白質凝固，所以人們將其廣泛用於製作皮革。在人類對茶葉成分的認識過程中，人們最開始因為發現這種物質具有澀味和收斂性的特點，故而先將其歸入鞣質的類別，也就是單寧。隨著進一步的研究，人們發現這種物質是由 30 多種化合物組成，經參考其化學物質的性質後，將其稱為「多酚類物質」。後來，中國茶葉研究所為區別其他植物中的酚類物質，將其命名為「茶多酚」。茶多酚與鞣酸雖同屬於鞣質，但兩者並非同一物質，茶多酚也沒有鞣酸的鞣革作用。曾經的「茶鞣酸」指的就是茶多酚，因為不夠準確，現在也不用這一說法了。

148　為什麼普洱茶餅是 357 克？

在歷史長河中，普洱茶大多是邊銷茶。既然是涉邊交易，那麼為了減少度量衡方面的糾紛，制定了強制的標準化措施，以便於統計、徵稅和交易的作用。《欽定大清會典事例》記載：「雍正十三年（西元 1735

年）提准，雲南商販茶，系每七圓為一筒，重四十九兩，徵稅銀一分。」據此可見，歷史上以每桶 7 片作為一種標準來進行計量。然而，當時的度量單位與今日有所不同，沿用的仍然是自秦始皇統一六國以後制定的 16 兩為一斤的標準。那麼可見，現今的 357 克應是在包裝結構上沿用了歷史上每桶 7 片的習慣，但在實際度量衡方面採取的是現代的標準。這麼一來，每桶七片，大約 5 斤重（49 兩），再平分就得到了 357 克。這是約定俗成，方便計量與包裝。

149　為什麼黑茶不像陳皮一樣容易返潮發霉呢？

陳皮發霉是陳皮變質的外觀表現。一般多發生在低年分的陳皮，因為低年分的陳皮本身含有水分，糖分高。當陳皮受潮變軟後，其水分活性就會升高，這時候黴菌和蟲卵就容易在內滋生，所以低年分的陳皮需要多檢查和定期翻晒。而一般購買到的黑茶，通常以乾燥、緊壓的形式存在，只要保持好儲存環境的通風和溫溼度，長期儲存黑茶並沒有問題。

150　茶葉的發酵方式與散發的香氣有什麼關係？

鮮葉經蒸氣殺菁前，散發的是青草香。經高溫炒菁之後，變成板栗香。如果微發酵一下，就出現了清香。再繼續發酵，花果香就出來了。發酵度繼續增加，就變成了甜香、醇香。到了黑茶，就是陳醇香。

151　白茶為什麼不那麼苦澀？

在茶湯滋味中，人們感受到的是一種內含成分在互相作用、互相制約後的綜合表現。例如：呈現苦味的主要物質咖啡因與茶多酚能形成氫鍵化合物，使得苦味降低。而且，優質的白茶原料胺基酸含量豐富，對苦味也有消解的作用。聽聽「白毫銀針」這名字就知道，毫多是這類茶的重要品質特徵，而茶毫多往往就意味著胺基酸的含量豐富。從製作工藝上講，不炒不揉是白茶的典型特點，細胞沒有破碎，茶湯較淡，非常耐泡。因此，白茶的細胞結構保持相對完好，存放時的生化反應也與其他茶類不同，主要的反應不是茶多酚的氧化，更多是往黃酮方向進行轉變，具有較好的消炎作用。

152　茶湯有酸味，是茶葉壞了嗎？

這個問題需要分為幾個層面來講。第一，茶葉內含有一些呈現酸味的物質，例如沒食子酸、草酸、部分胺基酸等。第二，在加工和存放過程中形成的酸味物質，例如茶葉在發酵過程中會大量形成有機酸。因此，在品嘗半發酵的烏龍茶或者發酵的紅茶和黑茶的時候，更容易感覺出茶中的酸味。如果不是由於以上的原因造成酸味過重，或者是有令人不悅的酸味，則可能是製茶工藝不當，或者是茶葉受潮。此時，建議這種茶就不要喝了。當然，還有一種情況，泡茶的時候，水溫過高，浸泡時間過長，導致濃度過高，也會使得酸感增強。這種情況，可以透過調整沖泡方法，降低沖泡水溫來緩解。

153　在茶葉的概念中，雀舌是一種茶嗎？

其實雀舌有兩個意思。一個是指外形的分類，包括茶鮮葉和成品茶兩類。茶鮮葉中的雀舌概念，指的是一心二葉的採摘標準，兩個葉子如鳥雀的嘴，中間的芽就像鳥雀的小舌頭。鮮葉的等級劃分為幾種：單芽茶叫蓮心，一心一葉叫旗槍，一心兩葉叫雀舌，一心三、四葉叫鷹爪。成品茶中的雀舌概念，通常指的是乾茶外形扁平、挺直，形狀像雀舌。需要注意的是，現在做的雀舌茶，採摘標準一般為單芽或者一心一葉，與茶鮮葉中的雀舌概念有所不同。就像中國的紅茶，在英文中是 Black

Tea，是因為紅茶鼻祖正山小種的乾茶顏色是烏黑的，外國商人以乾茶外形命名，而不是以茶湯的顏色命名。典型的雀舌茶品有：貴州雀舌（湄潭翠芽）、四川的宜賓雀舌、江蘇的金壇雀舌、浙江雀舌。另一個方面，雀舌指的是茶樹的品種和用其鮮葉製作的茶葉，例如：產於武夷山的武夷雀舌。

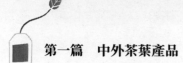

第二篇　茶樹栽培養護

154　茶樹的「前世」是什麼？

茶樹的演化和傳播是一個漫長的歷史過程，據研究顯示，最早的茶樹是在中國西南部雲貴川一帶的原始森林，由古木蘭（寬葉木蘭和中華木蘭）演化而來的。其大致的演化過程為：寬葉木蘭、中華木蘭、原始型茶樹（也就是野生大茶樹，如勐海巴達大茶樹、瀾滄大茶樹、金平大茶樹等）、過渡型茶樹（如瀾滄的邦威大茶樹）、栽培型茶樹（如勐海南糯山大茶樹、保山的壩灣大茶樹、騰沖的團田大茶樹等）。在雲南普洱的茶葉博物館中，還存放著 1978 年被中科院植物研究所和南京地質古生物研究所發現公布的寬葉木蘭化石，距今約 3,540 萬年，學術價值崇高，為確立茶樹的發源地在雲南又添例證。隨著自然的力量，如風、水流、鳥獸遷徙和人類的活動，西南的茶籽被帶到南方的各地，適應本地氣候而變異為各種不同的品種，從大喬木到小喬木再到灌木，適合製成不同的茶類，各放異彩。

西漢吳理真是有明確文字記載，最早進行人工栽培茶樹的種茶人，被譽為蒙頂山茶祖，自此茶樹進入有規模的人工栽培階段，讓茶樹更好地為中華民族所用。經過人工馴化的茶樹，比起純野生環境中的茶樹，無毒無害，更加有利於人的吸收。經過幾千年的發展，以及現代茶樹栽培技術的提升，在當地群體種小菜茶的根基上，很多優良品種被選育出來，例如華茶 1 號，龍井 43 號等，透過無性扦插繁殖，享譽全球。

155　世界上有哪些地方產茶？

全世界有 50 多個國家和地區產茶，亞洲產茶面積最大，占 89%，非洲占 9%，南美洲和其他地區占 2%。主產區有亞洲的中國、印度、斯里蘭卡、日本、越南、緬甸、印尼、土耳其等，還有非洲的肯亞、烏干達、坦桑尼亞等，以及南美洲的阿根廷、巴西、秘魯、厄瓜多爾等。

在國際貿易上，肯亞、中國、印度、斯里蘭卡出口量較大。而茶的種類上，中國作為茶的發源地，種類最為豐富，擁有完整的六大茶類。日本主要生產綠茶，傳承中國唐宋時期的茶文化，依照製法和茶葉生長的位置，細分、衍生出各種名稱的茶品，如抹茶、玉露、煎茶、玄米茶等。臺灣主要生產烏龍茶，著名的凍頂烏龍即產於此地。其他地區的茶葉以生產紅茶為主，透過結合不同的食材和當地地理氣候、人文特點，產生了很多有趣的飲茶習俗。

156　如何理解明前茶和雨前茶？

首先說明：明前茶和雨前茶的概念專指綠茶，原料非常金貴而鮮爽，很少用來做發酵茶。明前，即清明前。雨前，即穀雨前。

清明前的茶，經過一個冬天的等待，首次發芽，其內含較多鮮爽的成分。同時，由於氣溫較低，少有病蟲害，因此不太需要噴灑農藥。但因茶芽數量稀少，採摘期短，人力成本很高，造成明前茶價格較高，往往一天一個價格。而雨前茶雖不及明前茶那麼細嫩，但由於這時氣溫高，芽葉生長相對較快，累積的內含成分也較豐富，因此雨前茶往往滋味鮮濃而耐泡。對於普通消費者來說，不必盲目追求幼嫩、昂貴的明前茶。從內含成分的豐富程度來說，一心一葉和一心二葉的茶較芽茶豐富，穀雨前後的茶更具有 CP 值，適合日常品飲。

157　樹齡與茶青有什麼關係？

樹齡與茶青品質並沒有絕對的關係，只要樹勢強壯，茶青的品質就佳。一般所說的「年輕茶樹品質較佳」是基於兩個觀點而言：一是年輕的茶樹，其所在土地的肥沃度一般來說較佳，即使是更新後的茶園，也會深耕翻土，並施以基肥，茶青品質當然不錯。二是指年輕的茶樹不需要太多修剪，而修剪成矮樹叢形的老茶園，經過一次又一次的採收與修剪，枝椏長得愈來愈密、愈細，品質相對會降低。雲南就有承包的古茶樹由於過度採摘、修剪而凋亡的現象。

當然，作為生命體，茶樹太老不好，太嫩也不好，青壯年最佳。茶樹在修剪次數還不是很多的情況下，如果土壤照顧得當，茶樹長得成熟些（如五年、八年以後），其鮮葉製成的茶更能顯現茶樹品種的特性。只不過，隨著普洱茶和古樹茶的熱潮興起，也有很多人喜歡上了大樹茶、古樹茶的味道。它們吸收了不同年代的深層土壤中的礦物和有機質，其生長環境中豐富的花草樹木所散發的香氣也可以提升茶葉的品質，使滋味更為豐富。雖然是古樹，雲南的茶樹大多為大喬木，本身壽命就很長，可以數千年之久，這是灌木茶幾十年，不足百年壽命所無法比擬的。所以說，一杯茶好不好喝，在於構成一杯好茶的要素是否能滿足，不可一概而論。

158　為什麼茶樹一般都生長在南方？

所謂南方有嘉木，就是說茶樹生在南方。隨著應用環境工程促進南茶北移，茶樹在溫室裡種植也已經成為現實。茶樹的生長環境有五點需要注意，分別是土壤的酸鹼性、土壤結構、溫度、溼度和通風。茶樹喜歡酸性的沙石土質，因為礦物質含量豐富，且能保證根部環境溼潤而不積水。另外，茶樹生長的溫度不能長時間低於 10℃，這也是茶樹難以在北方自然環境中栽培、過冬的主要原因。最後一點需要注意的是通風，當茶樹在北方溫室中過冬的過程中，如果不進行階段性的通風換氣，往往會造成開春後，茶樹大面積死亡的結果，因為缺少二氧化碳，茶樹無法存活！因此，在自然條件下，南方更適合茶樹生長，北方的茶樹移栽，更多地是滿足文旅體驗和陽臺經濟——家庭盆栽的需求。

159　為什麼說高山雲霧出好茶？

高山雲霧出好茶，有兩個原因。第一，在高海拔地區，漫反射光比較多，有大樹的遮蔭，所以，茶樹的茶胺酸含量非常豐富。而且，高海拔地區晝夜溫差非常大，茶胺酸在晚上能夠累積。第二，高山雲霧地區的環境非常好，病蟲害比較少，接近有機的環境，礦物質也非常豐富，出產的茶自然就好。

160　茶鮮葉有哪些特徵？

分辨一個葉子是不是茶鮮葉，可以從以下幾個方面來觀察。從外觀上來看，主葉脈明顯，嫩葉被覆茸毛，葉片邊緣有鋸齒，一般有 16 ～ 32 對；由主葉脈分出側脈，側脈又分出細脈，側脈與主脈呈 45°左右的角度，向葉片的邊緣延伸；側脈從葉中展至葉片邊緣三分之二處，呈弧形向上彎曲並與上一側脈連接，組成一個閉合的網狀系統（呈現網狀的葉脈，是外觀上和其他樹葉最重要的差異）。從成分上來說，茶鮮葉必須含有茶多酚，若沒有茶多酚，即使外觀滿足上述條件，也無法製作茶葉了。比如：北京郊區就有茶樹分化後的樹，其外觀與真實的茶樹很相似，但是葉片並不含有茶多酚。因此，這種樹不能算是茶樹。

161　什麼是有機茶？

高山雲霧出好茶，茶的生長環境普遍還是不錯的，有機茶也在很多山區有所分布。那麼，有機茶是什麼樣的茶？不打農藥、不施化肥的就是有機茶嗎？

施用有機肥的就是有機茶嗎？還是採用傳統農耕方式種植的是有機茶？其實，以上種種都是過於片面、不夠科學的理解。國家標準中寫道：有機農業遵照特定的農業生產原則，在生產中不採用基因工程獲得的生物及其產物，不使用化學合成的農藥、化肥、生長調節劑、飼料添加劑等物質，遵循自然規律和生態學原理，協調種植業和養殖業的平衡，採用一系列可持續發展的農業技術，以維持持續穩定的農業生產體系的一種農業生產方式。正如這個定義所說，遵循自然規律和生態學原理，採用可持續發展的農業技術，建立一個持續穩定的農業生產體系，是有機農業的關鍵所在。而「不使用化肥、農藥、生長調節劑及基因工程獲得的生物」是認證時的必需條件。

有的茶友會問，怎麼沒見過有機古樹茶？其實，根據之前的介紹可以知道，有機認證的重點是在建立有機的農業體系，而不是單純的不使用化肥、農藥。而古茶樹本身就零散分布於山中，沒有人透過化肥等方式干預環境，不是再生循環體系。若賣茶的說是有機古樹茶，豈不是個笑話？

162　什麼是荒野茶？

荒野茶簡單地說，就是原來人工栽培的茶園，因為一些原因被廢棄，失去了人工管理，用這種環境下的茶樹作為原料生產出來的茶葉，就是所謂的荒野茶。既然茶樹失去了人工管理，茶樹就將按照生長規律，盡可能地往高處生長，開花、結果。那麼問題就來了，由於頂端優勢茶樹會將有限的營養用於長高，發芽率是不高的，這也就造成了茶葉產量低的問題。大家最熟悉的棉花，在認知中都是矮矮的，頂上有白色的棉鈴。其實，如果不進行人工干預，棉花也是會不斷地往高處生長，而不是結出白色的棉鈴。另一方面，茶樹的開花和結果都會將營養奪走，導致茶葉的品質不會很好。科學的茶園管理，才能使得茶樹的營養盡可能地保留到茶葉當中，以此來提升茶葉的品質。荒野茶是沒有什麼產量的，大多數情況下購買荒野茶，屬於多花錢喝個概念。

163　古樹茶為什麼很有特色？

從自然環境和茶樹品種來分析，古茶樹生長於高海拔地區，這裡雲霧繚繞，光照多為漫反射光，因此古茶樹的碳代謝活動減弱，抑制茶多酚類澀味物質的生成，而氮代謝活動增強，有利於茶胺酸類鮮味成分的產生。另外，高海拔地區晝夜溫差大，糖分累積多，生存環境複雜，導致的葉片角質層更厚，這也是有特色的部分原因。茶樹與原始森林中的香樟、蘭草等共生，互相影響，更增加了風味的豐富性。由於森林中有大量的枯枝落葉，茶樹在腐殖質型的土壤中生長，製出的茶葉香氣、滋味均良好。古茶樹生長週期長，根系發達，民間戲稱古樹普洱茶為曲線茶，一株千年的古茶樹，歷經唐、宋、元、明、清、民國至當代，土壤中的礦物質非常豐富，歷十幾泡而緩慢釋放，風味妙不可言！喝一杯古樹茶，微微發汗，全身都會感到一種由內而外的舒適感，七碗通仙靈。

164　茶樹的主要繁殖方式有哪些？

茶樹的繁殖分為有性繁殖與無性繁殖兩種。

有性繁殖也叫做種子繁殖，是利用茶籽進行播種的繁殖方式。其優點是：

簡單易行，勞力消耗較少，成本較低，能短時間內獲得大量種苗，對母樹的生長和產量影響不大。而且，茶苗具有較強的生命力，適應能力強，用其製成的茶葉往往香氣和滋味層次立體，給人帶來驚喜。但是這種方式也有缺點，由於茶樹是異花受粉，其後代容易產生變異，造成植株後代品質不一，產量低，賣相差。

無性繁殖也稱營養繁殖，是利用茶樹的根、莖等營養器官，在人工創造的適當條件下，使之形成新茶苗的繁殖方式，如扦插、壓條等。其優點是：苗木能保持母樹的特徵和特性，性狀較為一致，有利於擴大良種數量。其缺點是：

大量養枝、剪穗對母樹的生長與茶葉的產量影響較大，繁殖栽種技術要求高，勞力消耗大，成本高，茶苗的適應性較差。

有性繁殖是基礎，無性繁殖來選育，兩種方式優勢互補，對提高整體產值，保護優良品種資源有重要作用，可以促進持續發展。

165　什麼是菜茶？

菜茶是指經過有性繁殖，從茶籽發芽生長的茶樹群體種。相較於經過無性繁殖（扦插）的茶樹，菜茶的茶樹品種性狀不穩定，但也正因如此，往往能給人帶來意想不到的滋味與香氣。例如：武夷山地區獨特自然地理環境所孕育的武夷奇種，成就了武夷山的眾多好茶，是武夷茶之母；白茶中的貢眉，也是專指用建陽的小菜茶製成的白茶，而非僅僅是類似壽眉的等級，只是目前非常稀少；龍井茶的菜茶叫老茶蓬，也就是群體種，滋味內蘊豐富，較之龍井 43 號等品種採收較晚，外形不齊，但是價格更高。

166　什麼是魚葉？

茶樹越冬後，春季到來，氣溫上升，茶樹體內開始發生變化。在氣溫達到日平均溫度攝氏 10℃以上，連續 5 天以後，休眠芽即開始萌動生長。

首先是鱗片張開，芽頭露出，接著就萌發出第一片小葉子，這片小葉子在茶樹栽培學上被稱為魚葉，主要是為早期新梢萌發提供營養物質，在萌發的過程中具有極為重要的作用。從外形上來看，它個頭較小，比正常葉的面積要小很多，而且，一般葉柄很短或者沒有葉柄，葉片比較厚，葉子的邊緣沒有鋸齒，葉脈不明顯，形如魚鰭，葉色淡，是發育不完全的真葉。通常在新梢的底部，莖的黃綠色和紅褐色過渡處能看見魚葉。

167 古樹茶、大樹茶、小樹茶，分別是在什麼樹齡範圍內呢？

一般來說，35 ～ 60 年樹齡的可稱為小樹，60 ～ 100 年樹齡的叫大樹，而樹齡大於 100 年的其實就可以叫做古樹了。關於市場上所謂的千年古樹茶，其實只是一種宣傳。千年是什麼概念？都到宋朝了。存活至今的千年古茶樹，哪個地方不當寶貝一樣供起來？除了將樹割開看年輪，很難直接判斷。我們都知道，4 斤茶鮮葉只能製作 1 斤左右的乾茶，就算有偷採的情況，能製作幾斤真正的千年古樹茶？古樹茶確實由於生長時間久，根系發達，再加上周邊環境等因素，擁有較其他種類茶葉更為獨特的滋味，但是沒有必要盲目追求樹齡，茶葉喝著可口、價格合適才是最重要的。

168 為什麼茶樹需要修剪？

茶樹需要採摘，也需要修剪。想要喝到一杯品質上佳的香茗，首先就要有好的原料，茶樹的修剪，就是在茶葉原料的品質上下功夫。修剪茶樹主要有如下幾個原因：首先，將茶樹上部的枝條修剪掉，是為了去除頂端生長優勢，降低茶樹的消耗，累積養分，使收穫期的茶鮮葉能夠高產量、高品質。就像筆者茶苑擺放的蘋果樹盆景，其實也得先進行人工干預，積存幾年養分，並且配以足夠的施肥，才能結出那麼多的蘋果，紅通通的喜慶多了？第二，去除頂端可以促使茶樹分支，這時再配合進行枝條的修剪，調整樹枝的分布結構、密度，使茶樹的主幹變得粗壯，有利於後續良好的生長。而且，保持適當的枝條密度，可以保證枝條間空氣的流通和光合作用，提高品質。最後，在修剪的過程中，茶農會選擇性地去除一部分老葉，促進新葉的生長，同時也抑制了病蟲害的發生。有的茶樹需要台刈，即在根部完全割除地上部分茶枝，只保留根部，此舉正是為了防蟲，使次年更加多產。總之，有了茶農們辛苦的勞作，才有了消費者喝到的一杯好茶，向勤勞的茶人們致敬。

169　高山茶與平地茶的區別是什麼？

高山茶和平地茶通常是根據茶樹生長的海拔來區分的。一般來說，由生長在 800 公尺以上地區的茶樹鮮葉製成的茶葉就可以稱為高山茶。高山茶與平地茶相比，芽葉肥壯，顏色綠，茸毛多，經過加工後，乾茶條索緊結、肥碩，香氣馥郁，滋味濃厚，耐沖泡。而平地茶的芽葉短小，葉色黃綠欠光潤，加工而成的茶葉條索較細瘦，身骨較輕，香氣稍低，滋味稍淡。主要的原因是高海拔地區晝夜溫差大、氣溫低，茶樹生長緩慢，夜間的呼吸作用減慢，有利於茶葉內含成分例如糖類、芳香成分等的累積。在這樣綜合作用下，高山茶樹內含的香氣成分豐富，製作後的茶更能展現出高揚的香氣。

170　茶樹開花嗎？

很多人都喝過茶葉，但對一些不太了解茶樹的人，因來到茶園並未見到茶樹開花，便認為茶樹是不開花的。今天就來講講茶聖陸羽曾在《茶經》中用「花如白薔薇」來形容的茶樹花。說起茶樹花，人們很容易會聯想到山茶花。其實，山茶花和茶樹花雖然都屬於山茶科山茶屬類目，有一定的親緣關係，但並不是相同的植物。山茶花的花色鮮豔，姿態優美，是中國傳統的觀賞花卉。而茶樹花的花瓣多為白色，也有淺黃和粉紅色的，花蕊為金黃色。茶樹花像梔子花，但體積比梔子花要小，一般由 5 ～ 9 片花瓣組成，為異花授粉的兩性花，通常花期在 9 月到 11 月，少見的花果可以同枝。也有一些茶樹花是在 10 月到 11 月長花蕾，第二年早春才開花。那麼，茶樹花為什麼在茶園一般見不到呢？因為，茶樹花作為茶樹的繁殖器官，若與果實一同長在枝條上，會與茶葉爭奪水分、養分，影響茶葉的生長和品質，所以，茶農每年都要採取人工修剪和噴施植物生長調節劑的方法抑制茶樹花繁殖、生長。茶樹花是茶樹的精華，沖泡以後湯色明亮清澈，既有茶的清香，又有花蜜的芬芳，其外形優美，入口甘甜，受到廣大女性茶友的喜歡。

171　油茶樹是做什麼用的？

油茶樹是山茶科山茶屬植物中種子油脂含量較高，且具有經濟栽培價值的植物統稱。油茶樹與油棕、油橄欖、椰子並稱世界四大木本油料植物，在中國已有 2,300 多年的栽培歷史，榨出來的茶籽油被稱為「東方橄欖油」。常見的油茶樹品種有：普通油茶、小果油茶、攸縣油茶、浙江紅花油茶和騰沖紅花油茶。通常說的油茶樹大多是指普通油茶，植株形態為常綠灌木或中喬木，葉子呈橢圓形、長圓形或倒卵形。油茶樹每年秋季開白色花，中間有淡黃的蕊，果實在次年秋天成熟，呈球形，歷經秋、冬、春、夏、秋五個季節的雨露滋養，價值珍貴，而且潔白的油茶花和緋紅的油茶果可以實現「花果共存」，堪稱人間一絕。普通油茶是中國目前栽培面積最大、栽培區域最廣、適應性最強的油茶種類，一次種植，多年受益，其穩產收穫期可達幾十年。

採用油茶籽榨取的茶油，油酸含量高，熱穩定性好，營養價值與橄欖油相當，具有很高的利用價值，可作為優質的食用油、化妝品用油。榨取油後的茶枯餅，可以提取茶皂素、茶多糖等活性物質，製造生物肥料、生物農藥和生物洗滌劑等綠色產品。

有的朋友可能有疑問：茶葉樹也有果子，也能榨油，那麼茶葉樹和油茶樹有什麼區別呢？首先，茶葉樹和油茶樹在植物分類上屬於同一「屬」，但在「種」的層面不同，屬於近緣植物。它們在使用價值上有兩大不同：第一，茶葉樹所具有的咖啡因、胺基酸、兒茶素等成分，在近緣植物中含量很少。由於茶樹的近緣植物，缺乏形成茶葉所有的色、香、味的物質基礎，所以茶葉樹的茶葉可以加工飲用，而其近緣植物的葉子不能加工飲用。第二，果實的出油率相差較大。油茶樹果實的出油率一般可達到 23% ～ 25%，而茶葉樹果實的出油率為 8% ～ 10%，大幅低於油茶籽。

現今，由於茶樹油的口感和價格等因素，在食用油市場的發展空間有限，可考慮深度開發其他油料，產生更好的經濟效益。

172　古六大茶山有哪些？

追根溯源，雲南的普洱茶享有盛名，並進貢朝廷，非古六大茶山莫屬！在過去加工技術還不是很成熟的年代，古六大茶山的茶葉征服了天下。就算是當代後起之秀的班章等，也要借用易武來為自己立名，正所謂「班章為王，易武為後」。這個「後」就是皇后的意思，甜柔芬芳。實際上，過去的普洱是一個茶葉交易的地方，並不是核心產地，而古六大茶山才是主要的產地。

雲南是茶葉最為古老的故鄉，位於瀾滄江北側的古六大茶山非常有名，見證了歷史上當地茶業的繁榮。古六大茶山的命名，傳說與諸葛亮有關。三國時期，蜀漢丞相諸葛亮走遍六大茶山，留下了很多器作，古六大茶山因此而得名。在清朝道光年間編撰的《普洱府志．古蹟》中記載：「六茶山遺器俱在城南境，舊傳武侯遍歷六山，留銅鑼於攸樂，置銅鉧於莽枝，埋鐵磚於蠻磚，遺木梆於倚邦，埋馬鐙於革蹬，置撒袋於曼撒，固以名其山。」至今當地人稱南糯山為「孔明山」，稱茶樹為「孔明樹」，尊孔明為「茶祖」，每年都要在諸葛亮誕辰這天舉行集會，稱為「茶祖會」，人們賞月、歌舞，放孔明燈，祭拜諸葛亮。曼撒由於在西元 1873 ～ 1894 年前後遭受了 3 次火災，居住的人數銳減，變得蕭寂冷清，因此當 1895 年普洱府重修《普洱府志》時，離曼撒 20 公里外的易武取代了曼撒在六大茶山中的地位。關於這點，在古代的行政區域劃分裡，曼撒屬易武土司管轄，並且易武與曼撒茶區相近，很難嚴格區分兩者之間的差異，以致在民間不少人將兩個茶區所產茶同歸於「易武」。

隨著時代的變化，由於戰爭、商業重心轉移等因素，在過去百年裡古六大茶山所產的普洱茶已經逐漸減少，產茶重心轉向了瀾滄江南側的新六大茶山。

易武多是家庭小農，也難以和勐海茶廠等這樣擁有強大技術力量的大廠相匹敵。時代在發展，商業因素、行政地區利益夾雜其中，使得普洱茶很難看懂，需正本溯源，良性發展。

173　易武古茶山是如何興起的？

「班章為王，易武為后」，後半句講的就是易武山出產的茶葉口感細膩，像溫柔的皇后。易武是一個古老的傣族地名（傣語的譯音「易」：美女；「武」：蛇。意思是「美女蛇的所在地」），它不僅是古六大茶山茶葉的加工集散地，同時也是生產優質大葉種茶的地區，堪稱「山山有茶樹，寨寨都種茶」，從清朝至今一直被稱為眾山之首，曾獲得清廷賜予的「瑞貢天朝」牌匾。在當代的行政區劃分中，易武是勐臘縣北部的一個鄉，距西雙版納州政府所在地景洪市只有 110 公里。它的地勢為東邊和中部高，南、北、西三邊低，海拔差異較大，使易武鄉的氣候呈現明顯的立體特徵，造就了不同的生態環境。易武茶山的古茶樹種群較為簡單，大都屬於普洱茶種（學名為阿薩姆種），比較有代表性的古茶樹有位於易武村落水洞，高 10.33 公尺，基圍 1.32 公尺，樹齡 700 多年的茶樹王，以及位於易武村銅箐河，高 14.52 公尺，基圍 1.8 公尺，樹齡 400 多年的大茶樹。

易武茶山所產的茶葉屬大葉種茶，外形條索粗壯肥大，茶味濃郁，適合製成普洱茶。若從越陳越香的角度看普洱茶，易武茶山的大葉種普洱茶堪稱最佳，例如：經長久存放的易武春芽，湯色紅潤耐泡，葉底呈現褐紅色，可謂普洱茶中的精品。

商業的繁榮與茶葉產量的猛增，使得易武成為「茶馬古道」的始發地。那時，以易武為中心的茶馬古道朝不同方向散射出去，主要的路線有：(1) 經尚房到達寮國的南塔和萬象。(2) 經過寮國的烏德、豐沙里，越南的奠邊府、海防到達香港。(3) 經過勐臘、寮國的勐百察到達泰國的湄賽。(4) 經過思茅、景谷、大理、中甸到達拉薩。(5) 經過江城、揚武、昆明、昭通、宜賓，最後到達北京。

另外，位於勐臘縣易武鄉東北方向，離易武街不到 20 公里的曼撒茶山，曾比易武茶山更加出名，清朝乾隆年間是最輝煌的時期。據史料記載，其地的茶年產量達萬擔以上，生產出的茶葉多集中在曼撒老街進行交易。可惜在同治到光緒年間，曼撒接連遭受三次大火和疫病，使其成為荒城。光緒以後的《普洱府志》上，易武取代了曼撒，成為六大茶山之一。

174　倚邦古茶山是如何興起的？

倚邦在傣語中曾被稱為「磨臘倚邦」，意為有茶樹、有水井的地方。倚邦以中小葉種普洱茶聞名，其中曾作為皇家貢茶的曼松茶地位最尊，價格最高，它最大的特點是甜潤。倚邦古茶山位於西雙版納州勐臘縣的最北部，從普洱往南行，沿著茶馬古道經思茅、倚象、勐旺，過補遠江（小黑江）便進入倚邦茶山。倚邦茶山面積約 360 平方公里，南連蠻磚茶山，西接革登茶山，東鄰易武茶山，習崆、架布、曼拱、曼松等子茶山皆在其範圍內。在六大茶山中，倚邦的海拔最高，幾乎都是高山。值得一提的是，在倚邦茶山至今還能見到上百畝連片種植的小葉種古茶園，樹齡均在 300 至 500 年，表示倚邦茶山很早以前就與內地茶區有著密切的交流。當地所產的大葉種茶，芽葉肥厚、大茸毛多，持嫩性強，是製作普洱茶的上好原料。而小葉種茶樹鮮葉，葉面平、葉質軟、色澤綠、茸毛長、持嫩性強，很適合製作綠茶與普洱茶。倚邦小葉種茶 —— 貓耳朵，形似貓的耳朵，肥厚可愛，在大葉種占主體的雲南獨樹一幟，聞名天下。

自從品嘗了倚邦曼松茶之後，北京的皇族就念念不忘。清道光二十五年（西元 1845 年），清廷修築了一條從昆明開始，經過思茅至倚邦和易武茶山的運茶通道。這條石道寬 2 公尺，長達數百公里，目的正是加強對茶山的管理和貢茶的運送。在倚邦附近，至今還能看到部分殘存的馬道，透過觀察石道磨損的情況，能感受到當年修路的艱辛和茶葉運輸繁忙的景象。然而，由於清朝末期的貢茶任務頻繁，許多茶農將茶樹砍掉、燒掉，甚至舉家逃難，再也沒有回到曼松村。1942 年攸樂人的再次進攻，使得曼松村元氣大傷。如今，能喝到正宗的曼松茶是一件非常令人開心的事。

175　攸樂古茶山是如何興起的？

攸樂古茶山現今屬於景洪市基諾山基諾族鄉所管轄的區域，也稱作基諾茶山。其東北方向與莽枝古茶山相鄰，是歷史上著名的普洱茶古六大茶山之一。

除攸樂茶山外，其他 5 座茶山都在勐臘縣。攸樂茶山海拔在 575 ～ 1,691 公尺，氣候溫暖、溼熱，土壤肥沃，有機質含量高，是大葉種茶樹理想的生長地。攸樂山茶屬於喬木大葉種，乾茶外形條索緊實，油潤顯毫，湯色淡黃。品飲時舌根處苦澀感重，但回甘非常好。攸樂山茶的香味和口感與曼撒、易武茶接近，香氣高揚，入口柔和。攸樂茶山的主要人口是基諾族，歷史上茶山長期處於十分落後的原始狀態，1950 年代前，以「刀耕火種」為主要手段的山地農業是當地經濟生產的主要形式。經過幾十年的發展，基諾族物產豐富，一如攸樂之名，悠閒而快樂。

176　莽枝古茶山是如何興起的？

莽枝古茶山位於雲南省勐臘縣象明鄉安樂村，與革登古茶山和孔明山相鄰，海拔 1,400 ～ 1,700 公尺。莽枝山至少在元朝已有成片的茶園，山腳的曼賽、速底等村寨已有上千年的歷史。明朝末年，開始有商人進入莽枝山販茶。清康熙初年，莽枝茶山的牛滾塘是古六大茶山北部重要的茶葉集散地。現今古茶園最為集中的寨子是秧林村，是值得一去的地方。莽枝古茶山雖然面積不大，比倚邦古茶山小，但茶葉品質較好，在鼎盛時期，年產茶量達萬擔之多。據倪蛻《滇雲歷年傳》記載：「雍正六年（西元 1728 年），莽枝產茶，商販踐更收發，往往舍於茶戶，坐地收購茶葉，輪班輸入內地。」記載說明莽枝茶葉品質好，價格便宜，深受商家的青睞。當地所產的茶葉屬於喬木種小葉種，湯色呈深橙黃色，入口較苦澀，但回甘迅速，生津快，茶湯層次感豐富。其香氣既有易武茶的花蜜香，又有倚邦茶的清雅香，茶氣足，很耐泡，引人嚮往。品飲以後滿口留香，茶湯的滑度、厚度和飽滿度都不錯。

177　蠻磚古茶山是如何興起的？

蠻磚古茶山位於雲南省勐臘縣象明鄉南部，位於古六大茶山的中央。蠻磚在現在的地圖上標作「曼莊」，其實是少數民族語的音譯，直譯的意思是「中心大寨」，為古時當地的行政中心。蠻磚古茶山生態環境良好，有高品質的紫紅土，且古茶園都處於山間林下。現今蠻磚古茶山仍保存有 2,930 畝古茶園，古茶樹大都生長在茂密的原始森林中，在海拔 565 ～ 1,540 公尺都有分布。

茶樹品種較雜，以雲南大葉種為主，還有當地人稱為「柳葉茶」的小葉種，約占古茶園總面積的四分之一。其中，古茶樹長勢較好，密度較高，茶葉單產較高，目前年產量可達萬擔以上。那裡的古茶樹大葉種茶，芽葉肥厚、大茸毛多、持嫩性強，茶葉香高持久、滋味濃重，內含物豐富，為製作普洱茶的上好原材料。蠻磚茶的葉菁色澤較深，湯色呈透亮的橙黃色，口感香滑。蠻磚茶的香氣濃郁、高雅、迷人，原始森林氣息明顯，品此茶有進入原始森林的感覺。

尤其是茶香灌喉的那種清甜感，韻味很長，令人著迷！

178　革登古茶山是如何興起的？

革登古茶山位於雲南省勐臘縣象明鄉西部，倚邦茶山和莽枝茶山之間。在六大古茶山中革登古茶山面積最小（現僅約 150 平方公里），產量也最低，但因有一棵載入史冊的特大古茶樹王，從而在古六大茶山中有著特殊的地位和名氣。關於革登茶王樹，《思茅廳志》及《普洱府志》中曾記載：「其治革登山，有茶王樹，較眾茶樹獨高大，土人當採茶時，先具酒醴禮祭於此。」六大茶山的大茶樹非常多，但都未能入冊，唯獨此棵大茶樹入了冊，且被戴上王冠，它的「獨、高、大」可想而知，極其與眾不同。也因為茶王樹就在「孔明山」身邊，茶山先人認為這棵茶王樹是孔明所種，所以每年春茶開摘前，幾個茶山的茶農都要來拜茶王樹、祭孔明。

革登茶山所產的茶葉滿枝銀茸、芽頭粗壯，民間稱為革登「大白茶」，是加工貢茶進京入朝的首選原料。其茶湯芳香醇厚，層次豐富，猶如雨淋後樹木的清香，湯感細膩、飽滿，獨具迷人的氣息。由於戰亂及朝代更替等原因，革登大部分的古茶樹遭「火燒」和「砍頭」破壞，現存古茶樹較為稀少，因此常常在古六大茶山中被遺忘。如今的革登雖然沒有了往日的繁盛，但保留下來的茶樹極其難得，品質絕佳，有著獨特的山野氣韻。相信隨著小眾古茶樹市場的興起，革登的好茶會獲得茶友們的喜愛。

179　新六大茶山有哪些？

由於地名變更、地域劃分調整等因素，有不同版本的新六大茶山。目前認可度較高的版本為：南糯、南嶠、勐宋、巴達、布朗、景邁。

新舊茶山的劃分是根據命名的時間來定的，與茶樹的生長歷史無關，因此有些「新」茶山甚至比古茶山的歷史還久。古六大茶山之名，形成於清朝雍正年間。清雍正七年（西元 1729 年）的時候，清政府對西雙版納進行改土歸流，成立了普洱府，將瀾滄江以東的古六大茶山劃入普洱府管轄，並作為經濟改革的試驗區，以此來穩固南疆，安撫少數民族。

而後，由於戰爭、大火等人為因素的影響，古六大茶山的茶產量逐漸下降，人們開始尋找其他的茶樹資源。到了 20 世紀初，大批茶莊進入佛海（現今的勐海一帶），發現在瀾滄江西岸還有大片樹齡成百上千年的古茶樹，隨即以「江外六大茶山」為之命名，有佛海、勐宋、南糯、南嶠、巴達、景邁。與前面提到的公認版本，差別在於佛海。因為西雙版納進行地域調整和地名改制，導致變化較大，後期佛海由布朗山取而代之。目前，新六大茶山是近現代普洱茶的主要原料產地。

180　南糯茶山是如何興起的？

新六大茶山之一的南糯茶山地處勐海縣格朗和哈尼族鄉東面，北抵流沙河與勐宋鄉相望，距離景勐高速公路直線距離僅 7 公里，距離勐海縣城 24 公里，是最容易去的古茶山。民國以前，南糯山是車里宣慰司的直管地。南糯在傣語裡是「筍醬」的意思。相傳有一年，傣族土司到南糯山巡視，當地哈尼族人設宴招待，宴席上的筍醬讓土司吃得很高興，於是筍醬每年作為貢品送至車里宣慰司，南糯山也因此而得名。

半坡老寨是南糯山古茶樹保存最好，面積最大的村寨。1950 年代，這裡曾經發現了一棵基部直徑達 1.38 公尺，高 5.49 公尺，樹幅 10.9 公尺的南糯山茶王樹。據說，南糯山的古茶樹是濮人種下的。後來僾尼人（哈尼族的支系）遷徙到這裡。第一代時，這棵茶王樹屬於「薩歸」所有，所以也叫它薩歸茶王樹。當年，透過茶樹乾枯部分的截面，採用數年輪的方法測定，茶樹的樹齡已有 800 年以上。然而可惜的是，1995 年 9 月的一場暴風雨後，茶王樹轟然倒下，只留下了一截 0.4 公尺高的樹樁。

南糯山的茶樹屬於喬木大葉種，在其茶園優良單株中選育出來的雲抗 10 號，已經成為雲南省種植面積最大的國家級良種。南糯山生產的茶葉，外形條索緊結，墨綠潤澤；沖泡以後，湯質飽滿，湯色金黃透亮，香氣清香宜人，帶有蜜香、荷香或蘭香；入口有輕微的苦澀，但是回甘、生津比較好，使人品飲起來很舒服。

181　南嶠茶山是如何興起的？

南嶠茶山位於如今西雙版納州勐海縣的勐遮鎮，又被稱為勐遮茶山，享有「普洱茶源頭之鄉」的盛譽，是新六大茶山之一。南嶠茶山所在的地理位置，在明朝隆慶四年（西元 1570 年）設立十二版納的時候就叫勐遮版納。勐遮是傣語地名，意為湖水浸泡過的乾壩。

雍正十三年（西元 1735 年）十月設立的思茅廳統轄著後來的南嶠茶山（當時還叫勐遮），並且設置了錢糧茶務軍功司，專管糧食、茶葉的交易。隨著朝代的變遷，1927 年民國政府將普思殖邊督辦公署的 8 個區殖邊督辦署改設為 7 縣和 1 個行政區，此時南嶠茶山所在的地區被改設為五福縣。3 年後，又將五福縣改名為南嶠縣。這也是南嶠茶山名字的由來。1950 年，當地解放後，名稱又隨著行政建制的改變而變化過，直到 1958 年恢復縣制，設立了勐遮縣，並於同年 11 月與原來的勐海縣合併，成為如今勐海縣的勐遮鎮，隸屬西雙版納傣族自治州。

勐遮鎮東鄰勐海鎮，地勢西北高，東南低，中間平坦，土地寬廣肥沃，是勐海縣境內最大的臺地（周圍的山屬於橫斷山系的怒山山脈）。因受到來自孟加拉灣的暖氣流和來自印度半島的乾暖西風的交替，冬無嚴寒，夏無酷暑，一年中有 100 多天有霧，十分適合茶樹的生長。臺地中有萬頃優質的稻田，四周和中間低矮的山丘上，有著整片種植的新式茶園。南嶠茶山的古茶樹資源主要分布在曼嶺村、曼嶺大寨和南楞村。古茶園占地面共積 500 畝，茶園土壤為磚紅壤，代表性植被有紅毛樹、火碳果樹等。南嶠茶山的茶樹屬於喬木中葉種，茶樹樹齡估測在 100 ～ 200 年，製成的普洱茶條索墨黑，湯色深橘黃，有花蜜香，入口滋味略苦澀，帶有輕微的回甘。

另外，此處於 2004 年 2 月 23 日成立的勐海縣南嶠茶業有限責任公司南嶠茶廠，創辦了「車佛南」品牌的普洱茶（車佛南是車里、佛海、南嶠的簡稱，即現今的景洪、勐海、勐遮三地，是普洱茶的主要原產地）。其出品的南嶠 753 號青餅沿用了傳統勐海茶廠 7532 的配方，此配方是 7542 配方的升級版，與 7542 都堪稱是普洱生茶的標竿，用料好，CP 值高，今日乾倉普洱生茶的價值體系幾乎完全建立在乾倉 7542 之上。2005 年，南嶠茶廠的 753 號青餅還榮獲了中國首屆廣州茶葉購物節普洱茶品質評比的金獎。

南嶠茶山距離勐海很近，有機會去勐海考察的時候，一定不要錯過種茶歷史悠久的南嶠茶山。

182 勐宋茶山是如何興起的？

勐宋，新六大茶山之一。勐宋，傣語的地名，意思是高山間的臺地。它的地理位置在勐海縣勐宋鄉的東部，東邊與景洪市相鄰，西南接勐海鎮，隔著流沙河就是南糯山。區域內有海拔 2,429 公尺、號稱西雙版納屋脊和西雙版納之巔的滑竹梁子山。據說以前山上遍地散生著大片細而高、節長而滑的野竹子，當地人稱其為「滑竹」。由於較高的山脈在當地被稱為「梁子」，所以這座高峰就叫做「滑竹梁子」。勐宋的茶樹大多為拉祜族所種植，到清光緒年間，開始有漢人進入勐宋定居，從事茶葉生意。勐宋是勐海最老的古茶區之一，現今保留的古茶園面積約為 3,000 畝，主要分布在大安、南本、保塘、壩檬、大曼呂、那卡（臘卡）等寨子，它們所產的茶葉各有特點。其中，位於滑竹梁子山東面的那卡，有著「小班章」的美譽，名氣與老班章差不多。早在清代，那卡茶每年都要進貢給「車里宣慰府」；那卡所產的竹筒茶，被緬甸國王指定為貢茶。

在勐宋地區，保塘是保護得最為完好的茶區，當地有一棵約 700 多年的茶王樹，樹高約 9.2 公尺，樹冠直徑 7.7 公尺，基圍 2.1 公尺，人稱「西保 8 號」。1970、1980 年代，大曼呂建立了新式茶園，成為勐海茶廠的重要原料來源，可見所產的茶葉原料品質不錯。勐宋茶的茶香很純正，入口滋味苦澀明顯。代表性的那卡茶，屬於高香型古樹茶，入口回甘，生津較好，有喉韻，是一款好茶。

183　景邁茶山是如何興起的？

如果說班章為王、易武為後，那麼景邁就可稱得上是妃子了，而且還是以香氣為特點的香妃。景邁古茶山位於普洱市瀾滄拉祜族自治縣惠民鎮的景邁村和芒景村，是新六大茶山之一。景邁山擁有 28,000 畝的古樹茶園，遺存豐富，至今保留比較完整大面積的人工栽培型古茶林，被譽為茶樹的「自然博物館」，也有千年萬畝古茶園之譽，而且是目前普洱茶古茶山當中唯一一個有望入選世界文化遺產的茶山。

「景邁」為傣語，相傳遠古之時，景邁這一帶原是傣王的領地。西元 180 年，布朗人的先祖，叭岩冷率領部族來到景邁山，發現了原始的古茶樹，便在此定居下來，馴化古茶，栽培古茶，至今已有 1,800 年以上歷史。另外，叭岩冷為茶葉取了一個特殊的名字——「臘」（意思是綠葉），這個名字後來也為傣族、基諾族和哈尼族等少數民族所借用。當時，叭岩冷每年都會帶上最好的春尖去覲見傣王。頻繁的往來，使得傣族和布朗族進行了聯姻，令茶葉得到了更大的發展，明清時期，還成為土司和宮廷的貢茶。

景邁的茶樹屬於雲南特有的中小葉種，最大的葉片也只能達到 10 公分長、4 公分寬，葉片呈柳葉狀。自古至今基本沒有改變的傳統工藝殺菁、揉捻、晒菁所製成的茶葉，色澤黑亮，條索較纖細、緊實（因為景邁製茶有充分揉捻的傳統）。開湯以後，茶湯通透性好，色澤清亮，呈微黃或金黃色。由於景邁的茶樹是分散生長在當地的森林中，沒有經過人為矮化，而且，茶樹的枝幹上長滿了苔蘚、藤蔓、野生菌類和許多寄生蘭花等寄生物（螃蟹腳就是景邁古樹獨特的寄生物），因此，景邁茶有著明顯的山野氣韻和獨特的蘭花香，不但茶湯中能品出蘭香，杯底香也十分強烈，十多泡以後仍可以聞得到。這些香氣正是人們喜愛景邁茶的主要原因。從滋味上來看，景邁茶苦味不強，但澀味較為明顯。一般茶的甜味是苦後回甘的甜，而景邁茶的茶湯一入口就可以品出甜味，回甘有不錯的持久性。

布朗族首領叭岩冷曾給族人留下遺訓：「我要給你們留下牛馬，怕遭災害死光。我要給你們留下金銀財寶，你們也會吃光用完。就給你們留下茶樹吧，讓子孫後代取之不盡，用之不竭，你們一定要像愛護眼睛那樣愛護茶樹，一代傳給一代，絕不能讓其遺失。」因此，當地人民非常重視環境保護，當地生態因而非常優美。而且，除了茶葉，當地還保留了許多獨特的建築、音樂、習俗等傳統文化。

筆者曾經在 2014 年初去過景邁古茶山，那時還沒有機場，道路險峻，茶山沒有飯店，就住在村民家裡。滿山的杜鵑花、三角梅，山間雲霧繚繞，直到下午三點以後才陸續散去。數千棵數百上千年的古茶樹散落山中，採摘需要借助梯子或者爬樹。茶樹上還有野生靈芝，石斛、醫用橄欖等，山間還散落著成片製糖的甘蔗林。古村寨景觀錯落有致，美不勝收，佛教寺廟在陽光下金光閃閃。正趕上潑水節，村民載歌載舞，那盛況，讓人難忘。中國企業傢俱樂部在景邁這裡也認養了專有的茶園。有機會一定要去景邁茶山走一走、看一看，定會受益良多。

184　布朗茶山是如何興起的？

布朗茶山位於西雙版納州勐海縣南八十公里處，南部與緬甸山水相連，是一座以少數民族布朗族而得名的古茶山。布朗族祖先是擅於種茶的古代濮人，寨子遷到哪裡，就在哪裡種茶，布朗茶山至今保存著近萬畝栽培型古茶園。其中，最古老的布朗族村寨和最古老的茶園在老曼峨，其建寨歷史已接近 1,400 年，並以此為原點逐漸遍布於布朗鄉 1,000 多平方公里的山林中。說到普洱茶中的王者，一定能想到老班章茶，班章本是一個寨子的名字，這個寨子就位於布朗茶山範圍內。

除了老班章和老曼峨之外，還有曼新龍、曼糯、章家三隊等名寨，它們所產的普洱茶，品質同樣上佳。布朗山出產的茶葉條索肥壯顯毫，茶湯湯色橙黃透亮，香氣獨特，有梅子香、花蜜香、蘭香，滋味濃釅霸道，回甘生津強烈。

各寨所產的茶，雖然各有風味特色，但整體上仍以剛猛霸氣為主要特點，是很多中外客商和普洱茶愛好者夢寐以求的收藏佳品。

185　巴達茶山是如何興起的？

巴達茶山位於勐海縣西部的西定鄉，西邊隔著南覽河與緬甸相望，居住的主要民族是布朗族和哈尼族。巴達一詞其實是傣語中的地名，意思是「仙人足跡」。傳說山中有一塊巨石，石上有仙人留下的腳印，巴達山因此而得名。

歷史上，在明清時期，巴達屬於勐遮，民國時期劃歸五福縣（也就是南嶠）。1950 年代後，曾經在南嶠、勐遮、西定之間劃來劃去，2005 年巴達與西定合併，統稱為西定哈尼族布朗族鄉。

巴達茶的出名，主要是因為 1962 年在巴達賀松寨背後的原始森林中發現了一株高 50 多公尺、樹齡達 1,700 年的野生大茶樹，史稱巴達山野生茶樹王。這一發現，在世界的茶葉界引起轟動，為雲南成為世界茶發源地做出了貢獻。巴達山既有主要分布在賀松大黑山的野生古茶樹資源，也有布朗族先民種植栽培的古茶樹資源，例如章朗、曼邁等地的古茶園。巴達山所產的茶鮮葉，葉片呈橢圓形，葉面微微隆起，摸起來質地較軟，色澤黃綠。製成的新普洱生茶，條索緊結，色澤黑亮。沖泡以後，湯色金黃，山野氣息強，茶湯香滿於喉舌，苦稍長，微澀，有輕微的收斂，湯質細膩飽滿，回甘、生津順滑，杯底蜜香濃厚，令人回味無窮。

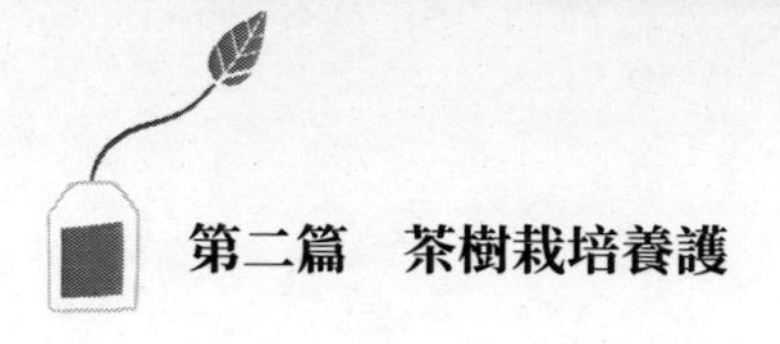

第三篇　茶葉加工技藝

186　茶餅是如何壓製的呢？

市場上熱銷的普洱茶和白茶，有很多產品形態是茶餅。傳統上，手工壓製茶餅主要有幾道程序：首先，將毛茶稱重，然後倒入一個底部用厚棉布封底的圓筒中，用高溫蒸氣將毛茶蒸軟，方便後續的壓製。然後，將蒸軟的茶餅和內飛放入一個專用的棉布袋中，使得茶葉形成茶餅的圓形。接著，透過石磨等重物和模具進行壓製。待茶餅定型後，把茶餅放在陰涼處攤晾，有的還會用低溫烘乾一下，減少茶餅的水分，這樣就完成茶餅的壓製了。

現今，茶餅的壓製在機械的幫助下變得更為簡單、快速，省掉了手工包揉的步驟。茶葉蒸軟後，倒入壓製的模具中並放入內飛，剩下的壓製和定型步驟，可以都交給機器來完成（通常壓製僅需一分半鐘，非常快）。壓製後的茶餅外形美觀，儲存、攜帶方便，口感更加醇和，前期蒸氣的參與和緊壓狀態下形成的微生物，以及穩定的氧氣、溫溼度環境，比較有利於適合後期轉化的茶類，例如黑茶、白茶、晒紅。

187　各種形狀的茶葉是怎麼來的呢？

鮮葉失去一部分水分以後，質地會變軟，如同麵一樣，可以做成扁的大餅、條形的麵條、捲曲的花捲、方形的饅頭等各種形狀的麵食。而造型的選擇，可依照原料自身的特點、製成茶類的品質要求和其他客觀要求而定。例如：追求鮮爽的綠茶，多選用單芽，或芽多葉嫩的原料製作。借助外力進行揉、壓、磨、抖等工序，可以做出扁形、針形、捲曲形等形狀。透過搖菁、包揉、烘焙製作蘊含煙香、烤香味的烏龍茶，多為條索形和顆粒形。而磚形、餅形和坨形等是透過特定的造型模具製作而成，製成這些形狀的一部分原因是，這類茶在歷史上多為邊區少數民族飲用的邊銷茶，由於陸路運輸成本高，而且少數民族多用茶葉搭配奶等其他食材一同煮著喝，對茶葉的外形沒有過多的要求，因此將茶葉製成緊實的磚型或坨形可以載運得更多，更具有成本優勢。此外，還有一些為追求造型而特製的茶，如黃山綠牡丹，手工將挑選後的茶芽接在一起，用水沖泡後如盛開的牡丹，十分優美。

188　茉莉花茶是如何製作的呢？

茉莉花茶是用烘青綠茶作為茶胚，與茉莉花以1:1的比例多次窨製，然後把茉莉花分篩出去製成的花茶。其香氣鮮靈持久，滋味濃醇鮮爽，湯色黃綠明亮，葉底嫩勻柔軟，適合大部分人品飲，很多北方人非常喜歡飲用。

189　加工茉莉花茶的過程中，茶葉與花是如何分開的呢？

在茉莉花與茶胚拌和窨製好以後，將茶與花分離的工藝過程稱為起花。茶廠一般先使用機器產生震動，並配合篩網進行分篩，然後再人工挑揀剩餘的花渣。以此保證迅速起花，避免由於鮮花萎縮、熟爛變質，使茶胚已吸收的香氣受到損害，產生悶濁味，導致茶葉品質下降。

190　普洱熟茶是怎麼來的？

普洱熟茶的概念實際上是在1975年左右才真正確立。之前的普洱茶，用今天的標準來看都是普洱生茶。雲南至廣州、香港，路途遙遠，茶葉運輸只能依靠「人背馬馱」，而且往往要一年的時間才能運達。長時間的運輸，風吹雨淋，茶葉運抵香港時茶湯顏色已經很深了。普洱茶運到香港以後，不會立刻就拿來出售，為了使口感更加柔和、舒適，往往需要再放上一段時間才會出售（此時出售的茶又有紅湯生普的別稱）。隨著時代進步，運輸方式的轉變，流通到香港等地的普洱保留了生澀的口感，消費者十分喝不慣。為了快速滿足市場需求，各地開啟了尋求普洱茶工藝的變革之路。最終於 1974 年，昆明茶廠在工藝調整後，參考黑茶工藝渥堆，終於獲得了成功，實現當年銷港普洱茶 10.2 噸。緊接著，1975 年勐海的普洱茶基本定型，這就是今天人們熟知的現代普洱熟茶。著名的普洱熟茶有 7542（1975 年出品，4 級茶菁，2 是勐海茶廠代號）。

關於普洱熟茶的起源，市面上流傳的說法有：造假說 —— 快速發酵冒充老生茶，雨淋說 —— 馬幫遇雨而發酵的故事，需求說 —— 有人想要。這些大多是歷史的片段，可以參考，但不能盲從，獨立思考方能培養思辨能力，不斷進步。

191　茶葉製作中的「燒包」指的是什麼意思？

日常提到「燒包」一詞，多指某人很得意、愛炫耀的意思。而在茶葉的製作中，燒包一詞指的是方包茶的發酵步驟。

方包茶是簍包型炒壓黑茶之一，屬邊銷茶，產於四川省灌縣、彭縣（今彭州市）、邛崍、大邑、安縣、平武、北川等縣，集中在灌縣、安縣、平武等縣壓製。其品質特點是：梗多葉少，色濃味淡、焦香突出，每包重 37 公斤。

方包茶在經過晒乾、毛茶整理、炒製築包步驟後，將築包後的竹蔑包緊密重疊，排列成長方形，高約 3 公尺。夏、秋季堆積三、四天，冬季則需五、六天，中途均需翻堆一次。燒包的主要目的是利用溼熱作用促進茶葉內含成分的轉化，形成方包茶色澤棕褐，湯色深紅，滋味醇和、不澀的品質風味。

192　攤晾工藝和萎凋工藝是一樣的嗎？

「攤晾」和「萎凋」不同。「攤晾」以降低鮮葉含水量為主，使鮮葉散熱、失水、揮發青草氣和促進鮮葉內含成分的轉化，讓葉片變軟，便於下一步的殺菁，發生的是物理變化。而「萎凋」除失水量比「攤晾」更多以外，其自體分解作用逐漸加強，水分的喪失與性質的變化使葉片面積萎縮，葉質由硬變軟，葉色由鮮綠轉變為暗綠，香味也相應地發生改變，同時產生物理和化學變化。

193　機器製茶和手工製茶哪個好？

機器製茶，量大、穩定。手工製茶，量小，不穩定，但一些特殊品質可以很出色。還有像烏龍茶的搖菁，看茶做茶，機器還不能完全替代手工。其實，隨著時代不斷發展，由於人力成本的上升，市場對衛生的重視等因素，現在絕大多數的茶都有機器參與製作。科技是第一生產力，隨著科技的提高，機器將更加智慧化。總不能像原來那樣，紅茶都用腳踩吧？對於茶友來說，茶葉安全、衛生、便宜、好喝才是王道。

194　抹茶是綠茶磨成的粉嗎？

這個問題從嚴格意義上來講是不對的。直接將普通綠茶磨成的粉末和抹茶在樹種、種植、加工工藝、氣味和滋味上有明顯的不同。生產抹茶的茶樹一般選用從日本引進的特殊品種，其長出的葉子更加鮮嫩，做出的抹茶口感更好。從種植上來看，抹茶園需要棚子進行遮蔭，使茶葉充分累積葉綠素和胺基酸，減少茶多酚的產生，減少苦味。抹茶的加工工藝有攪碎、蒸氣殺菁、冷卻、烘乾、梗葉分離、去除砂石、殺菌、快速乾燥以及研磨等，經歷多道工序，才能將普通的茶葉變成 2,500 目以上的微粉。製成的抹茶聞起來有類似海苔的清香，滋味很鮮。而普通的

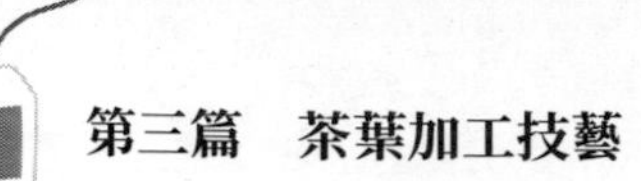

粉末綠茶則聞起來就是普通茶葉的味道，兌水後非常的苦澀。由於以上的原因，正宗的抹茶粉價格要比等量的粉末綠茶貴上十幾倍，也因此使得很多不法商家動了歪腦筋。分享一個鑑別抹茶是否正宗的方法：將買來的茶粉取適量放在太陽底下曝晒半個小時，若是顏色會明顯變淡，則更有可能是正宗的抹茶粉，若怎麼晒都不褪色，則很有可能是添加了色素的綠茶粉。

古代的龍團鳳餅選用更加講究、細嫩的原料，其代價相當高昂，不是老百姓承受得起的。在茶葉已入民間的今天，只有透過一定的遮蔭種植技術和複雜的現代去梗工藝，才能實現入口不苦的抹茶風味，畢竟抹茶粉是要全部吃進去的。

第四篇　茶葉沖泡品飲

195　泡茶的要領是什麼？

從入手來講，建議把握茶類、投茶量、水量和水溫四個要點。例如，一般泡綠茶的水溫最好是 80℃，茶水比為 1：50，即每 3g 茶用 150mL 的水，這樣能夠使得茶葉中的營養成分得到較好的保留，口感也更佳。當然，好茶不怕開水泡。如果茶葉為高檔的精緻茶，像龍井茶已經經過高溫殺菁，而且外形緊致扁平，那麼使用開水來泡也是沒有問題的。

196　茶葉通常可以沖泡幾次？

中國茶品種類眾多，各有特點，不可一概而論。可以從原料、造型和發酵的工藝來決定泡茶的次數。第一，從原料的採摘老嫩程度來講，常見的有單芽、一心一葉、一心多葉等標準，從採摘的茶樹品種大類看，有大葉種、中葉種以及小葉種之分。一般來說，越幼嫩的、葉形越小的原料所製作的茶，在泡茶時的沖泡次數越少。例如：芽茶一般 2 ～ 4 泡後茶味就不足了，而通常選用大葉種作為原料製作的普洱茶十幾、二十泡之後依然留有餘香。第二，從乾茶造型上大致分為緊實型（比如常見的緊壓茶餅和扁狀的龍井茶）、散茶型以及碎茶型。造型越緊致，沖泡的次數相較其他同類的茶會更多，而以茶包為代表的碎茶型，其內含成分極易溶出，通常僅能沖泡 1 ～ 2 次。第三，從工藝上看，不炒不揉的白茶細胞結構未遭嚴重破壞，通常沖泡的次數較多，可達十來泡（老白茶煮一煮更能促進內含成分的溶出）。後發酵的黑茶經過渥堆以後，內含物豐富，味道醇厚，沖泡次數比其他茶類更多，一般十幾泡沒有問題。綠茶和黃茶工藝相近，經過揉捻破壁後，茶汁較易浸出，可沖泡2～4 次。而半發酵的烏龍茶和全發酵的紅茶，轉化了一部分物質，能沖泡 5 ～ 7 次，比如鐵觀音就有「七泡有餘香」之譽。

俗話說：一道湯，二道茶，三道、四道是精華。五道香，六道香，七道、八道有餘香。茶，從實踐中來，再到實踐中去，唯有多泡茶、多思考才能融會貫通，盡享泡茶、品茶的樂趣。

197 沖泡茶葉需要多長時間？

許多人泡茶習慣泡很久才喝，也有的人喜歡即泡即飲，其實泡茶最好掌握一定的時間。科學地講，泡茶時間因茶類而異，一般的紅茶、綠茶，沖泡 2 ～ 3 分鐘即可開始飲用。單芽形高檔名優綠茶，如開化龍頂，茶味稍淡，茶汁不易浸出，可適當延長沖泡時間。白茶在加工時未經揉捻，如白毫銀針，茶汁不易浸出，沖泡時間更要延長一些。普洱茶、烏龍茶一般習慣於用紫砂壺多次沖泡，有時第一泡為洗茶，通常泡 5 ～ 10 秒立即瀝出茶水，第二泡正式泡茶時間掌握在 10 ～ 15 秒，從第三泡開始，依次比前一泡增加 5 ～ 10 秒，這樣才能使茶湯濃度滋味適口。沖泡花茶一般 2 分鐘左右即可，這樣花香不易散發。還有一句筆者的經驗總結：綠茶等不發酵茶為水養茶，可以一直在杯中泡，喝一半時再續杯，其他發酵茶茶水分離，快速出湯為妙。

198 洗茶指的是什麼？

不是所有的茶都需要洗茶。「洗茶」確切地說是「潤茶」或「醒茶」。歷史上普遍認為：「洗茶，即洗去了散茶表面雜質，且可誘發茶香、茶味。」古時的茶葉為純手工製作，沒有設備，加工環境差，茶葉中會混有較多的雜質；另外運輸困難，多以人力或者牲口託運，路途遙遠，耗時耗力；且茶葉的包裝簡陋，落上灰塵非常正常。因此，古人洗茶是為了去除雜質，而且可以潤溼茶葉，喚醒茶葉，便於後續茶湯浸出和香氣的激發。現代茶葉已經是半機械化生產，密封包裝，基本不會沾染灰塵和泥土，因而只有黑茶、老白茶、鐵觀音等烏龍茶需要洗茶，其他茶品大多不用。

另外，茶友們比較關心農藥殘留問題，對此大家無須過分擔心。一是國家對茶葉的監管很嚴，市面上品質合格的茶葉，農藥殘留是嚴格符合國家標準規定的。二是茶用農藥嚴格限定用脂溶性的，不易溶於水，泡茶時的投茶量僅為幾克，一年飲茶所累積的農藥量相當於食用一天蔬菜所含的藥量，因而一般而言飲用茶湯是安全的。當然，有條件的茶友也可以選用有機茶、古樹茶、高海拔的茶，這些茶更健康。

從茶類上講，綠茶、黃茶、白茶與高等級紅茶的原料較嫩，比較乾淨，第一泡洗茶太浪費。而且這些茶的耐泡度不如以粗老葉片為原料的茶類。所以，這些茶類最好不要洗茶。烏龍茶、等級低的紅茶、顆粒狀的茶洗茶一次就足夠了，可以除去一些茶毫、茶渣，使後續沖泡的茶湯更清澈，也達到了醒茶的目的。而黑茶、普洱茶、老白茶是緊壓茶，長年陳放，落有灰塵很正常。這些茶可以適當洗 1 ～ 2 次，去除異味和雜質，喚醒茶香與茶味。是否需要洗茶，可根據茶葉葉片的老嫩、茶葉的形狀和緊結度、茶葉的揉捻程度、發酵程度以及該茶類主體香氣適合的溫度等因素綜合評估。另外，洗茶用水量要少，以剛好沒過茶為佳，大約杯子的 1/3，沖泡時間上要求快速出湯，避免營養過度溶出。

總之，洗茶與否並沒有特定的標準，根據個人習慣選擇即可。

199　泡茶有必要茶水分離嗎？

這個問題是因茶而異的。綠茶、白茶、黃茶這類不發酵或輕發酵茶，可以把茶葉直接投入開水中，不需要茶水分離。不過，為了追求最佳口感，對浸泡時間會比較講究，品飲的話一般不會長時間浸泡。如需長時間浸泡，應適當減少投茶量，避免長時間浸泡導致茶湯太濃。喝烏龍茶的時候，主要喝的就是各式各樣的香氣，當然是快速出湯為好。而像普洱熟茶、黑茶一類的發酵茶，也同樣需要快速出湯，不適合杯泡法，否則茶湯會像醬油湯一樣，無法入口。整體來說，除了綠茶更適合玻璃杯泡外，採用茶水分離的方法，更能發揮出茶的口感和營養價值，對茶湯色澤、滋味及營養成分的保留更有利。

200　剛煮開的沸水可以直接泡茶嗎？

由於茶葉裡含有很多維他命，尤其是綠茶含有豐富的維他命 C，如果用剛煮沸的開水泡茶，會導致茶葉中的維他命 C 遭到破壞。但是，人們飲茶主要是追求其香味濃醇、生津止渴的茶湯，不是一味追求茶中的維他命。而且泡茶水溫越高，茶湯中的香味才越能揮發出來。為求得兩全其美，品飲細嫩的高等級綠茶的時候，水溫可掌握在 80℃左右，幼嫩的茶葉可低一些，這樣既可保留茶中的維他命，又能使茶葉的有效成分溶出，不損害茶味。

201　可以用紫砂壺泡綠茶嗎？

可以，有人專門用淺色系小壺泡綠茶，但是並不建議使用紫砂壺泡綠茶。

主要有如下幾個原因：首先，由於紫砂壺的材質結構可以吸取、平衡茶香，對於烏龍茶和黑茶來說是優點，但是對於需要追鮮的綠茶就成為一大缺點。其次，沖泡綠茶最好不要蓋上蓋燜泡，以免導致有熟湯味，影響茶湯的滋味。最後，對於綠茶而言，欣賞其優美的外形本身就是品茶的一個部分，用紫砂壺沖泡豈不是缺失了一景嗎？蓋碗泡綠茶不影響茶香，但不可觀茶舞，建議平時還是用玻璃杯泡綠茶最好。

202　普洱茶在沖泡時，有什麼小妙招嗎？

可以先用蓋碗泡，再用紫砂壺泡。先用蓋碗泡是因為蓋碗的空間大，可以充分地醒茶、潤茶，易於觀察茶葉和湯色的變化，並輔以人工干預。

203　老白茶可以煮著喝嗎？

老白茶是可以煮著喝的，內含成分大部分被煮出來，茶湯濃醇順滑，尤其冬天時節，更是暖意融融。以不炒不揉為特點的白茶，葉面破損率低，內含成分析出較慢，一般泡上幾泡之後，可以煮一煮繼續喝。在煮的時候，建議使用熱水來煮。因為熱水的加熱時間短，比較容易控製茶湯的濃淡程度，通常將茶湯煮至沸騰後保持一分鐘，就可以品飲到口感順滑的茶湯。若是用冷水來煮，由於將水煮開的時間比較長，茶的內含成分釋放過多，導致茶湯濃度高，苦澀味較重。當然，每個人對茶湯濃度的要求不一樣，可以根據實際的需求來決定。

另外，出湯的時候建議留一些茶湯在壺中，這樣每一壺茶湯的滋味不致太快變淡，可以延續茶湯的滋味。有些茶友在煮茶的時候，還喜歡搭配其他的食材一起來煮，比如陳皮、紅棗等，既豐富了口感，也增加了養生的效果。

煮茶不宜高溫煮的時間過長，否則易造成茶湯變黑變苦澀。煮幾分鐘以後，60～80℃保溫即可。現在有一種噴灑的壺，可以控制溫度的壺，能夠充分煮出白茶的有益成分而不使茶澀口。茶友對煮茶的關注不得不讓人感嘆，時尚真是個循環，唐代的煎煮法在當代依然魅力十足。

204　為什麼喝茶時要聞香？

因為中國人喝茶喝了幾千年，把茶喝出了兩個不可或缺的功能：一個是飲料的基本功能 —— 解渴，另一個是審美功能，包括味覺審美和視覺審美。中國茶的消費習慣目前仍是審美屬性大於健康屬性。評茶、品茶的時候，也是用五官感知茶的色、香、味、形，特別是香氣和滋味，為此還專門發明了聞香杯。

聞香又有乾嗅、熱嗅、冷嗅等，熱嗅其香型、異雜等，冷嗅其持久度。

205　茶葉的香氣和臭氣是怎麼回事？

以綠茶為例，其特有的香氣特徵是葉中所含芳香物質的反映。高沸點的芳香物質往往為良好的香氣，而低沸點的芳香物質一般帶有極強的青臭氣。此外，茶葉在炒製時，葉內的澱粉會水解成可溶性糖類，溫度稍高還會發生梅納反應，產生焦糖香。

站在人類的角度，漫漫求生路，尋求高能量食物的傾向早已深深地刻進了基因中，影響了人類的偏好。然而轉換一下角度，人類喜歡的一些清香，如茉莉花香，狗就覺得是惡臭。為什麼呢？因為狗類的嗅覺是人類的 40 倍以上，如果將茉莉花香的濃度提高，人類也會覺得很臭的。那麼這又是為什麼呢？其實，茉莉花含有一種名為「吲哚」的成分，而吲哚是一種集芳香與惡臭於一身的化合物。當吲哚濃度大於 1% 時，就是一種令人厭惡的糞便腐爛的氣味。

綜上所述，每一種感受都是在眾多因素的作用下產生的，香與臭是可以互相轉化的。讓心靜下來，方能看清世事，不沉溺於煩惱當中，找到自己的平衡。

206　掛杯香是什麼？

提到掛杯一詞，很多人會聯想到紅酒或者醬香型的白酒，酒類中有掛杯的概念，並被作為評價酒的依據之一。掛杯的時間越長、掛杯的厚度越高，酒的品質就越強。在茶界也有一種掛杯香的說法，一些內含成分豐富的茶葉如果沖泡得當，往往可以留下持久、濃郁的掛杯香，例如普洱茶中的班章。

但是，評價一款茶並不僅僅局限於香氣。有的茶雖然在香氣方面並不突出，但是入口滋味上佳，可謂一款好茶。而有的茶則相反，香氣很足，但是滋味普通，品飲起來感覺並不好。畢竟喝的是茶，滋味才是最重要的考量因素。

207　喉韻指的是什麼？

很多初入茶界的朋友，說到喉韻，總覺得它有點玄。但喝出喉韻，這確實是喝茶的較高境界。其實簡單來說，喉韻就是指喝茶之後，茶湯給喉嚨帶來的一種立體的感覺。從生理角度來看，人的口、鼻、咽、喉是相通的，當茶湯經過喉嚨時，由於增加了其他的感受，因此會產生較口腔不同的、層次更為豐富的感覺，也就是韻味。因此，可以說所有的茶都有喉韻。一般內含成分豐富，尤其是芳香類成分多的茶湯，帶來的喉韻更好。資深的老茶客往往將喉韻作為品評茶葉優劣的重要條件之一，並不是故弄玄虛。

208　生津指的是什麼？

生津，通俗地說，就是產生口水。喝茶後生津的核心原因就是茶湯中的茶多酚、胺基酸等物質刺激口腔，包括舌面、舌底等，進而促使唾液分泌。口中生津可以解渴，滋潤口腔。喝到高品質的茶，會產生生津的現象，令人感覺十分美妙。

209　回甘指的是什麼？

有人說苦盡甘來，這從現象層面來說並沒錯。畢竟，吃完苦味的東西，來一口白開水也會覺得有一絲甘洌。那麼客觀來看，回甘的原理是什麼呢？

茶湯中有一種醣苷類的成分，在口腔中發生了水解，產生了葡萄糖。於是，產生了回甘的感覺。在這個過程中，苦味物質、澀味物質雖然沒有直接參與，但是造成了對比效應，使得回甘更為強烈。澀味物質與口腔黏膜結合後形成一層膜，膜破裂後就能感受到甜味了。有的茶葉在香氣和口感方面表現得不錯，但是回甘時間短，這種茶葉的等級就比較普通。

210　收斂性指的是什麼？

收斂性跟茶的苦、澀有關，是苦味、澀味轉換成回甘之間的感知時間的強度。收斂性越強的茶，苦、澀味在入口後到消退，轉成回甘的過程就越短。這類茶，不僅在味覺上表現出了豐富的變化，而且在身心上給人舒暢、通透之感，謂之好茶。如果收斂性弱，苦澀味在口腔內就會消退得慢，或者口腔一直都延續著苦澀味，茶的品質就有待商榷。總之，喝茶時感到的收斂性是一種複合的感受，並不是單一的。判斷一款茶的收斂性是好是壞，還需結合多方面的因素來定。通常有回甘並且回甘快的就是好茶。

211　鎖喉指的是什麼？

有時喝完茶，喉嚨會感到乾燥、緊縮、吞嚥困難，甚至產生灼燒等不舒服的感覺，茶友們稱其為鎖喉。喉嚨很敏感，對於異物的反應程度要高於口腔（主要原因在於喉嚨軟組織表面的一層蛋白質）。茶湯中成分的比例越好，茶的評價往往越高。如果茶多酚、咖啡因等刺激性物質的含量過高，或者由於焙火等工藝的原因，導致茶葉富有火氣，例如足火的烏龍新茶，則對喉嚨的刺激性就會比較強，引起不適。另一方面，劣質的茶往往含有刺激性的物質，對身體健康不利。若遇到這種茶，還是趕緊扔掉為好。當然，如果茶友本身有上火、發炎等健康問題，喝什麼都不舒服，這時候還是先把喝茶這事放下，養好身體再喝。

212　「岩韻」指的是什麼？

「岩韻」是武夷岩茶特有的味道，俗稱岩石味，也稱「岩骨花香」。有資深岩茶愛好者戲稱這是一種砸碎石頭以後飄出的味道，是武夷岩茶獨特的山場、多奇特岩石的自然生態環境、適宜的茶樹品種、良好的栽培技術和傳統而科學的製作工藝等因素綜合形成的香氣和滋味。「岩韻」的有無取決於茶樹的生長環境，「岩韻」的強弱受到茶樹品種、栽培管理和製作工藝的影響。因此，在相同條件下，不同的茶樹品種岩韻強弱也不同。非岩茶製作工藝加工，則展現不出岩韻，精製焙火是提升岩韻的重要工序。

這一妙不可言的「岩韻」，有朋友給出一個同樣不好描述的詞彙：「冽」。

是一種水涼、甘甜、富含礦物質的感覺。而所謂的「韻」，最早源於音樂上的術語，將不同的聲音按一定的規律順序排列後，能使人產生聽覺的愉悅感。岩茶的韻，則同樣是多種滋味的組合，在品茶的過程中讓人產生一系列愉悅的感覺，使人尤為舒暢。都說一入岩茶深似海，豐富多變的岩茶韻味，能使喝茶人分泌大量的多巴胺，讓人留戀不已。

213 茶葉中的花香和果香是如何出現的呢？

茶是神奇的物種，可以不添加任何東西，只透過工藝自身就能呈現出多種花香、果香。茶中所感受到的花香和果香主要有兩個來源：一種是來自外部的再加工茶，如茉莉花茶是因為採用了窨製工藝製作，茶葉吸收了茉莉花香。

另一種是受環境的影響，如蘇州東山的碧螺春。東山常年種植枇杷、水蜜桃和橘子等多種果樹，而種於花果樹下的茶樹受到果樹長期的影響，花果香氣早已融入其中，雖不至於直接呈現味道，卻也會有一定的轉化。

作為純粹的六大茶類茶葉，其中的花果香，大多是由茶葉加工工藝造成的內含成分轉化而來。例如鳳凰單叢，經過加工後各類芳香物質增加數倍，其可粗分為十大香型，若細分可達到數百種香型，香氣非常豐富。發酵低、火工輕呈花香，高些則呈果香，再高則是熟果香，更高是薯香蜜韻，最高是爛果味或焦糖香。這裡需要注意，傳統的中國茶除了花茶外，是不添加外部香的，與國外的香料茶、水果茶有著根本上的不同。

214 沖泡姿勢的意義？

沖泡茶葉的姿勢，多是為了表演展示而服務，但也不能說跟泡好一杯茶完全無關。因為從實用的角度上來講，所謂的沖泡姿勢，其實是對水溫的控制，再透過旋轉的角度與沖泡的力道調整對茶葉的衝擊力。有一個將兩者融合得很好的例子，那就是潮州工夫茶。潮州工夫茶中有一個叫「關公巡城」的動作，看似有些花哨，實際上在轉的過程中，自然而然地將每一杯中的茶湯分得很平均，濃度和茶湯量都接近，連公道杯都省了。而且看起來動作極具美感，是不是很酷？不同類的茶葉以及不同習慣的飲茶人，沖泡姿勢不同。無他，只為適合茶性，只為你喜歡的一杯好茶。

215　茶藝表演中的鳳凰三點頭是什麼？

欣賞茶藝表演的時候，表演者常常在沖泡時，高提水壺，讓水直瀉而下。然後表演者利用手腕的力量，上下提拉水壺，反覆三次，讓茶葉在水中翻動。這套動作被雅稱為鳳凰三點頭，能表達三重意義。第一，這套動作最早用於綠茶的茶藝表演，用水衝擊茶湯三次，能激發更多的茶性，有利於豐富茶湯的滋味。老北京人喝花茶的時候，新沏的茶會先倒出來半杯不喝，放一下再倒回去，叫做「砸一下」，其原理與之類似。第二，鳳凰三點頭的動作，姿態優美，富有形式美。第三，鳳凰三點頭表達了茶人對客人和杯中茶葉的敬意。

216　鬥茶大賽「鬥」的是什麼？

鬥茶分為鬥茶品和鬥茶技。鬥茶品的鬥茶其實就是比賽茶的品質，比的是茶葉，它是每年春季新茶製成後，茶農、茶人們為了比較新茶優劣而展開的賽事。比賽內容包括茶葉的色相與芳香度、茶湯香醇度，現代採用評茶五因子法進行評分。

鬥茶技其實就是一種飲茶的娛樂方式，比的是茶人的水準，古代稱為茶百戲，將茶碾製成粉過篩，評比選擇茶具的優劣、煮水火候的緩急等。其中，點茶擊拂是鬥茶過程中最重要的一環。倒水的時候，要求水自壺嘴中湧出呈柱狀，注時連續，一收即止。然後，用一種類似小掃帚狀的茶筅攪動茶湯，使之泛起湯花以後，再經過集體品評，以俱臻上乘者為勝。鬥茶技在現代則大多是指參賽者評茶、識茶的品鑑水準評比，還有茶藝比賽、茶席大賽等衍生賽事內容。

217　什麼是冷萃茶？

冷萃茶又叫冷泡茶，顧名思義就是用低溫的水，甚至是冷水來沖泡茶葉。

傳統用熱水沖泡的茶非常香，但是熱水也會激發茶葉當中的茶鹼和咖啡因。茶葉當中的胺基酸等甜味物質溶點最低，在冷水中胺基酸以及揮發性脂肪會先溶解。這些茶的香味元素溶解於水中，而茶鹼、咖啡因等物質溶點較高，則不會溶解在冷萃茶當中。但是冷萃茶由於溫度較低，浸泡的時間要更長一點，大概需要四個小時才能飲用。現代工業環境下，為了更快得到冷萃茶，一般會用到加壓、真空等方式製作。另外，在製好的冷萃茶中加入果汁更加美味，快點動手試試吧！

第五篇　茶葉選購儲存

218　茶葉新手如何入門選茶呢？

六大茶類，從寒到暖。有鮮嫩提神的綠茶、溫和卻不失清爽的黃茶、自然鮮醇的白茶、滋味千變萬化的烏龍茶、溫潤甘甜的紅茶以及陳醇的黑茶，還有花香、茶香融於一體的再加工花茶。茶無上品，適口為珍，除了注意綠茶這類偏寒性的茶葉不太適合一些體質以外的情況，選擇一種喝著可口、舒心的茶品開啟茶的旅程即可。

219　在茶葉的選購上，應該注意哪些方面呢？

要想喝上一杯好茶，似乎要知道山頭、地域、品種、工藝等等這麼多的知識。然而，一位普通的消費者若是想買點茶品飲或者送人，還得學習這麼多的概念，負擔太重了。茶葉和紅酒都是品鑑式消費，注重感官體驗。在選購茶葉的時候，應在形狀、色澤、香氣三個方面留心。整體來說，形狀整齊、緊致，色澤純，有光澤，香氣純淨，無異味為佳。如今，消費者在買茶的時候，聽到的許多概念都屬於業者的話術。小罐茶雖然在「大師造」這個行銷手法上被茶人們詬病，但是在構建茶葉消費體系上，還是做出了有益的商業探索，讓消費者在購買茶葉送禮時，偏好從品牌、產品系列、價位等角度考慮，值得肯定。希望未來茶界能探索出一條新路，探索出茶的品牌之路，大宗健康實惠之路，文化價值之路，科技興農消費透明之路，讓大家都能省心、放心。

220　選擇散茶好，還是選擇包裝茶好？

茶葉的品質跟茶葉的包裝沒有必然的關聯，只是放在不同的地方賣，讓消費者心理感受不一樣而已，散茶和包裝茶主要與茶葉本身的保存方式有關係。茶葉的種類眾多，不同的茶葉對於保存的要求不同，這也會影響茶葉的包裝。就拿普洱茶和鐵觀音來說，鐵觀音要確保香味和口感，所以要採用真空包裝，防止茶葉暴露在空氣中被氧化；而普洱茶則不一樣，如果是適合保存的普洱茶，通常會被製成茶餅，用一層棉布紙包著，不需要什麼包裝，這樣既能避免茶葉完全暴露在空氣中受潮，又能保證普洱茶和空氣發生作用，內質慢慢地發生轉化。當然包裝茶和散裝茶的選擇也要看消費者的需求，消費者如果是自己喝，那買散裝茶沒有關係，但如果是送人，適合的包裝就是必要的了。

221 如何發現茶葉「加香」？

加香的茶葉，初泡茶湯的香氣十分高揚，讓人覺得似乎從沒有喝過這麼高香的茶葉。然而，第二泡茶的香氣陡然下降，近乎沒有，這表示茶葉的香氣持久度差，而且這時去聞一聞葉底，往往並無餘香。如果同時碰到以上幾種現象，那麼就要提高警惕了。莫要買錯茶、喝錯茶，失了金錢，更傷了健康。

222 有的茶宣傳，存放三年是藥，存放七年以上就是寶貝了，這是真的嗎？

茶不能說是藥，藥典裡沒有茶！茶葉的功用早已從藥用、食用轉變到飲用，妄圖回到過去這不是開歷史的倒車嗎？每次喝茶就用那麼幾克，即便茶葉裡面含有一些有益的成分，但從劑量上說遠遠論不上是藥。不過，不能不說這是一句成功的廣告標語。這句話從行銷角度來說，好記憶，利於傳播。而且，對於茶商來說，白茶原料便宜，製成以後有充分的盈利空間。如果賣不出去，儲存還能升值。老百姓選一款喝著可口、舒心的茶即可，不用天天聽人講故事。茶不是藥，有病吃藥，沒病喝茶！

223　有 20 多年的老白茶餅嗎？

真正量產並投入市場的白茶餅，最初可以追溯到 2007 年天湖公司（綠雪芽）創製的中國白茶第一餅。距今不過 10 餘年，哪來那麼多 20 年，甚至 30 年的老白茶餅進入市場販售呢？從製作工藝上來講，製作白茶餅需要經過蒸氣的高溫使茶葉變軟，同時壓製時需要擠壓茶葉使其成型，屬於新工藝。相較於傳統白茶「不炒不揉」的工藝特點，白茶餅經過高溫蒸壓後，口感和後期陳化都有了變化。壓製後的白茶究竟還算不算白茶，需要打個問號。當然，白茶壓餅後也有自身的優點，比如：白茶餅製作過程造成的破壁和後期的發酵，使得生成果香的機率大大增加。而散茶沒有經歷破壁，細胞液流出的機率極小，難以和外界氧氣接觸，因此生成果香的機率微乎其微，即便存上 5 年、10 年甚至更久，都不會出現白茶餅中的果香。傳統的散裝白茶與白茶餅各有特點，選擇喝著可口、價格實惠的茶來品飲就好。

224　什麼是好茶？

好茶有三香：「蓋杯香、水中香、掛杯香。」喝完之後，口中有三變：「齒頰留香、唇舌生津、潤澤回喉。」十大名茶經過歷史的檢驗，毋庸置疑是好茶。

還有很多地方好茶、小眾的極品茶等。對大眾而言，茶的色、香、味、形、觀感和體感都很舒適就好了，所謂適口為珍。

225　茶越新鮮越好嗎？

不能簡單地一概而論，需要考慮多方面的因素。比如最常品飲的綠茶，品質的一個重要特點為鮮度，但是剛剛製作而成的茶葉，其中的多酚類、醇類、醛類含量較多，對人的胃腸黏膜有較強的刺激作用。如果長時間飲用這種過於新的茶，可能會引起腹部的不適，並產生四肢無力、冷汗直流等茶醉的現象。與綠茶相類似的還有烏龍茶，由於製作工藝的原因，新製的烏龍茶往往火氣十足，多喝易引起上火的情況。它們一般需要存放半個月到 1 個月再品飲滋味更佳。而像後發酵的黑茶和老白茶更不用說了，需要存放更久的時間才能促使內含物質進行轉化，產生那種令人留戀的滋味。所以說，茶並不是越新鮮越好，還是要依茶性而定，如果要找規律的話，大致可以概括為：發酵度低的追鮮，發酵度高的需要經過歲月的沉澱。

226　普洱茶越陳越香嗎？

歲月知味，歷久彌香，這只是一種通俗和較為簡化的說法。「越陳越香」中的這個「香」字，實際上是指普洱茶品質向更好的方向轉化的意思。隨著時間的推移，普洱茶會發生兩大類變化，一是茶葉本身成分間的化學變化，二是附著在普洱茶上的微生物，利用茶葉進行發酵，產生多種對人體有益的物質和香味物質。在這一點上，普洱熟茶的發酵與白酒和葡萄酒等產品的發酵機制很相似（而那些前發酵茶，如綠茶、烏龍茶、紅茶等則是茶多酚的氧化反應）。

實際上，這種說法背後有一個隱含的假設，那就是必須是在合適的儲藏條件下，普洱茶才能「越陳越香」。如果儲藏環境不合適，或者儲藏方法不當，就可能未必是「越陳越香」。同時，這個「越陳越香」只是在一定的時間內的越陳越香。每一種普洱茶，都有一個最佳的陳化期，在這個期間內，在合適的儲存條件下，普洱茶的品質會與時俱進。但當茶葉的品質在經歷過一段時間，達到一個高峰以後，其品飲的品質，反而會隨時光的流逝而被緩慢損耗。例如：1970 年代，故宮倉庫仍留存部分清代年間作為貢品的團茶，經過茶葉評審專家們泡飲鑑定，該百年的陳茶只有暗紅色的湯色，滋味非常淡薄。這是由於年分太久，茶葉「陳化」得太過分，其飲用價值已被弱化，此時其價值主要是展現在歷史和文化方面了。從這個角度看，簡單或者盲目地以年分長短來論普洱茶品質的高下未必合適。曾經在故宮留下的百年普洱，更多的是文物價值和稀少性，即使還能喝，也已經沒有什麼滋味了。普洱茶品質受多方面因素的影響，一款品質優良的普洱茶品，需要專業的製茶人在各方面的用心。

所以，常說的「越陳越香」是指在一定時間內的越陳越香，是建立在優質茶菁基礎上的越陳越香，是依靠科學生產手段的越陳越香，是滿足合理儲藏環境的越陳越香。沒有優質的茶青、科學的生產工藝和合理的儲藏，即使是時光再久，也不可能讓劣質普洱茶脫胎換骨。茶是有生命的，作為一個生命體，就有生命的曲線，就有生命的輝煌與落幕！這和酒的儲存是同樣道理。

227　一口料優於拼配料嗎？

對於大廠而言，酒靠勾兌，茶靠拼配，才能保證恆定的好口味，這也是企業的核心技術。拼配是幾乎所有茶葉精製加工過程中的重要步驟之一，即用不同產地同一品質，或者同一產地不同篩號、級別的茶菁，按照配方進行混合加工，這樣能夠揚長避短、顯優隱次、高低平衡，不僅使茶葉的色、香、味、形符合標準，保證產品品質穩定性和一致性，而且能生產出更具風格特點的產品。拼配實際上是一種很好的創造，這與白酒生產過程中的「勾兌」有異曲同工之妙。

使用「一口料」所生產的茶葉，是由某個小範圍內所生產出來的茶菁加工而成，可能會在某些方面，比如香氣或滋味上有比較突出的特點，但其各個方面的協調性，往往存在一定的不足。另外，由於原料生產地域的局限性，不容易保證品質的長期穩定。如果拼配工藝是使產品特點達到「中庸」境界的話，那麼「一口料」產品的特點則是「偏」。

因此，簡單地說「一口料」比拼配原料做的茶好，是不準確的。當然，如果讀者有品質好的名山頭古樹純料的資源，而且可以承受其價格，那也是不錯的。只是不建議一般人盲目追求。

228　茉莉花茶的主要產地在哪裡？

茉莉花茶大多生產在福建、廣西、雲南、四川、浙江等地。福建的福州是茉莉花茶的發源地，製茶水準高，茉莉花茶非常的不錯。而廣西的橫縣，目前是茉莉花茶產量最大的產區。四川的碧潭飄雪，也因其外形俊美而享譽全國。

浙江金華的茉莉花茶，茶香濃郁清高，滋味鮮爽甘醇。雲南地區的元江也盛產茉莉花，雲南也有用大葉種的普洱製作花茶的習慣。反而是古代享有盛名的蘇州等地很少栽培茉莉花、製作茉莉花茶。所以就目前而言，福州、橫縣、元江、峨眉、金華等地是茉莉花茶的主要生產地。

229　茶葉應該如何儲存？

買到心喜的茶葉是每一位茶人的樂事，但若儲存不當，使茶葉品質下降甚至變質就鬧心了。明代的黃龍德在《茶說》一書中提到「茶性喜燥而惡溼」，可謂道出了古代儲存茶葉的核心要點。由於茶葉中含有大量親水性的化學成分，具有很強的吸附作用，能將水分和異味吸附到茶葉上，故而易導致茶葉品質下降。要保持茶葉的品質，就必須採取低溫、低溼、避光等保鮮措施。像綠茶和黃茶這類比較追求鮮爽的茶葉，若買的量少，那麼用錫箔紙包好存於茶葉罐中，放置於陰涼處即可。若買的茶葉多，則可以分裝到不同的袋子中，一部分留在外面來喝，一部分可以放進冷藏室或冷凍室保存（用專門的冰箱單獨存放最好），一般保持 1 年的新鮮度沒有問題（當然，還是喝新鮮的茶葉最好）。外面放的茶葉喝完之前，應提前從冰箱內取出小袋，讓茶葉有個「醒來」的過程，以恢復、增強茶香。這樣也能避免由於馬上打開，室溫相差太大，出現水氣，導致反潮（特別是在高溫的夏季）。對於普洱茶餅和白茶餅這類有陳化特性的產品，保持環境的溫、溼度合適和避光即可，不必放入冰箱保存。其他的烏龍茶、紅茶和花茶要密封好，注意溫溼度和避光，以免香氣散發，這樣儲存茶葉，品質一般不會太受影響。

230　茶葉最長能存放多久呢？

茶葉在儲存的過程中，會隨著時間，產生氧化、揮發和微生物反應，及一系列的物理和化學變化，使得茶葉的內含成分和口感發生改變。大部分綠茶的最佳品飲期在一年以內，黃茶最長建議不超過 2 年，紅茶的保存期限一般為 1 ～ 3 年，大葉種的晒紅，因內含物豐富，且殺菁和揉捻程度比小葉種紅茶輕，所以保存期限會長一些。輕發酵的烏龍茶建議儲存時間不超過 2 年，重發酵的烏龍茶也不要超過 3 年。除此之外，黑茶和白茶類有一定的後期轉化空間，建議不要儲存超過 20 年，通常 10 年到 15 年是最佳品飲期。普通百姓想喝有些年分的茶，建議採購大廠出品的茶餅即可。自己儲存，需投入資金，又有潛在的茶品劣化風險。即便是每天都從早到晚的飲茶，一年也喝不了多少茶，完全沒必要囤一大堆茶。

231　為什麼用錫罐存茶？

茶宜錫，華而不奢。在產茶大省福建，有很多人喜歡用大錫罐來存茶。用錫罐存茶有幾點好處：一是錫罐的密封和保鮮的性能好。從沉於海底 230 多年的哥德堡號上打撈上來的錫罐茶葉，仍有淡淡的茶香。二是純錫無毒無害，有殺菌的作用，能夠淨化內部。而且，錫不會與空氣和水發生反應，沒有金屬味。一些剛買回來的新罐，會有異味，需要清除一下，才能存放茶葉。

232　普洱茶放多久能喝？

普洱生茶和普洱熟茶在生產後即可泡飲，只是因其生產工藝的不同，以及隨後的儲存條件的不同，其風格也會不同。在合適的儲存條件下，茶品湯色趨向紅濃，口感日漸柔和或醇厚，香氣和滋味日益豐富。消費者可根據自己的口感偏好，品飲不同類型和不同風格的產品。普洱生茶根據原料，基礎工藝、儲存環境等因素，儲存十幾年、二十幾年後品質趨向高峰。熟茶因發酵完全，存放幾年去掉發酵倉味後就比較圓潤可口了！

233　普洱茶會過期嗎？

「茶性喜燥而惡溼」，茶葉本身為多孔稀疏型結構，而且含有大量的親水性化學成分，具有很強的物理和化學吸附作用，能將水分和異味吸附到茶葉上，導致茶葉的品質下降，甚至霉變。而通常保存得當的普洱茶，其豐富的內含成分經過以有益微生物為主、氧化為輔的轉化過程，是會越陳越香的。

當然，普洱茶也並不是存放得越久越好，北京故宮曾經清理出一批普洱茶，當時的試泡專家對其評價為：「湯有色，但茶葉陳化、淡薄。」因為，過久的陳化過程已將茶中的內含物都消耗盡了。總之，品質合格的普洱茶在適當的環境下保存，並無過期的說法。

234　如何辨別茶的陳味與霉味呢？

陳味與霉味的產生，在於茶葉中是何種微生物在進行活動。因此，大家首先可以聞一聞茶葉的氣味究竟是參香、藥香或花香這種好聞的香味，還是辛辣刺鼻、使人感覺難受的霉味。若只聞乾茶中的味道難以做出判斷，可以用熱水充分醒茶，提高內含物的溶出濃度，以此來確定究竟是陳味，還是茶葉發霉了。

235　老茶需要定期焙火才能有利儲存嗎？

若不是茶葉受潮的話，當然不需要。有時候一些放了幾年的岩茶，儲存環境略潮溼，是需要隔一段時間復焙一下的。雖然復焙有助於提高茶葉的乾燥程度，能夠去除一些水分和霉味，焙火的時候聞起來非常香，但是同時也就意味著更多的茶香物質都散失了。而且，如果火候掌握得不好，乾茶部分還會產生碳化，造成茶葉品質下降，品飲起來滋味寡淡，甚至有異味。想好好地保存茶葉，還是應該根據茶性，注意避光、乾燥、溫溼度等基本因素才對。

第六篇　衍生器物文化

236　泡茶的器具是怎麼演變的？

器為茶之父，是茶器承載了一杯茶。China（中國）就有瓷器的含義，國外是透過瓷器認識中國的。早期的陶器、青銅器，後來的瓷器以及紫砂、玻璃等材質的器具，都是適應當時社會生產力和沖泡方法的泡茶器具。法門寺地宮出土的大唐宮廷使用的金質、銀質的全套茶器讓人嘆為觀止（〈唐宮夜宴圖〉中也有多種茶器的身影）。宋徽宗帶領群臣鬥茶，茶器都要作為鬥茶的重要元素，點茶必備的建盞流行開來，流傳到日本的建盞（天目盞）中有三件成為日本的國寶。製造品茶器具的五大名窯也舉世聞名。

茶具的演變是個龐大的話題，而其核心脫離不開「陶瓷、技術、文化」三者。今天，我們從材質和時間兩個層面來梳理茶具的演變情況。

第一，從材質上來看，以陶器、瓷器和介於兩者之間的紫砂三大類為主體，並配以用琉璃、木材、金屬、石材等製作的輔助茶具。

第二，從時間上來看，漢代以前品茶並沒有使用單獨的器具，通常與吃飯、喝酒用的器皿混用。到了漢代，開始出現單獨的茶具，並且有了製作粗糙的青瓷，此點從王褒〈僮約〉一文中記載的「烹茶盡具，武陽買茶」中可見一斑。

接著進入唐朝，由於社會安定，經濟繁榮，既誕生了以茶聖陸羽著作為代表的茶文化，又在瓷器的燒製工藝上取得了長足的進步。典型的瓷器有浙江龍泉的青瓷、河北定窯的白瓷，《茶經》中說的「邢瓷類銀，越瓷類玉」、「若邢瓷類雪，則越瓷類冰」指的就是它們。

而到了宋代，點茶、鬥茶蔚然成風氣。由於點茶以白沫為評判標準，進而促使屬於黑瓷範疇的建盞取得了發展。同時，現代人常常提起的五大名窯指的也是這個時代的窯口。隨後，於元代出現了始於唐宋、興於元代的青花瓷。青花瓷與此前的瓷器大多顏色單一、沒有過多的色彩不同，這主要歸功於製瓷技術的進步。

歷史的車輪繼續轉動，來到了明代。由於廢團改散，品茶的方式產生了巨大的變化。此時，綠色的茶湯，用潔白如玉的茶器來襯托，顯得清新雅緻、悅目自然。社會崇尚白色茶器成為風潮，進而促成了白瓷的快速發展，江西的景德鎮也因此成為全國的製瓷中心。景德鎮出產的瓷器胎白細緻、釉色光潤，具有「薄如紙、白如玉，聲如磬，明如鏡」的特點。手藝人們發揮聰明才智，創造各種彩瓷、色釉，用來製作出造型小巧、胎質細膩、色彩豔麗的茶具，包括茶壺、茶盞、茶杯等。花色品種越來越多，豐富了茶具的藝術內容。

另一個必須要提到的是宜興的紫砂茶具。其在功能上與散茶沖泡配合得相得益彰，在造型上更是千姿百態，富於變化，將功能與藝術欣賞進行了系統的結合，在茶具體系中占有獨特而重要的一席之地。

接下來進入清代，由於滿族受漢族文化的影響很深，淡雅仍是這一時期的主流風格。得益於文人們的極力推廣，紫砂茶具和以蓋碗為代表的瓷質茶器表現最為出色。

走進現代，由於科技的快速發展，玻璃這種在古代稱為琉璃的奢侈材質一下子普遍推廣開來，迅速成為茶具體系中的重要組成部分。

綜上所述，可以說茶具演變的歷史是由功能需求為指引，結合各個歷史時期的技術與審美觀點共同推進的。

237　基本茶具有哪些？

以蓋碗沖泡散茶的茶席為例，我們以泡茶、品茶為主來輔助記憶一下。

首先要有一個放置主泡器的茶盤，可以是乾泡臺或者是溼泡臺。泡茶一定要有主泡器，可以是蓋碗、玻璃杯或者紫砂壺等。泡茶的過程中，要用到茶洗和茶道六君子。分茶的過程中，可能會用到公道杯、茶巾。而品茶的時候，則要有品茗杯。當然，熱水壺可別忘了。

238　什麼是主人杯？

主人杯其實指的就是每個喝茶人自己專屬的杯子。茶友們用主人杯主要有 4 個原因。第一，使用方便、衛生。去不同的地方喝茶，公用的品茗杯雖然經過了清洗，但是總不如自己專用的杯子讓人更放心。第二，彰顯品味。茶友們選擇主人杯與買衣服很相似，都會根據自身的風格喜好，選擇不同類型的茶杯，如白瓷類型的，建盞類型的，彩繪類型的，甚至是金銀材質的等等，類型多樣。第三，能夠豐富茶席間的話題。都說器為茶之父，每位茶友帶來各式各樣的主人杯，剛好可以互相欣賞，增添品茗樂趣。第四，給人專業的感覺。同一壺茶，若用不同的器皿來品飲，在細節上會有差別。為了降低外部的干擾因素，老茶客都習慣隨身攜帶一個主人杯。

239　什麼是公道杯？

首先，公道杯最核心的作用是使茶湯濃度均勻，溫度一樣，這樣為各位茶友奉茶的時候，茶湯濃度一致，茶量一樣，溫度相同，十分公道，故得名公道杯。其次，公道杯有茶水分離、沉澱茶渣的功能。若是玻璃材質的公道杯，還能有助於觀賞茶湯。

在使用公道杯的時候有幾點要注意。第一，一定要保持公道杯的乾淨衛生，這是對客人最起碼的尊重。第二，杯嘴不要對著別人，就像用手指指別人一樣，杯嘴對著別人十分不禮貌。這一條在其他的場合也適用，屬於基本的桌席禮儀。第三，要時刻保持公道杯外壁的乾燥，不要讓茶湯順著外壁滴出來，汙染茶席，甚至客人的品茗杯。為此，在為客人斟茶的時候，先用茶巾擦一下，養成良好的習慣。

那麼，如何選購公道杯呢？公道杯的款式通常有側手柄的、傳統手柄的，可根據個人喜好選擇。需要注意的是，公道杯的出湯嘴部最好能尖和薄一點，有利於快速收水。而關於材質的選擇，最流行的還是玻璃的，畢竟欣賞茶湯很方便。但是若從配合茶席和其他茶器的角度上來講，還是選購統一風格的公道杯更佳。

240 什麼是茶中「筆筒」？

在茶道表演中，像筆筒一樣的器具套組被稱為「茶道六君子」，傳統上包含茶則、茶針、茶筒、茶夾、茶漏、茶匙。它們在提供器具功能以外，也有一定的引申含義。例如，茶則從使用上來說，可以盛茶、賞茶。茶則的「則」字，可引申出「尺、測量」的意思。

241 用木頭製作的茶針怎麼撬茶餅呢？

這個木製品叫做「茶通」更加準確。它的主要功能是疏通茶壺嘴，並不是用來撬茶餅的。由於年代、地區、語言等眾多因素，要特別注意一些概念詞彙，可能有歧義的問題。如此，將有助於各位茶友更深刻地學習茶文化。

242 點茶過程中，像打蛋器一樣的器具是什麼？

那可不是什麼打蛋器，它叫「茶筅」，是點茶時的一種烹茶工具，由一個精細切割而成的竹塊製作而成，用以調攪粉末茶。宋代點茶時，將篩出的極細茶粉放入碗中，注以沸水，同時用茶筅快速攪拌、擊打茶湯使之發泡，泡沫浮於湯面。擊打時，手腕用力呈 M 型上下攪動，不能劃圈。以茶湯顏色鮮白和茶沫停留保持時間長久為茶技高超的標準，從宮廷到市井，常以之賭勝負。

當年，宋徽宗常常帶領大臣鬥茶，後來鬥茶習俗逐漸轉向民間，並流傳至日本。

243　什麼是茶寵？

茶寵指的是茶人們飲茶品茗時把玩的物件，常見的茶寵多為用紫砂或澄泥燒製而成的陶製工藝品，也有一些瓷質或者石質的。滋養茶寵其樂無窮，人們利用中空結構和熱脹冷縮的原理，製作出淋上茶水能產生吐泡、噴水現象的茶寵，增添了品茗時的樂趣。也有的類似於玩手串、盤核桃等，透過茶汁的滋潤和日常的維護，茶寵也會越發地有光澤，充滿靈性。隨著科技的發展，一些隨著溫度變色的材料用於茶寵製作中，讓客人感到驚喜。空閒時，在手裡慢慢把玩茶寵，對腦力勞動者調節大腦中樞神經、減緩腦部疲勞方面有一定的幫助。茶寵的造型有金蟾、如意足、金豬、童男童女等，非常豐富。

244　什麼是茶掛？

茶掛是茶事活動中的重要道具，可呈現茶會主題，展現組織者的用意，造成提綱挈領的作用，是茶室布置時關鍵的要素之一，一般只掛一幅。如今，茶掛在日本較為盛行，中國則還不是很重視。隨著茶道的興盛，文人情趣開始回歸，茶掛將被更多地應用。

茶室所掛的字畫可分為兩類。一類適合相對穩定、長久地張掛，可根據茶室的名稱、環境以及主人風格而定。另一類是為迎合茶會舉辦而專門張掛的，可以根據茶席主題不斷變換。對於書畫不那麼了解的茶人也無須煩惱，選一幅喜愛的書畫作為茶掛即可，品茗時或獨自品味，或與三兩好友一同欣賞，豈不是增添了一種樂趣？

245 什麼是建盞？

建盞創燒於晚唐五代時期，興盛於宋，是宋代皇室的御用茶具。因產自宋建州府建安縣（今天的建陽市水吉鎮後井村一帶），故得名建盞，是中國黑瓷的代表。兩宋時期，由於黑底、胎體厚重的建盞保溫效果好，突顯白色茶沫，非常有利於鬥茶，故很受歡迎。而且，藉著文化交流，建盞傳至日本。因當時禪學和茶學的著名寺院杭州徑山寺位於天目山脈的緣故，建盞在被日本被稱為天目盞。現存於日本東京靜嘉堂的曜變天目盞是國際公認的天下第一名碗。

建盞經過選瓷礦、瓷礦粉碎、淘洗、配料、陳腐、練泥、揉泥、拉坯、修坯、素燒、上釉、裝窯和焙燒 13 道工序燒製而成。因所選坯泥含鐵量高，燒成後呈現「鐵胎」的特質，敲之有類似金屬碰撞的聲音。和景德鎮白瓷盡量避免含鐵不同，含鐵量高正是建盞的特色。如此，不僅燒出來呈現黑色，而且可以磁化水質，使茶湯的口感醇和柔順，提升茶湯的鮮度。

建盞造型的共通點是碗口大，圈足小，狀似漏斗。業內根據建盞口沿、腹部和底足的變化，將建盞分為束口、斂口、撇口和敞口四種類型。其中，束口型的特徵為：口沿曲折，外緣向內凹，於口沿處形成一周凸圈，俗稱「注水線」。宋代鬥茶用的就是束口型建盞，它也是當今最主流的器型。

關於建盞的釉色，可以分為黑色釉和雜色釉兩大類。典型的黑色釉有曜變釉、烏金釉、兔毫釉和油滴釉等。雜色釉有茶葉末釉、醬色釉和柿紅釉等。曜變釉是建盞中至高無上的釉色，瓷釉和窯火在變幻的情況下偶然才能生成一盞。僅存於世的三件完整宋代曜變盞均存於日本，被日本奉為國寶。

一窯一世界，一盞一人生。一捧坯土，透過匠人高超的製作工藝，經過火焰的淬鍊，展現出獨具特色的奇幻異彩。

246　什麼是黑釉木葉紋盞？

宋代熱衷鬥茶，故而興起了黑釉茶盞。在這段歷史時期內，出現了一種略注清水便好似有樹葉飄蕩其中的茶盞——黑釉木葉紋盞。黑釉木葉紋盞出自宋代的吉州窯，窯址位於現今江西省吉安市的永和鎮。木葉紋盞是吉州窯獨創的產品，在製作工藝上有著極大的創新。關於木葉紋盞的誕生，主要有兩種說法。一種說法認為，古代窯工在裝窯的時候，偶然間讓一片桑葉落入盞中，出窯後驚豔了眾人。另一種說法認為，宋朝禪宗文化盛行，木葉紋盞很可能是寺院的僧人為了精進修為，有意研究製作出來的。由於歷史上的戰亂等原因，古代的製作方法已經不得而知。

現今，工匠們先進行練泥、拉坯、晾坯、修坯、施釉步驟，然後在盞中放入陰乾的樹葉。透過特製的匣缽固定茶盞和盞中的樹葉，然後裝窯燒製而成。燒製出來的木葉紋盞，獨具魅力，既寓意人生沒有完美，也展現出古人尊重自然之心。宋代流傳下來的木葉紋盞在日本被奉為「國寶文物」，在英國被讚為「世之神器」。

247　什麼是雲南建水紫陶？

雲南不僅是茶的發源地，還出產一種紫陶器，這種紫陶器與江蘇宜興的紫砂陶、廣西欽州的坭興陶、重慶榮昌的安富陶並稱中國四大名陶。這就是出自雲南省建水縣的特產——建水紫陶。建水紫陶也被稱作五彩雲陶、滇南瓊玉，有「質如鐵、明如水、潤如玉、聲如磬」的美譽。

建水在明清時期曾是臨安府的所在地，深受中原文化的影響，遷移進了大量中原工匠。到了清代末期，建水紫陶製作工藝逐步成形。建水紫陶的製作原料取自建水境內五彩山中呈現五種色彩的土，含鐵量較高。陶工們將五色土過篩處理後，按一定的比例製作成泥料，然後經過塑形拉坯、精修陶坯、書畫落墨、精雕陰刻、彩泥陽填、外形雕塑、風乾修坯、龍窯燒製、手工無釉拋光等十餘道工序製作而成。陰刻陽填、無釉拋光工藝和殘貼、淡豔的特殊裝飾手法，是建水紫陶的裝飾特色。而且建水紫陶集書畫、金石、鐫刻、鑲嵌等裝飾藝術於一身，有「壺、杯、盆、碗、碟、缸、汽鍋、菸斗、文房四寶」等產品。製作雲南名菜汽鍋雞所用的汽鍋，正是用建水紫陶生產的獨特蒸鍋。

1927 年，著名的建水紫陶大師向逢春的作品在昆明「勸業展覽會」上獲一等獎，隨後又參加在天津、上海等地的展覽，得到廣泛好評。1933 年，在美國芝加哥「百年進步博覽會」上，向逢春的汽鍋以其古拙雄壯、文雲盎然的典雅氣度征服了世界，榮獲博覽會美術大獎。1953 年，建水紫陶被國家輕工部列為「中國四大名陶」之一。2008 年建水紫陶燒製技藝入選國家級非物質文化遺產名錄，2016 年成為中國國家地理標誌產品。

建水的一位朋友曾送給筆者一個建水紫陶的茶葉罐，顏色深褐有光澤，雄渾，手工刻繪的漁人泛舟圖入石三分，意境幽遠，敲之，聲音清脆，繞梁許久，筆者超級喜歡。藉由此罐，筆者對建水紫陶較之宜興紫砂的區別，有了深刻認知。

248　什麼是搪瓷？

搪瓷在一開始被稱為琺瑯，廣為人知的景泰藍就是琺瑯鑲嵌的工藝品。這裡額外補充一個小知識，中國古代習慣將附著在陶或瓷胎表面的稱為「釉」，附著在建築瓦件上的稱為「琉璃」，而附著在金屬表面的稱為「琺瑯」。

相傳搪瓷技術最早起源於埃及，隨後傳入歐洲。但是現今使用的鑄鐵搪瓷，多始於 19 世紀初的德國與奧地利。清光緒四年（西元 1878 年），奧地利第一次將搪瓷製作工藝傳入中國，從此中國開始了搪瓷的製作。後來經過技術的不斷進步，搪瓷才從一種奢侈品逐漸成為日常用品。

從原料上來看，搪瓷所使用的是一種矽酸鹽，一般以石英、長石、黏土為原料。製作搪瓷時，原料經研磨、加水調製後塗敷於坯體表面，然後經過一定溫度的焙燒而熔融。當溫度下降時，形成附著在坯體表面的玻璃質薄層。從燒成溫度來講，搪瓷的釉一般燒成溫度在 750 ～ 900℃，而陶瓷一般分為 1,100℃以下的易熔釉、1,100 ～ 1,250℃的中溫釉和 1,250℃以上的高溫釉。另外，搪瓷底釉是透過氧化鈷、氧化鎳等化學物質滲透到金屬材質中形成化學密著，達到附著在金屬表層的效果，而陶瓷釉更多的是透過釉層滲透到土坯的空隙中，形成物理附著力。

相較於 20 世紀，現在人們的家裡一般很少在用搪瓷的製品，大多使用的是塑膠、陶瓷、玻璃製品，但是搪瓷製作這項技術並沒有消失。在歐美、日本等國家，人們將搪瓷技術與現代設計相結合來進行創新，製成的無論是工藝品，還是像燉鍋這樣的生活用品，都獨具美感，使得搪瓷技術煥發了新的活力。

249　什麼是骨瓷？

陶瓷源於中國，而在歐洲誕生了一種全新的高檔瓷器：骨瓷。中國工匠技藝超群，製作出來的瓷器有「白如玉、明如鏡、薄如紙、聲如磬」的美譽，深受歐洲消費者的喜愛。然而，由於歐洲缺少高嶺土，即便是康熙末年長期逗留於景德鎮的法國傳教士殷弘緒將瓷器的製作工藝公之於世，歐洲早期燒製的瓷器卻仍然是質地偏軟，品質較差。後來，在西元 1800 年左右的英國，英國人湯馬斯·弗萊（Thomas Frye）在瓷器製作過程中加入動物骨粉，改善了瓷器的玻璃化程度和透光度。接著，喬西亞·斯波德（Josiah Spode）父子經過進一步研究，改進了燒製配方，基本確定了現代骨瓷生產的基礎配方，他們成為現代英國骨瓷製作的先驅。中國的窯神有以身赴爐燒瓷的傳說，或許也有這方面的道理吧！

骨瓷是以動物的骨炭、黏土、長石和石英為基本原料，經過高溫素燒和低溫釉燒兩次燒製而成的一種瓷器，燒製溫度達 1,280℃。優良的骨瓷色澤呈現天然骨粉獨有的自然乳白色。骨粉在高溫下會生成氧化鈣，氧化鈣是玻璃製造中最重要的助融劑之一，它可以有效地降低二氧化矽的軟化溫度，更容易形成玻璃類物質；而生成的氧化鋁則是很好的乳濁劑，呈現不太透明的乳白色。

骨瓷就是利用這些原理被發明製作出來的。一般來說，原料中含有 25% 骨粉的瓷器可以稱為骨瓷，國際公認的骨瓷，骨粉含量則要大於 40%。世界上生產骨瓷的著名廠家有英國的韋奇伍德（Wedgwood）、斯波德（Spode）、皇家道爾頓（Royal Doulton），德國的羅森泰（Rosenthal），美國的藍納克斯（LENOX），日本的鳴海（NARUMI）、則武（Noritake）等等。

骨瓷技術是歐洲人在學習和仿造中國瓷器的過程中發明的，但是由於種種原因，中國卻長期無人懂得骨瓷的製作方法。1965 年，唐山陶瓷工業公司改組為河北省陶瓷公司，統領河北全省陶瓷工業並啟動了開發骨瓷的科學研究計畫。最開始，科學研究團隊除了知道骨瓷中一定有骨頭的成分，沒有任何其他的參考資料。經過科學研究團隊的不懈努力，1974 年成功做出了骨瓷的樣品。1975 年做出了中國第一件由動物骨灰為主要原料的骨瓷產品。儘管這款產品透著綠色的螢光，質地也不穩定，但是令大家非常興奮，稱其為「綠寶石」骨瓷。

之後，進一步透過調整配方、改進工藝，1982 年終於成功出窯了白色的骨瓷，並且，透過了國家科委、輕工業部及各地專家的鑑定，榮獲國家新產品獎。也就是從這一年開始，中國最早的骨瓷在唐山誕生了。後來，唐山第一瓷廠與英國公司達成了引進整套骨灰瓷設備與技術的談判協議，並派遣中方考察團赴英國的瓷都——斯托克（Stoke）進行實地考察、學習。1989 年初，英國的設備和專家組開始陸續到廠，雙方以唐山原有的骨瓷工藝為開始，按照新的生產工藝標準開啟了全新的實驗與探索。1991 年 8 月，唐山第一瓷廠的專業生產線通過了國家驗收，從此達到了與英國相同的現代化技術標準。自此，中外客商的訂單蜂擁而來，中國骨瓷開始走向輝煌。

挑選骨瓷的時候，可將杯子朝著光看，透光性強、色澤柔和的為上品。用瓷勺或手指輕輕敲杯體，聲音清脆響亮者為佳。注意，骨瓷最好用 80℃以下的水溫手洗。不要將熱的杯子直接浸入冷水中，以免溫度驟變，損傷瓷質。如果杯子有小塊的刮花，可以用牙膏略微打磨。若您對英國的骨瓷歷史感興趣，可以前往有「英國景德鎮」之稱的斯托克小鎮看一看，那裡生產的陶瓷是英國乃至全歐洲王室的日常用品以及收藏品；在斯托克最大的瓷器博物館，還能看到三百年來英國的瓷器發展歷史。

250　有的茶壺直接對著嘴喝，這是怎麼回事？

直接用小茶壺對嘴喝，免去了濾茶、分茶的繁瑣過程，可以在走動、做其他事情的時候也能夠飲茶，使用方便，喝起來也痛快。這類壺的一個典型是「西施壺」。西施壺一般製作為150毫升左右的容量，壺嘴短小，持握順手，看起來非常小巧可人，常常作為私人專用的飲茶壺。但是，從衛生安全和保護茶器的角度，筆者並不建議直接使用茶壺來飲茶。畢竟，燙嘴的茶湯和不易清洗乾淨的茶壺可能會傷到自己。

251　水平壺是如何誕生的？

在紫砂壺的世界裡，有一類壺叫做水平壺。這個名字是怎麼來的呢？這要從潮州工夫茶說起。潮州工夫茶從傳統上來說，主要品飲的是烏龍茶。烏龍茶有什麼特點呢？有高香。所以為了激發茶香，最好是用100°C的沸水來沖泡。那麼問題來了，高水溫沖泡加速了茶葉內含成分的釋放，茶湯滋味往往有向苦澀發展的趨勢。怎麼來解決呢？可以透過縮短沖泡時間，快進快出，造成調節滋味的效果。因此，日常人們偏好使用容量小的壺來沏茶。但是用小壺來沖泡，又會引發新的問題，烏龍茶的投茶量一般都比綠茶高出一倍以上，更何況喜歡喝濃茶的潮州人，他們都是在茶壺裡塞上滿滿的茶葉。這樣一來，人們注入沸水時就需要注的很滿，而且注水後往往需要再用沸水從外部澆淋茶壺，進一步激發茶香。所以，形似一個大碗的茶海就成了黃金搭檔。同時，為了避免壺外的水倒流進茶壺內，往往壺嘴採用劍流的樣式，形似寶劍。日常喝茶的時候，人們偶然間發現小壺能夠飄在水上，不偏不倚，很平穩，故此稱其為水平壺。

水平壺看似簡單，實際上為了達到水平的效果，匠人們在製作的過程中往往需要提前規劃好每一個部件的位置、重量、形狀等因素，使其既能滿足實用的功能，又能具備美感。例如：壺蓋和壺身都要做到厚薄均勻，重量要低。還有，把壺倒置過來，壺口、壺嘴、提柄都對齊在同一個平面上，三點一線，叫做三山齊。

在日常生活中，一把用料講究、做工精湛的水平壺是十分難得的。筆者有一把名師手工製作，可以飄在水上的100毫升小壺，太湖石形狀，薄如蟬翼，其球形濾孔經過多次試驗才燒製成功。廣義上來講，像工夫茶地區用來喝茶的紅泥小壺那種壺，都可以稱作水平壺，它是一個泛稱。如果大家想入手水平壺的話，要特別注意壺嘴的位置，避免碰撞破損。做工輕薄的水平壺，需要更多的關愛。

252　什麼是漆器？

漆器一般指的是以木質或其他材料造型，然後經過髹漆而成的器物，具有實用功能和欣賞價值。漆器所使用的天然漆原料也叫大漆、生漆，主要由漆酚、漆酶、樹膠以及水分構成，是從中國一種叫做大漆樹的樹幹上割開一個小洞收集而來，跟切割橡膠樹收集橡膠類似。一棵樹只能產出幾兩的生漆，十分寶貴，用其製作的塗料有耐潮、耐高溫、耐腐蝕等功能。中國是世界上最早認識漆的特性，並將漆與礦物質顏料融合、調成各種顏色用作美化裝飾之用的國家。現今發現最早的漆器，是出土於杭州跨湖橋的跨湖橋漆弓，距今8,000年，被稱為中國的「漆器之源」。漆器的製作工藝經過不斷的發展，到目前有13種主要工藝，例如百寶嵌、犀皮漆、雕漆、款彩、螺鈿、描金、戧金等。而且，漆器經過上百次的打磨、拋光，可以達到與瓷器相媲美的程度。在英文中，China有瓷器的意思，而表示日本的Japan則有著漆器的意思。漆器精美絕倫，工藝浩繁，在中國國內專供上層階級社會使用，普通老百姓根本用不起，也難得一見，於是失去了成為大眾藝術的機會，發展越來越窄。然而，日本卻是真正聞名世界的漆器大國，向世界其他國家大量出口漆器。16 世紀之後，日本在漆器研究上有了空前的發展，以描金、彩漆、鑲嵌漆器為主，並且形成了產業鏈，使得普通民眾都能用上漆器。由此不得不令人反思，如今中國的天價茶動輒一斤成千上萬元，老百姓真的喝得起嗎？茶葉不走進千家萬戶，不喝進老百姓的肚子裡，何談茶能帶來健康？何談茶文化的興旺？當然，也不能完全拒絕高級禮品茶。畢竟走親訪友、商務往來實屬正常。未來的高級禮品茶，應將文化內涵做足，而不僅僅是將茶炒成天價茶。

253　為什麼很多人使用燜壺？

在北京馬連道參加各類茶事活動時，經常見到主辦方使用燜壺來準備茶湯，一開始還不太懂，後來自己也試了一下，真好用！看，只需放入少量的茶葉就可以快速悶出更醇厚的茶湯。沖泡只能析出 30% 左右的內容物，而悶泡則可以析出 60% 以上，特別是果膠等物質，非常適合老白茶、黑茶。當然，綠茶這類追求鮮爽的茶葉不適合使用燜壺，因為會把茶葉泡爛，產生熟湯味。燜壺還有一點好處，在客人多的時候茶湯能快速供應。要是都用蓋碗沖泡茶湯，客人多時不就會忙壞？

254　製作瓷器的瓷土是高嶺土嗎？

在南宋以前，景德鎮瓷器製作使用的是單一配方，即只用瓷石（景德鎮一帶所產的瓷石，一般是長石石英岩蝕變而成）。由於優質瓷石的原料開採過量，導致原料瀕臨枯竭，而普通的瓷石鋁氧含量低，鋁鈉含量高，燒製器物時，有容易變形、燒塌的缺點，因而到了宋末元初的時候，景德鎮的陶工們找到了優質的製瓷原料 —— 高嶺土，並將它與瓷石混合，研製出了新配方。

高嶺土因初次發現於景德鎮東邊 45 公里處的高嶺村而得名。高嶺土呈白色，其礦物組成除高嶺石外，還含有大量的石英和雲母。高嶺土含雜質時可呈現黃、灰、玫瑰等色，耐熱溫度約高達 1,735℃。

高嶺土的使用是中國乃至世界製瓷史上的一次重大革命，它不僅擴大了製瓷原料的來源，而且改變了瓷器的特性。原來單一的瓷石泥料（史稱單一配方）只能燒至 1,150℃左右，為軟質瓷，製品變形率較高，胎色也不夠白淨。

由於高嶺土耐熱度高，在瓷胎中造成骨料的作用，進而提高了瓷胎的耐熱度，可燒至 1,330℃左右，不僅減少了製品的變形率，同時也改善了瓷器的物理性質。西方早期無法製作出瓷器的原因中，最關鍵的因素就是不知道高嶺土。直到法國耶穌會的傳教士殷宏緒在江西景德鎮等地傳教期間，獲取了製瓷的技術和原料，並把各種釉面的配方和燒製工藝詳細記錄下來，公開發表在歐洲刊物上，使中國瓷器的技術奧祕徹底公開，歐洲自此才生產出真正的瓷器。

255　大家都調侃的「吃土」，吃的是路邊的土嗎？

古人說的吃土指的是吃觀音土。觀音土的顏色是白色的，土質比較軟，加水後會變成糊狀，使人聯想到麵粉。少量食用這種土，可以產生飽足感。其實，觀音土的主要成分是矽鋁酸鹽，化學性質穩定，不易分解，為對人體有害的成分。古代災民在沒有東西可以吃的情況下，嘗試吃這種土以後，發現身體沒有立刻出現不適，還有飽腹的感覺，便認為這是救苦救難的觀音菩薩為造福飢民降下的神物。因此，民間將這種土叫做觀音土。觀音土沒有營養，只能解決一時的飢餓感，而且吃多了還會腹脹如鼓而死。另外，觀音土還有兩種正經的用途。一種用途是作為坯料，塑形後燒製成瓷器。廣為人知的江西景德鎮高嶺土，其實就是觀音土。另一種用途是作為藥物入藥。

現代有種藥叫做「蒙脫石散」，便是利用觀音土止瀉的特性治療拉肚子的症狀。

256　瓷釉是如何誕生的？

瓷器美觀雅緻，光潤的瓷釉是許多人喜愛瓷器的原因。那麼，瓷釉是什麼呢？是將寶石融化後塗在上面嗎？當然不是。在商周時期，由於南方盛產印紋硬陶，它的燒成溫度高於一般的陶器，在燒造過程中陶工們偶然發現，器物的局部表面上有一層光澤。經過多次的觀察，發現陶坯上落灰的地方更容易出現這種現象。後來，陶工們把燃燒過的草木灰與水一同攪拌，塗抹在陶坯上入窯燒造，從此瓷器誕生了。這種原始的釉也被稱為灰釉，是瓷釉的鼻祖，是瓷器發明的重要條件，一直被歷代陶瓷工匠們延續使用，行業裡都說「無灰不成釉」。

隨著製瓷業的發展，為滿足不同的需求，開始在灰釉裡加入石灰石、黏土等材料以調整釉的穩定性、流動性。又加入含有金屬化合物的原料，改變顏色的變化等。例如：加入鐵，呈現青色。加入銅，呈現紅色。加入鈷，呈現藍色。當然，有一些品種的釉料為了達到特殊的效果，也會加入寶石。例如：景德鎮著名的祭紅瓷，古人配製釉料的時候就會加入珊瑚、瑪瑙等珍貴原料。復興的汝瓷也是找到當地的一種瑪瑙入釉，才燒出獨特的天青色。釉本來自於天然，而非化工。

257　製作陶瓷的過程中，還原燒和氧化燒指的是什麼意思？

氧化燒比較容易理解，就是在陶瓷的燒造過程中保持窯爐內氧氣的供給。

這樣，在擁有釉料配方和窯溫控制下，產生其他化學變化變異的可能性較少，可以穩定地生產陶瓷製品。而還原燒指的是在窯爐溫度達到一定程度以後，透過關閉爐門等方式，減少窯爐內的氧氣供給，迫使燃料從礦釉原料甚至是胎土中奪取氧元素來助燃，並影響器物的顏色、圖案、質地等方面。因此，窯爐內的化學變化，在某種程度上來說是不可控的，甚至是未知的，窯變就是還原燒的典型例子。以「青翠欲滴，溫潤如玉」而著稱的龍泉窯，也是透過在燒造過程中關閉爐門的方式，才使得青翠的顏色如此特別。否則，原料中的鐵質含量高，經過充分氧化以後，顏色會變深，呈褐色、黑色。

258　宋代五大名窯是指哪幾座窯？

據明代古籍《宣德鼎彝譜》記載：「內府所藏名貴瓷器，以柴、汝、官、哥、鈞、定六個窯口並稱。」為首的柴窯由於窯址、器物等並無明確的實證，太過神祕，被後人予以除名。剩下的汝、官、哥、鈞、定五個窯，成了如今人們議論的宋代五大名窯。而且，宋代是中國歷史上藝術的巔峰朝代，自此之後再無名窯可與宋代五大名窯比肩。天青色的汝窯，專供宮廷的官窯，開片自然、有「金絲鐵線」之稱的哥窯，以及窯變的鈞瓷和堅持白色為主調的定窯，它們各有特色，給後人留下了豐富的物質與精神財富。

259　什麼是汝窯？

「縱有家財萬貫，不抵汝瓷一件。」以天青色為瓷器代表性顏色的汝窯，始於宋初，盛於北宋晚期，衰於南宋，終於元末。窯址所在地在宋時稱汝州，現今為河南省寶豐縣大營鎮清涼寺村。所產青瓷名列宋代青瓷榜首的汝窯，特指汝官窯，該窯專為宮廷燒造御用瓷器，大約只在北宋哲宗元祐元年（西元 1086 年）到宋徽宗崇寧五年（1106 年）的 20 餘年間存在，產量不大，所產瓷器非常稀有。汝瓷工藝絕倫，其胎色均為灰白色，與燃燒後的「香灰」相似，俗稱「香灰胎」，這是鑑定汝窯瓷器的要點之一。汝窯瓷器釉色主要有天青、天藍、粉青、月白等，以天青為上品，受到宋徽宗的推崇。天青色難於控制，在不同器物上會有濃淡的區別，可謂「靠天吃飯」。另外，成功製作的汝瓷釉面上往往有因為胎和釉的膨脹係數不一，而自然導致的冰裂紋（俗稱「開片」），宛如魚鱗。

開片原本是陶瓷製作中的一種缺陷，後被人加以利用，成為一種獨特的裝飾藝術。冰裂紋依顏色分有鱔血、金絲鐵線、淺黃魚子紋等，依形狀分有漁網紋、梅花紋、百圾碎等。如今，宋代汝窯的傳世器物，粗估在全世界僅存 70 餘件，多在大型的博物館中收藏，例如：北京故宮博物院的汝窯三足樽承盤、臺北故宮的汝窯蓮花式溫碗等。

260　什麼是官窯？

在中國古代，瓷器燒製有官窯，有民窯。皇權時代，官辦的窯口集舉國之力為宮廷服務，其藝術水準非常之高，燒製瓷器的精美程度遠非民窯瓷器所能比。

官窯是一個比較廣義的概念，歷代由朝廷專設的瓷窯，皆可以稱為官窯，燒造的瓷器則成為官窯瓷。宋代五大名窯中的官窯是中國陶瓷歷史上首座透過制度建立，並以「官窯」命名的朝廷官辦窯場。其他的汝窯、哥窯、鈞窯和定窯皆為民窯。宋代瓷器的以簡為美與皇帝的喜好息息相關。一是宋朝開國皇帝趙匡胤倡導簡約，使得朝堂與民間皆形成此風氣。二是宋徽宗痴迷天青色，曾留下「雨過天青雲破處，這般顏色作將來」的名句。據此，汝窯工匠研究並燒製出的天青色瓷器，便成為皇帝的心愛之物。政和至宣和年間（西元 1111 年～ 1125 年），宋徽宗下令在都城汴梁（今天的開封市）建立了專門為皇帝燒製高級瓷器的窯口，史稱「北宋官窯」。然而，隨著北宋的覆滅和黃河的氾濫，北宋官窯被深埋於地下，至今未找到窯址。

到了南宋時期，在外逃難多時的宋高宗趙構南遷建都於臨安（今天的杭州）。為了祭天等儀式，也為了供皇室日常使用，先後設立了修內司窯和郊壇下窯，按照《宣和博古圖錄》中記載的禮器樣式燒造仿古青瓷。南宋朝廷在建立南宋官窯的時候，繼承了北宋官窯、汝窯等北方窯口造型端莊簡樸、釉質渾厚的特點，又吸收了南方越窯、龍泉窯等名窯薄胎、造型精巧的工藝精華，展現出了南北交融的特點。自 1950 年代以來，浙江省文博部門先後發掘出位於杭州市郊烏龜山的郊壇下窯和位於杭州鳳凰山老虎洞的修內司窯。

官窯以青瓷聞名於世，兩宋官窯的器型很多是仿商周用於皇室祭祀的青銅器器型，也有瓶、尊、洗、盤、碗、鬲式爐、觚等器型。其形質、釉色、工藝與汝窯瓷器有共同之處，釉色有淡青、粉青、灰青等多種色調，釉質勻潤瑩亮，根據形態有被稱為「冰裂紋」、「蟹爪紋」的大開片。胎骨施以滿釉，用裹足支燒的方法進行燒製。胎土釉色的選料往往非常講究，所用的瓷土含鐵量極高，所以胎骨的顏色偏黑紫色，在器物口沿部分釉薄處隱隱露出，俗稱「紫口」。又因底足露胎，俗稱「鐵足」。紫口鐵足的特徵在南宋時期比北宋時期更加明顯。因為受地域風氣影響，北宋時期施釉較厚，紫口這類由於薄釉呈現胎骨的特徵便不明顯了。也因此，僅憑胎體的薄厚程度就可以區分北宋和南宋的官窯製品。

宋代官窯將青銅器、玉器、瓷器這些代表中國文明的特質融於一身，燒製出外形仿古、釉色如玉的瓷器，官窯瓷是真正地將藝術與文化完美結合的瓷器瑰寶。

261　什麼是哥窯？

哥窯名列宋代五大名窯，在浙江龍泉的具體位置已經不可考，其所生產的瓷器屬於青瓷系，民間又叫「碎瓷」或「炸瓷」，器型有各式瓶、爐、洗、盤、罐等。相傳宋代龍泉章氏兄弟各主窯事，哥哥的窯口便稱為哥窯。哥窯有酥油光、金絲鐵線、紫口鐵足、聚沫攢珠四個特點，成就了哥窯風靡千年的獨特之美。

- **酥油光**：哥窯的瓷釉屬於無光釉，釉層凝厚，光澤瑩潤如酥油一般，手感細膩。哥窯瓷器顏色豐富多彩，常見的有月白、粉青、米黃。
- **金絲鐵線**：黑色的叫鐵線，黃色的叫金絲。其現象的形成原因是，燒造過程中，由於胎和釉的膨脹係數不同，造成瓷器出窯以後會出現開片。瓷器晾涼之後，將其放入炭黑水裡，讓開片中浸入黑色，形成黑線。由於瓷器的應力釋放可以持續 2～3 年，新開出來的片，經過空氣的氧化逐漸變為黃色，這便是金絲。
- **紫口鐵足**：由於使用紫金土塑胎，胎內含氧化鐵量極高，胎色較深，而口部掛釉較薄，泛出比內部黑胎稍淺的紫色。而底部無釉處，則呈現胎的本色，故叫做鐵足，給人穩重、樸雅之感。
- **聚沫攢珠**：哥窯瓷器釉層厚重，最厚處甚至與胎的厚度相等，釉內含有的豐富起泡無法排出，如小水珠般布滿在器具表面上，展現出「聚沫攢珠」般的美韻。

由於史料匱乏，「哥窯」是中國五大名窯中唯一未揭曉謎底的瓷窯。期待未來新史料的出現以及陶瓷測量技術的進步，為人們帶來更科學的知識。

262　什麼是鈞窯？

「鈞瓷無對，窯變無雙！」歷來被人們稱為「國之瑰寶」的鈞瓷，產於鈞窯。鈞窯在宋代五大名窯中以生產的瓷器「釉具五色，豔麗絕倫」獨樹一幟。

而「窯變」無疑是鈞瓷的奇絕之處，也因此成就了鈞瓷特殊的美感，是中國製瓷史上的一大發明。

鈞窯分為官鈞窯和民鈞窯。官鈞窯是宋徽宗年間繼汝窯之後建立的第二座官窯，位於河南禹州神垕鎮，因有夏啟舉行開國大典的鈞臺而得名。為何鈞窯能幻化出如此眾多的色彩呢？一切皆因它的窯變釉。窯變釉廣義地說仍是青瓷，其主要的色劑是氧化鐵，但它和一般青瓷又不一樣，除了鐵之外，又加入了銅、鈦、錫、磷等元素。所以，入窯後自然發生變化，即窯變。

在製作方面，鈞瓷分兩步燒成。第一次素燒，有強固胎體的作用。出窯後施以釉彩，然後進行釉燒，呈現光澤色彩。鈞瓷釉層厚，在燒製過程中釉料自然流淌以填補裂紋，出窯後形成有規則的流動線條，非常類似蚯蚓在泥土中爬行的痕跡，故稱之為「蚯蚓走泥紋」。鈞窯的主要貢獻在於燒製出豔麗絕倫的紅釉鈞瓷，開創了銅紅釉之先河，改變了以前中國高溫顏色釉只有黑釉和青釉的局面，開拓了新的藝術境界。

在宋朝的五大名窯中，除鈞窯以外燒製的器物都呈現單色。只有鈞窯，瓷器「入窯一色，出窯萬彩」。宋代詩人曾以 「夕陽紫翠忽成嵐」讚嘆鈞瓷之美。

具有古典魅力的鈞瓷還有太多可以供人談論的點，其蘊含深厚的歷史文化，能給讀者增添無限的藝術享受。鈞瓷應用也很廣泛，既有茶器、花器還有酒器，還有置於廳堂庭院的大瓶裝飾，可謂雅俗共賞，令人著迷。

263　什麼是定窯？

定窯是繼唐代的邢窯白瓷之後興起的一大瓷窯體系。其主要產地在現在的河北省保定市曲陽縣的澗磁村、野北村及東燕川村和西燕川村一帶，由於此地區在唐宋時期隸屬於定州，故名定窯，歷史上是北方白瓷的中心。

在歷史長河中，定窯還有北定、南定之分。北宋之前，定窯窯址在北方的定州，這時燒製的物品稱為北定。而當宋朝皇室南遷之後，一部分定窯工人到了景德鎮，一部分到了吉州，他們所製作的瓷器被稱為南定。因在景德鎮生產的瓷器釉色似粉，又稱粉定。

在北宋早期，燒製瓷器多採用正燒法，一個匣缽內只放一件器物，生產效率比較低。發展至宋朝中期以後，因燒製工藝的改進，發明了一種可以倒扣著裝 5 個相同器形的匣缽，這是一種節能高效的覆燒法，推動了瓷業的發展。但是，這種燒製方法也帶來了口沿無釉、被稱為「芒口」的問題，既不美觀，也不方便使用，還會劃傷嘴巴。因此，製瓷人會在芒口處鑲上金、銀或者銅，把邊緣包起來，形成「金裝定器」，進而形成定窯的一個獨特的製瓷工藝特點。

定窯瓷胎色白淨，略顯微黃，胎質薄而顯輕，施釉極薄，可以看見胎體，常被稱為「象牙白」釉。而且，還有一些積釉的形狀，好似淚痕，被稱為「蠟淚痕」。另外，在器物外壁薄釉的地方，能看出胎上的旋坯痕跡，俗稱「竹絲刷紋」。這「象牙白」釉、蠟淚痕以及竹絲刷紋，正是鑑別定窯瓷的重要特點。

另外，定窯器物有著豐富多彩的紋路裝飾。裝飾技法以白釉印花、白釉刻花和白釉劃花為主，還有白釉剔花和全彩描花，紋路秀麗典雅，深受人們的喜愛。在實際生產上，定窯生產規模宏大，品種繁多，多為碗、盤、瓶、碟、盒和枕。故宮博物院收藏的「定州白瓷嬰兒枕」是定窯瓷器的代表作之一。如今定窯煥發新生，作為國家非物質文化遺產項目之一，為更多人和更多地方服務。

264　什麼是前墅龍窯？

「白甄家家哀玉響，青窯處處晝溪煙。」在紫砂名都宜興市的丁蜀鎮有一個前墅村，那裡有一座創燒於明代，距今已有600多年歷史的古龍窯——前墅龍窯。數百年來，前墅龍窯持續使用，傳承有序，被人們稱為唯一活著的古龍窯。因龍窯依山勢建造，像長長的龍一般，所以得名「龍窯」，也稱「長窯」。

相傳，古時太湖裡有一條黑龍，長大以後玉帝就召牠到天上，專門管理下雨的事情。但是，太湖西岸丁蜀一帶的百姓不敬天神，玉帝便懲罰他們，不讓那裡下雨。黑龍見田地乾裂，便動了惻隱之心，吸水播雨。玉帝因此而大怒，派遣天兵天將來捉拿黑龍。黑龍最終因寡不敵眾，傷痕累累，跌落在一座小山坡上。丁蜀地區的百姓自發挑土，掩埋黑龍。多年之後，葬龍的土堆上出現了許多洞口，有人鑽進去一看，黑龍的屍骨不見了，裡面成了空空的傾斜隧道。後來，人們就嘗試在洞中燒製陶器，陶器燒的又多又快又省柴。從此，龍窯便在中國各地流行開來。

前墅龍窯頭北尾南，利用自然山坡進行建造，由窯頭、窯身和窯尾三部分構成，窯頭在下，窯尾在上，總長43.4公尺，採用傳統柴燒技藝。燒窯過程包括裝窯、熱窯、燒窯、冷卻、開窯幾道工序。裝窯指的是工人們將窯內打掃乾淨，然後把本次需要燒製的坯子放入窯中。放置好以後，將龍窯兩側的拱形窯門封好，在窯頭處點燃松枝，既去除窯內潮氣，又能造成預熱的作用。接著進入燒窯階段，窯工們從下到上，依次於窯身兩側的投柴孔（當地稱為鱗眼洞）放入松枝或竹枝，從洞口看過去好似太上老君的八卦爐，發出火紅的光亮。可能有朋友會問，依山而建的龍窯給陶器和燃料的搬運增添了不便，為什麼要這麼建造呢？其實，傾斜建造的龍窯正是利用火勢自下而上的燃燒，並透過窯尾處的煙囪和擋火板來控制空氣量，利用熱能，提高生產效率、節省燃料成本的作用。

形似蛟龍的前墅古龍窯，無一處不透著古人的勤勞與智慧。2006 年前墅古龍窯被列為全國重點文物保護區。2013 年龍窯燒製技藝被列為無錫市非物質文化遺產。喜愛紫砂壺的朋友有時間一定要去美麗的宜興走一走，看一看。那裡不但有太湖、陶朱公和西施，還有蘇軾，更有促使陶瓷業發展的歷史建築——前墅古龍窯，至今作為保護區，有專業人員值守。幸運的話，還可以一睹器物的燒製過程。

265　什麼是磁州窯？

磁州窯是中國北方一個龐大的民窯體系，具有極為鮮明的民窯特色，在世界陶瓷史上占有十分重要的地位。由於磁州窯出產的器物樸實自然，被廣泛用於民間，影響十分深遠，以至很長的一段時間裡，瓷器的「瓷」字被磁鐵的「磁」字所取代。比如地名：磁器口。

磁州窯燒造歷史悠久，自南北朝創始，歷經隋、唐、宋、金、元時期的繁榮鼎盛，經明清至今，綿延不斷，歷千年不衰。窯址位於河北省邯鄲市磁縣的觀臺鎮和峰峰礦區的彭城鎮一帶。彭城窯作為磁州窯系的傑出代表，在民間一直享有著「南有景德，北有彭城」和「千里彭城，日進斗金」的美譽。在宋代，磁州窯的裝飾技法突破了當時五大官窯單色釉的局限，將陶瓷器物帶入了一個嶄新的藝術世界，開創了陶瓷藝術的新時代。

磁州窯瓷的題材選擇範圍廣泛，形式多樣，大部分是來自於民間生活，有自然界中的動植物、人物故事、花鳥魚蟲、珍禽異獸、山水人物等。最出名的裝飾藝術——「白地黑花」，開創了用中國書法、繪畫裝飾瓷器的新篇章。白地黑花典型代表有白地繪花、白地黑彩剔花兩種。白地繪花指的是先在坯體上澆上一層化妝土，風乾後直接進行裝飾，然後澆上一層透明釉以後再進行燒製。白地黑彩剔花指的是在坯體上先澆上一層化妝土，風乾後再澆上一層黑釉。再次風乾後，透過將部分黑釉剔除，露出化妝土的方式進行藝術創作。最後，再往坯體上澆上透明釉進行燒製。另外，創燒於金代的紅綠彩裝飾技法，屬於釉上彩，開創了中國陶瓷彩色瓷的先河。

磁州窯製成的產品，大多是日常生活中必需的盤、碗、罐、瓶、盒之類的用具和始見於隋代的瓷枕，產品類型非常豐富。

2003 年磁州窯被列為中國十大名窯之一，2006 年磁州窯燒製技藝列入第一批國家級非物質文化遺產名錄。為了充分展示和弘揚磁州窯文化，在河北省磁縣城內的磁州路建立了磁州窯博物館。

邯鄲磁縣友人曾贈送給筆者一對大師製作的磁州窯花瓶對瓶，黑白相間，雕刻立體，藝術氣息濃厚，再插上鮮花，充滿了神韻，別具一格。在插花藝術上，磁州窯的瓶花具有不可替代的地位。

266　新買的紫砂壺如何開壺？

對於紫砂壺來講，現在廣為流傳的說法有「懶人開」和「文人開」兩種開壺法。懶人開壺法比較簡單，將壺沖洗乾淨以後，直接用開水泡之後這把壺要泡的茶，靜置 10 分鐘左右後倒出，再重複兩到三次即可。文人開壺法稍微繁瑣一些，可以將壺放置於鍋中，注入蓋過壺身的清水，再加入日後所要沖泡的茶葉，投茶量大概為日常的三倍，煮一個小時即可。注意，水沸騰後需要轉為文火進行慢煮，最好有人能在一旁盯一下，避免因水的翻滾導致壺身和壺蓋發生碰撞。一般來說，其他的紫砂壺開壺方法，比如用豆腐、甘蔗、米湯等開壺，大多是一種噱頭，雖一時看著有效果，但弄不好可能還會將孔隙堵住，或者不衛生，留有異味，給後續泡養留下隱患。保持好茶壺的清潔，泡一壺好茶才是最重要的。

267　如何養護紫砂壺？

養壺有技巧，更要有耐心。紫砂壺經過一段時間的使用和養護，可以呈現內斂而含蓄的啞光色澤。那麼，平常怎麼樣來養壺比較好呢？透過茶友們的日常實踐，我們將養壺的關鍵總結為：「泡淋勤擦，油汗勿沾，用二休一。」

首先說泡淋，可以分為外養和內養兩種方法。外養法，顧名思義，日常沖泡時可以用平時洗茶的茶湯進行澆淋，或者用養壺筆沾上茶湯，均勻塗抹在茶壺上。好處是立竿見影，速度快，包漿油潤。實際養壺的過程中要注意，不要用自己杯中殘留的茶湯澆淋，動作不雅而且有杯中的茶渣。每次沖泡結束後，需要再用煮開的水沖一下壺，用壺巾擦拭乾淨，避免因部分茶湯殘留，導致形成茶垢或者是和尚光。另外，若使用顏色比較淺的段泥壺來沖泡湯色深的發酵茶，則不建議使用外養的方法來養壺，容易將壺養花。而內養法指的是純粹日常泡養的過程，不用將茶湯澆在壺上。雖然變化過程不如外養法那麼快，但是能形成更加溫潤的效果。當然，無論是外養法還是內養法，都不要將茶渣或茶湯留於壺內來進行養壺，否則容易滋生細菌，不利於健康。

其次，勤擦，指的是茶友們在日常養壺的過程中，要多用壺巾來擦拭壺身，尤其是第一泡茶湯澆淋壺身後，可趁熱仔細擦拭，能夠事半功倍。喝茶結束後，同樣擦拭乾淨後再放置。

再次，油汗勿沾，指的是不要用有油、出了汗的手去摩擦茶壺。若經過這種所謂的「養壺」，壺上會是油光滿滿的和尚光，而非紫砂的溫潤之光。

最後，用二休一，指的是茶壺使用兩天以後，可清洗乾淨並倒著放置休養一到兩天，畢竟茶壺也是需要休息的。

268　包漿是怎麼出現的？

所謂包漿，核心是氧化反應。從物理層面看，透過研磨和沖刷造成拋光的效果。從化學層面看，內部與外部的油脂類物質在空氣中進行氧化反應，形成大分子物質沉積在壺的表面，同時，在這個過程中還會產生一些酸性物質，加強沉積物與物件的結合度。除了以上原因外，包漿的快慢還與物件的密度、手盤的頻率有關。密度越高，包漿的速度越慢，盤的越勤快，包漿的速度則越快。包漿是一個不斷打磨細化的過程，是物與人共同作用的結果。從物質層面看，包漿展現出的細膩、油潤、光澤，使器物本身顯得富有靈性。從精神層面看，它代表的是流淌的歲月，充滿著厚重感。包漿，玩的是物件，盤的卻是內心。

269　什麼是俄羅斯茶炊？

俄國人不僅愛喝伏特加，其實也非常喜歡喝茶。俄國詩人普希金（Aleksandr Pushkin）曾說過：

「最甜蜜銷魂的，莫過於捧在手心的一杯茶，化在嘴裡的一塊糖。」為了能品飲上一杯熱茶，俄國人創造出了一種獨特的茶具 —— 茶炊。茶炊在俄語中叫做薩摩瓦（samovar），它是俄國茶文化的象徵，而且影響了土耳其、伊朗及中亞諸國。俄羅斯民間有「無茶炊，便不能算飲茶」的說法。

茶炊「薩摩瓦」的原意是「自煮」。簡單地說，就是一個自帶水龍頭，用來燒熱水的炭火銅鍋。茶炊由裝有水龍頭的金屬壺身，位於壺身中心、可以燃燒木炭或乾松果的垂直煙筒，壺蓋，以及底座等幾部分組成。其中，垂直煙筒的底部是鏤空的，既可以讓燃燒後的灰落下去，又增強了空氣流通，促進燃燒。而煙筒的上部可以加一段排煙管，像煙囪一樣。也可以加上一個壺托，能夠使茶壺的保溫。另外，有人將茶炊的壺身內部分成幾個區域，並且加裝水龍頭，使得茶炊不僅可以用來煮水，還有熱湯、煮粥、加熱馬鈴薯和包子的功能，他們稱這種器具為茶炊灶。

俄國製作茶炊最著名、最大的地方，是位於莫斯科以南 165 公里處的圖拉（Tula）（這裡也是大文豪托爾斯泰的故鄉）。作為傳統的軍器製造城市，圖拉有許多的鐵匠和軍械師，為製作茶炊打下了良好的金屬加工基礎。19 世紀末，圖拉已經擁有一百多家茶炊工廠，茶炊最高年產量達到 66 萬件，而且製作精緻，款式多樣，有雙耳式、球形、蛋形、桶形、花瓶形、高腳杯形、罐形以及一些不規則形狀的茶炊。

俄羅斯人在喝茶的時候與中國人不太一樣。他們先根據喝茶的人數，在茶壺中投入足量的茶，然後少加一點開水，把茶壺放在茶炊頂部的茶托上，收斂出濃烈的茶汁。當需要喝茶的時候，人們先在杯子裡倒入一點茶汁，然後根據個人的喜好，打開茶炊的水龍頭兌水。

如今，由於生活節奏的加快，現代俄羅斯的城市家庭中，茶炊更多時候只有裝飾品、工藝品的作用。但是，當慶祝節日的時候，俄羅斯人依然會把茶炊擺上餐桌，親朋好友一同圍著茶炊飲茶，非常熱鬧。茶炊也隨著時間變化成為俄羅斯文化的重要藝術標誌之一，是家庭的象徵。若想深度了解俄羅斯的茶炊文化，不妨前往位於圖拉城的「圖拉茶炊」

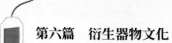

博物館。這裡是俄羅斯最著名也是最大的茶炊博物館，館內收藏了 500 多件、150 多種類型的茶炊，非常具有參觀價值。

第七篇　中外茶禮茶俗

270　客來敬茶指的是什麼？

客來敬茶是中國的傳統禮節，其蘊含的意義有三：第一，對遠道而來的客人表示歡迎。第二，讓趕路的客人解解渴。第三，茶水比白開水更加適合人的身體，能有效為客人補充水分，讓客人舒緩身心，是對生命的關愛。中國是文明古國、禮儀之邦，很重視人與人之間來往的禮節。當遇到接待客人的場合時，不要忘記沏杯茶。

271　用茶招待客人的時候，需要注意些什麼？

以茶待客是一種文明禮貌的展現，但要注意以下幾點。首先，喝茶環境和茶器需要保持乾淨整潔，不能等客人到了再去清洗、整理。其次，待客時要向客人介紹品飲的茶，表示敬意。再次，泡茶的動作要輕盈優雅。最後，尤其要特別注意，泡茶時水不能加太滿，七分為宜，避免燙著客人。酒滿敬客，茶滿欺人，淺杯茶、滿杯酒是中國人傳統的待客習俗。另外，可以搭配少量茶點、水果，避免客人飢餓導致茶醉，也賞心悅目，豐富了客人品茶的樂趣。

272　叩指禮是指什麼？

叩指禮，又稱「謝茶禮」，通常是指泡茶人給客人倒茶時，客人用手指在茶几上輕敲幾下的過程，主要表達茶客對泡茶者的感謝。相傳，這個茶俗始於清代乾隆皇帝。乾隆皇帝微服私訪江南時，到了廣州一家茶館，乾隆一時興起就忘了身分，抓起茶壺便給大臣們倒茶。按照皇朝禮儀，皇帝賜物臣僚必須下跪接受。可是這是微服私訪，下跪會暴露身分，可是不跪又是欺君之罪。於是一臣子急中生智，以食指和中指屈成跪狀，叩擊三下，以代替下跪。後來，民間風行以此謝茶的禮俗。

早先的叩指禮是比較講究的，必須屈腕握空拳，叩指關節。隨著時間的推移，逐漸演化為將手彎曲，用食指、中指或者食指單指輕叩桌面幾下，以示謝忱。根據不同情況可分為三種叩指禮。第一，晚輩向長輩：五指併攏成拳，拳心向下，五個手指同時敲擊桌面，相當於五體投地跪拜禮。一般敲三下即可。

第二，平輩之間：食指中指併攏，敲擊桌面，相當於雙手抱拳作揖。敲三下表示尊重。第三，長輩向晚輩：食指敲擊桌面，相當於點下頭。如果特別欣賞晚輩，可敲三下。其實到現在，茶桌上的叩指禮只是表示禮貌而已，並無尊卑之分，用雙指輕點即可，或者微微頷首點頭以示知曉和謝意。試想，當茶友們在席間聊天時，若出聲或採用大的動作表示感謝確實繁瑣，打斷了別人的談話，反而不禮貌了。

273 喝茶過程中來了新的客人，主人該怎麼做？

首先主人要表示歡迎，請客人入座，然後為其他客人做一個引薦。接著，要立即更換茶葉，沏新茶，並且先為新來的客人斟茶，否則會被認為是待客不周。當然，好茶不便宜，倒了可惜，而且溫度可能更加適宜馬上喝，因此特別熟悉的朋友，直接入座接著喝就好。

274 有哪些泡茶的儀態需要注意？

泡茶人作為主人，既是服務者，又是管理者，其儀態坐姿、眼神手勢，需要好好修練，以達到眼觀六路，照顧全局。

看過茶藝表演的茶友都感到，哇，茶師好有氣質，茶師的氣場很足。可是輪到自己泡茶的時候，卻沒有那種感覺了，這是為什麼呢？改善氣質的核心就在於「不偏不倚」四個字，處理好茶師與客人的距離，茶師與器具的關係，在細節中呈現出氣場。在處理茶師與客人的距離方面，茶師在坐下的時候，最好肚臍跟桌子的距離有 1 個拳頭到 2 個拳頭的距離，挺直腰部，身體微微前傾，腿自然垂放。您看，「美」這個字從結構上來說，屬於開放式結構，也是一種舒展的狀態。注意，不要蹺二郎腿，對骨盆不好，也會產生高低肩的問題。在處理茶師與器具的關係方面，首先，應在坐下的時候，手臂自然垂放，手肘可以稍稍大過 90 度，這個需要每個人根據自身的情況搭配桌子和椅子；其次，茶師行茶的過程中，不要高抬手臂，也不要翹蘭花指，左手管左邊的事情，右手管右邊的事情，不要交叉。若有另一側的事項，可以茶人面前的茶巾處作為中轉站來傳遞器具，以此可以避免身體歪、高低肩等不雅的儀態。

275　應該按什麼順序斟茶？

茶席如酒席，也要有規矩。客人進屋以後，應先招呼客人坐下，主人在一邊，客人在另一邊。重要客人在對面，次重要的在兩側。斟茶的時候，長輩以及長官優先，沒有的話則以女士優先。若以上情況都沒有，則優先為年長的斟茶。注意，杯底要放置一個杯墊，這樣無論是主人奉茶還是客人自己取茶都更加衛生，也能避免燙傷手。

276　奉茶時有什麼需要注意的地方？

相較於日常圍坐在茶席邊品茶，舉辦茶會的時候，人都會多一點，此時，就需要將沏好的香茗放置在奉茶盤上，送給客人品一品。在奉茶的時候，主要有距離、高度、穩定度和位置等四個地方需要注意。距離指的是奉茶盤到客人的距離，客人手臂略微伸展，肘關節大於 90 度的距離比較合適。高度指的是奉茶盤的高度，能讓客人以 45 度角俯視看到茶杯的湯面為宜。穩定度則指的是奉茶盤要端得穩，在確定客人拿穩品茗杯前，不要急於離開，以免打翻杯子。最後，位置指的是當從客人側面奉茶時，要考慮客人拿杯子是否方便。例如：客人慣用左手還是右手？

現在客人的哪一側適合取茶？等等。學一些禮儀，予人方便，無論在生活中還是在工作中，都會成為一個受歡迎的人。

277　為客人添茶時有什麼需要注意的？

在客人品茶後，要及時為客人添茶。主人首先要注意與客人之間的位置，若是從客人的右側奉茶，用右手持壺倒茶較妥當。因為若用左手，手臂容易穿過客人的面前，或是太靠近客人的身體。相反地，若從客人的左側奉茶，就要用左手倒茶了。這時的客人要注意不要只顧與別人說話，對方倒完茶要行禮表示謝意。客人還要留意自己的杯子是否放在不易倒茶的地方，若是，應將杯子移到奉茶者容易倒茶的位置，或是將杯子端在手上以方便奉茶；如果擔心燙手，可將杯子放在奉茶者的茶盤上，倒完茶再端下來即可。

278　什麼是潮州工夫茶？

潮州工夫茶既是潮州人深入骨髓的一種生活方式，又是當代茶藝的基礎儀軌。潮州工夫茶藝是第一個民俗茶文化類的國家級非物質文化遺產。潮州人從小就喝茶，最早的兩、三歲就開始；他們談生意更要喝茶，茶盤兩邊品茶不輟，你來我往中達成業務目的；老年茶人的茶壺則塞滿茶葉，濃烈無比，已經接近喫茶了！

潮州工夫茶藝注重細節，所用器物、行茶儀軌以及品飲方式等都很講究，於 2008 年成為首個列入國家級非物質文化遺產名錄的茶俗。明朝的歷史事件——「廢團改散」，使得中國茶進入一個全新的原葉茶時代。關於工夫茶的誕生有兩種說法。一種叫「戰亂說」：講的是為躲避戰亂，民眾都往南邊、往山裡跑，在山裡發現了茶樹這種植物；喝上一杯濃濃的茶，既消食，又能改善身體的狀況。之後茶在生活中不斷地演化，逐漸形成了今日的飲茶形態。另一種叫「遷徙說」：由於明朝中期的經濟發展，蘇杭地區的人們工作、生活節奏加快，逐漸沒有時間也沒有心思慢慢地泡茶、品茶，與現代社會的上班族頗有相似之處。同時，商人們邊做生意，邊把茶帶著南移。其間，茶習俗隨著人們的遷徙不斷地演變、傳承，直到他們面朝大海，最終安居於潮州，漸漸形成了今日的工夫茶。

工夫茶有四寶：潮陽紅泥爐、楓溪砂桃（玉書煨）、宜興紫砂壺（孟臣罐）、景德鎮若琛杯。傳統潮州工夫茶的沖泡表演通常採用二十一式，可用當地的順口溜和四香來輔助記憶。順口溜為：高沖低灑，刮沫淋蓋。關公巡城，韓信點兵。「四香」指的是品茗時要感受的四種香。第一香為聞香。

先呼一口氣後，拿起茶杯看看湯色，聞一聞茶湯的香氣。第二香為入口香。小口啜吸，品味茶湯的香氣與滋味。第三香為杯底香，即杯底的留香。第四香為喉嚨的回甘。總體來說，和茶葉審評中的觀湯色、熱嗅、嘗滋味、冷嗅步驟類似。

另外，談到潮州工夫茶，不能不說當地的茶品：鳳凰單叢茶。鳳凰單叢生長在高海拔的鳳凰山上，每一叢都有獨特的香氣，製作工藝也比較複雜，其香氣的類型與複雜度堪稱茶中之最。名品有鴨屎香、宋種等，各自都有一眾粉絲。雖然鳳凰單叢產量不大，目前還算小眾，但是潮州人獨愛它。

如今人們的焦慮情緒很普遍，不妨邀朋友、家人一道品品茶，聊聊家常。

潮州人早已把茶融入生活，品茶成為一種健康的生活方式與社交手段。同時，潮州人又把泡茶昇華成藝術，展現在全國與國際舞臺。青山滄海不老，潮州工夫茶藝常在。

279　什麼是大碗茶？

在現實中，大碗茶沒有那麼多的禮節和程序，不講究方式，粗獷率真。一張桌子，幾張板凳，再來一個大壺沖泡。大碗茶多以茶攤或茶亭的形式出現，客人皆可小憩。街道兩旁、車站碼頭都可以見到它的蹤影。大碗茶由於貼近生活、貼近百姓，被人們廣泛接受，從一種習慣演變為民俗，最終成為一種文化。

大碗茶的誕生雖並無明確的史料依據，但是在唐代的《封氏聞見記》和宋代的〈清明上河圖〉中都有描寫民間飲茶的內容，另一方面，茶器是從日常飲食喝酒的陶器剝離出來的，自成體系；因而，在其演化的過程中，直接使用碗來喝茶就是一件再正常不過的事了。當代大碗茶是北京茶文化的一個重要部分，在商界先後產生了青年茶舍，也就是後來的北京大碗茶商貿集團公司，和 1988 年成立的老舍茶館，成為享譽國內外的知名品牌。由於京城的影響力強，很多人認為老北京是大碗茶的發源地。其實，在明清時期，到齊魯之地的泰山朝拜祈福者眾多，外地香客長途跋涉，多遭飢渴之苦，大碗茶就曾以「施茶」的公益形式出現。筆者去京西時路過一個叫做「茶棚」的地方，據說就是給香客準備大碗茶，供他們喝茶歇腳的地方！因此，筆者認為大碗茶是伴隨著人類日常生活自然而然產生的，並不存在唯一的發源地之說。

280　什麼是廣東早茶？

提到廣東早茶，大家都會聯想到一邊喝茶，一邊吃著蝦餃、鳳爪、叉燒包等精緻美食的場景。作為廣東飲食文化中重要的一部分，廣東早茶是怎麼來的呢？

西元 1757 年，由於清政府將廣州特許為中國唯一合法的海上對外貿易口岸，自此廣州地區商品經濟快速發展，帶動了周邊地區的都市化和工商化。各個行業、各個國家的人湧入廣州，使得廣州成為人流、物流聚集的中心。一開始，為了滿足底層勞動人民歇腳、解渴的需求，出現了一些茶水攤。後來，茶鋪還供應肉包、米糕等簡單點心，滿足勞動人民的就餐需求，因收茶費二厘，這樣的茶鋪也被稱為「二厘館」。廣東早茶裡著名的「一盅兩件」也由此而來。

逐漸地，許多商人發現這種地方是不錯的社交場所。為滿足更高消費客群的需求，茶居和茶樓便應運而生，所能享用的精美餐點也不斷地豐富起來，逐漸形成了今天的早茶文化。

廣州著名的老字號茶樓有陶陶居、蓮香樓等。新式連鎖茶樓有周記、點都德等。若您前往廣州，一定要去吃個早茶，感受獨特的嶺南味道。在北京，也有金鼎軒等提供早茶點心的店鋪，可以在飲茶的同時一飽口福。

281　什麼是老北京麵茶？

「午夢初醒熱麵茶，乾薑麻醬總須加。」老北京麵茶是用一種小米熬製成糊，加上調好味的麻醬，再撒上芝麻鹽的老北京小吃。相較於添加糖、香料、果乾等眾多配料的茶湯，麵茶更富有平民氣息。早在清代的《隨園食單》中就有記載：「熬粗茶葉汁，炒麵兌之，加芝麻醬亦可，加牛乳亦可，微加一撮鹽。無乳則加奶酥、奶皮亦可。」在食用麵茶的時候，先是沿著碗邊吸入地喝，等到吸不上來的時候，再用湯匙挖出來吃。如今人們的健康意識逐漸增強，也開始在自己的食譜中加入更多種類的食物，來獲取豐富的營養。不妨早上來一碗易於製作的麵茶，健康又美味。

282　什麼是天橋茶湯李？

老北京地區的傳統風味小吃 —— 天橋茶湯李，雖然名字裡有茶字，但卻和茶葉沒有什麼關係。茶湯李始創於西元 1858 年，最開始在老北京廠甸廟會設攤，專營茶湯、油茶、元宵等小吃。1886 年茶湯李遷至天橋，名聲大噪。1984 年，茶湯李第四代傳人李躍在大學畢業後繼承了祖傳的茶湯製作技藝並將之發揚光大，深受老北京人的喜愛。

茶湯的製作是先用少量的溫水或涼水將小米粉攪勻，然後用龍嘴大茶壺裡的開水，將麵糊沖熟。傳統上來講，沖好的茶湯講究「倒扣碗」，就是將碗倒扣過來以後茶湯能垂下來，用手一彈還有彈性。沖好茶湯以後，在茶湯上放上紅糖、白糖、山楂乾、葡萄乾、炒熟的白芝麻和糖桂花即可。沖好的茶湯稠而不膩，香甜綿細，非常有特色。北京廟會期間，在地壇、廠甸、龍潭湖、大觀園、白雲觀、朝陽公園都有茶湯李的攤位。

如今，茶湯李的茶湯系列包含了茶湯、油茶、杏仁茶、鹹味麵茶、蓮藕茶、菱角茶等品項。若大家有機會來北京遊玩，一定不要錯過天橋茶湯李。

283　什麼是擂茶？

擂茶實際上是一種菜粥，它盛行於汕尾市和揭陽以及廣西、湘西等地區。

擂茶的製作方法是把茶葉放入陶製的牙缽，用木杵、擂槌將茶葉搗碎。接著，將花生米、芝麻、薄荷葉等投入牙缽，繼續搗成糊狀，再放入食鹽，用沸水沖入即成。給客人飲用時，再將炒過的米倒入，可邊飲邊嚼，眾樂陶陶。

284　什麼是白族三道茶？

上關花，下關風，下關風吹上關花。蒼山雪，洱海月，洱海月照蒼山雪。

在風景秀麗的雲南大理，居住著一個好客民族——白族。雲南白族招待貴賓時有一種奉茶方式，以其獨特的「一苦、二甜、三回味」，早在明代就成為待客交友的一種禮儀，特別是在新女婿上門、子女成家立業時，是長輩諄諄告誡晚輩的一種祝願。白族稱它為「紹道兆」，民間叫它「白族三道茶」，於 2014 年 11 月被正式列入第四批國家級非物質文化遺產名錄。相傳「白族三道茶」的誕生與古時南詔大理國崇尚佛教活動有關。南詔後期，佛教被大理國奉為國教，飲茶之風盛行，民間爭相效仿。其「一苦、二甜、三回味」的人生哲理符合了佛家追求人格完善的境界。第一道苦茶，炙烤至焦香的茶於沸騰的水中翻滾，茶湯呈琥珀色，味道苦澀，寓意著吃苦是人生的一門必修課，立業要先吃苦。第二道甜茶，用第一道茶的方法製作茶湯，然後加入紅糖熬煮，之後倒入盛有核桃片、烤乳酪絲的杯中。香甜的滋味使人心情愉悅，寓意著苦盡甘來。

第三道回味茶，用茶葉和生薑一起煮，然後加上桂皮、花椒。最後起鍋時再加入一點蜂蜜，既使人感到辣辣的，又透著茶的清香、蜜的香甜，層次十分豐富。回味茶寓意著回首世間五味雜陳，有心酸，有苦澀，有甜蜜，也有悠閒、平靜。品白族三道茶，觀人的一生，起起伏伏，只是在頓悟生活不易後，依然充滿著希望過好每一天。

285 什麼是德昂族酸茶？

德昂族酸茶是在雲南德昂族流傳的一種獨特的發酵茶，人們上山幹活的時候隨身會攜帶這種茶，渴了就嚼一嚼，非常方便。德昂族是雲南省特有的民族，主要分布在雲南省德宏州的芒市、瑞麗、盈江、隴川、梁河等地。作為一個以茶為圖騰，認為祖先是由102個茶樹精靈所變的民族，德昂族家家戶戶都會種茶、做茶。據當地的老人講，若是不會種茶、不會做茶，是很難找到對象的。德昂族是中國各民族中種茶比較早的民族之一，他們在不斷應用茶葉的過程中，根據當地的氣候創製出了具有民族特色的酸茶。酸茶其實並不是非常的酸，其湯色金黃透亮，入口回甘，帶有特殊的微酸，而且具有天然的苔味、岩味，層次感很強。那麼這特別的酸茶是如何製作的呢？首先，以一心二葉為標準，採摘古樹茶的鮮葉並晾乾。然後，將茶鮮葉放入蒸桶中，以蒸煮的形式高溫殺菁，去除澀味，通常花費二十分鐘左右。接著，將茶葉平鋪在大畚箕上，等待茶葉的溫度降下來以後，將茶葉放入清洗乾淨的新鮮竹筒中，層層壓實，用芭蕉葉密封好。隨後找一個陰涼的地方，先用芭蕉葉墊上，再將包好的竹筒埋進地下發酵。根據天氣情況，茶葉發酵一個半月左右以後，人們挖出竹筒，從中挑選呈現金黃色、發酵好的茶葉，將其放入石臼中，用傳統的踏碓舂成茶泥，揉成小團，壓成餅狀。將茶餅晒上兩天，待茶餅逐漸轉變成深黑色，半乾的時候，德昂族人會將其剪成小塊，繼續曝晒五天便得到成品。酸茶除了可以直接咀嚼以外，還可以用陶罐、銅罐和新鮮的竹筒煮著喝。透過長期的發酵，酸茶有著健脾、健胃、除溼等效果。若大家有機會去雲南，可以前往德宏州芒市三臺山鄉的出冬瓜村，那裡不僅有製作酸茶的非遺傳承人，還保留有許多德昂族的傳統建築，在那裡可以深度體驗德昂族的傳統文化。

286　什麼是瑤族打油茶？

「一杯苦，二杯澀，三杯四杯好油茶。恭城油茶噴噴香，一天回來喝三碗。」打油茶又叫「吃豆茶」，是瑤族、侗族、苗族等少數民族特有的一種飲食習慣，流行於湖南、貴州、廣西等地。不同的地方，油茶的做法不盡相同，但基本是用油炸糯米糕、炒花生、炒黃豆、炒米和茶葉等配製而成。

廣西恭城因盛產茶葉，史稱茶城。由於恭城山區氣候潮溼、晝夜溫差大，長期生活在此的人們為了驅寒袪溼和補充能量，發明了打油茶，並且一年四季都保有打油茶、喝油茶的習慣。油茶製作包含泡、炒、捶、煮等多個流程。

「泡」指的是將茶葉用開水泡軟。「炒」指的是將瀝乾水分的茶葉與薑、花生米放入小茶鍋中，放入適量的油翻炒出香味。「捶」指的是用長得像數字 7 的茶葉錘，將鍋中的原料捶打至顆粒狀。「捶」是製作油茶的關鍵步驟。「煮」指的則是在鍋中加入開水煮上 3 分鐘。至此，可濾出第一道茶湯，剩下的材料還可再製作第二道、第三道茶湯。然後，可將茶湯沖入盛有米香、香蔥、香菜等配料的碗中享用。吃油茶時，客人為了表示對主人熱情好客的回敬，讚美油茶的鮮美可口，稱讚主人的手藝不凡，總是邊喝，邊啜，邊嚼，在口中發出「噴噴」聲響，讚不絕口。

恭城油茶是恭城瑤族飲食文化的精華，也是當地重要的文化象徵。2021 年瑤族油茶習俗入選第五批國家級非物質文化遺產代表性項目名錄的擴展項目名錄。小小油茶，在幫助當地人增加收入的同時，還衍生出了名為「打油茶」的舞蹈，促進了當地文化和旅遊業的發展。

287　什麼是傣族竹筒茶？

竹筒茶在傣語中叫「臘跺」，因茶葉具有竹筒香味而得名，是傣族別具風味的一種茶飲。竹筒茶主產於雲南西雙版納的勐海縣和文山州廣南縣底圩、騰沖市壩外等地，至今已有200多年的歷史了。

製作竹筒茶所用的鮮竹特別講究，需在春夏之際，精選一年生的野生甜香竹，截取大小、粗細適中的節段。製作竹筒茶時，先將一心二、三葉的細嫩雲南晒菁毛茶裝入竹筒內，放入火坑烘烤。6～7分鐘以後，竹筒內的茶會被烤出的鮮竹汁浸潤而漸漸軟化。這時，用木棒將竹筒裡的茶舂緊（把茶搗碎）。接著，再次填滿茶，再烤，然後再舂。如此循環數次，直至竹筒填滿舂緊的茶葉為止。等竹筒由青綠色烤成焦黃色，筒內的茶葉全部烤乾時，竹筒茶就製成了。沖泡竹筒茶的時候，剖開竹筒，掰下少許竹筒茶放入茶碗。然後沖入沸水至七、八分滿，3～5分鐘以後就可以開始飲茶。竹筒茶既有茶的醇厚滋味，又有竹的濃郁清香，令人回味無窮。過去雲南人將當年生的茶視為有寒毒，用竹筒烤製可以去寒、去澀，留下清香。竹筒茶是人民智慧的結晶。

288　什麼是蒙古族鹹奶茶？

提到蒙古族，人們聯想到的，不但有無垠的草原、成群的駿馬，還有具備民族特色的蒙古包和香噴噴的牛、羊肉。由於草原民族的日常飲食以乳製品和肉製品為主，蛋白質和脂肪的攝取含量很高，而富含維他命、纖維的蔬菜食用較少，對腸胃的負擔比較重。因此，人們用茶葉和鮮奶製作出香而不膩的奶茶，以助消化、解油膩和順腸胃的作用。傳統上，蒙古奶茶在製作的時候選用原產於湖北省的青磚茶為材料，先將砸下來的碎茶裝入網子裡，然後將其放入水中煮。待茶水呈褐色的時候，取出茶葉袋，加入鮮奶攪拌，等再次開鍋以後放入適量的鹽即可飲用。

歷史上，青磚茶作為蒙古地區重要的物資，不僅在日常生活中發揮著巨大的作用，更是能有效地降低軍隊糧草的供應難度。人喝完的茶渣，還能作為戰馬的食物，因此茶這種重要物資，曾幫助歷史上的蒙古帝國打下一片片的疆土。曾經有一段歷史時期，磚茶甚至能代替貨幣在蒙古族聚居區流通。

289　什麼是藏族酥油茶？

酥油茶是一種用茶、酥油和水等原料製成的飲品。它既是藏族人民日常生活中必不可少的飲料，也是他們用來饋贈賓客的禮品。

製作酥油茶的酥油，是煮沸的牛奶或羊奶，經攪拌冷卻後凝結在牛奶表面的一層脂肪。製作酥油茶時，先把茶放在小土罐內烤至焦黃，然後熬成茶汁倒入酥油筒內，加入酥油、花生、鹽、雞蛋和炒熟舂碎的核桃仁等，再用一根特製的木棒上下抽打，直到酥油、茶汁、配料充分混合成漿狀，最後倒入鍋裡加熱即可。食用時，酥油茶多作為主食與糌粑一起食用，有禦寒、提神醒腦、生津止渴的作用。

飲用酥油茶也需要遵循一定的禮儀，例如：飲茶講究尊卑有序、長幼有序、主客有序，煮好茶必先獻給長輩。敬茶的時候，需要在客人喝一口以後，立即為其斟滿。客人在喝茶時，不能一口氣喝完，應該小口慢飲。客人不想再喝，則應不動茶碗或用手蓋住茶碗。客人臨走時，如果茶碗裡的茶還沒有喝完，可以一飲而盡，也可以不喝，表示今後再相會或「富足有餘」的美好寓意。

筆者曾去西藏進行訪茶活動，在西藏茶協會會長的安排下，筆者在西藏茶體驗館親手製作了酥油茶，還獲得了製作酥油茶的長筒木器具，甚是喜歡，也知製作勞苦不易。

當然，西藏不僅有酥油茶，還有一種類似奶茶的甜茶。甜茶店客流不斷，很受遊客歡迎。酥油茶具有民族特色、地域特色，飲之渾身發熱，無論喜歡喝與否，在西藏這個世界屋脊、高寒缺氧的環境，它都是離不開的食藥。

290 什麼是寧夏八寶茶？

八寶茶的配料一般有枸杞、桂圓、葡萄乾、紅棗、果乾、冰糖、芝麻、茶葉等，一共八種。又因傳統上沖泡的茶都是蓋碗（或叫「三泡臺」），故稱之為八寶蓋碗茶，簡稱八寶茶，寧夏人也叫它「回家茶」。沖泡八寶茶的時候，通常先將配料放入蓋碗中，沖入沸水，然後再用茶蓋將水濾掉，當地叫「流茶」，與喝茶時的潤茶是一樣的。第二次加入水後，靜待 2 ～ 3 分鐘，待配料充分吸水，釋放出內含物以後便可飲用。

喝茶時，左手托住茶托，右手用茶蓋刮一刮茶面，讓茶料上下翻滾，營養成分充分進入茶水中，即可撥開茶葉，便於品嘗。一般不能用嘴吹，也不能一飲而盡，而是要端起來慢慢地品嘗，每一口的味道都不同。如果喝完一碗還想喝，就不要把碗底喝乾淨，主人會繼續給您添水，如果已經喝夠了，就把碗底喝乾，捂一下碗口，或者把碗裡的桂圓、棗子吃掉，主人就不會繼續給您添水了。

筆者曾經在北京的一個活動上見識了八寶茶的魅力，這個產品把各種配方的高品質原料用透明小袋分裝，按照營養功效進行分類，購買後用富有民族特色元素的布袋或者禮盒包裝，價格按斤稱量，並不便宜。但是對追求品質與健康的客群而言體驗很棒，因此很受歡迎，人們排隊購買。旁邊竹籃中擺放的像水晶一樣的黃色蜂蜜冰糖、紅色枸杞冰糖，還有透明壺中綻放的花果茶，以及旁邊的民族蠟染布藝裝飾，實在是驚豔！

當然，八寶茶也不僅僅指寧夏這一種搭配方式的茶。比如四川就有放入羅漢果、花旗蔘、菊花等其他配料的同類茶，八寶茶是一種可以根據實際需要，用若干種原材料進行自由組合搭配的養生茶。茶不是藥，無論怎麼講，單一的茶在功效上都是有限的。而且，茶性本涼，多種原材料組合而成的複合功能茶飲，更能更全面地維護身體健康，促進健康產業的發展。

291　什麼是甘肅罐罐茶？

罐罐茶不是一種茶類，而是一種喝茶的民俗。罐罐茶廣泛流行於甘肅東部、南部，陝西的西部以及雲南等地，並非哪個地區獨有的創造。發源於雲貴川一帶的茶樹多屬於喬木型，製成的茶葉內含成分極其豐富，在古代甚至可算得上是一種寒毒。智慧的古人發現，經過烤製的茶葉可以減輕刺激性，而且香氣、滋味變得更加好喝。於是，烤茶的製作便延續至今。將烤茶與各地風土相結合，便產生了各式各樣的罐罐茶。

甘肅罐罐茶常用小型陶罐加上一根小木棍來煮茶。製作時，先將適量生茶放入罐中翻炒一下，然後放入適量的清水開始煮，煮成濃濃的茶湯，就是傳統老人最愛喝的罐罐茶了。而有些年輕人，會在煮的過程中加入幾顆紅棗、枸杞、破殼的龍眼、冰糖等，沖淡過多的苦味。在甘肅當地，每天清晨起來家家戶戶都會來上一杯罐罐茶，一天都有精氣神。而且，早上喝茶的時候，往往會搭配饅頭、饃、油餅等一起吃，也可以算是早茶了。如果有機會嘗試甘肅的罐罐茶，建議先將紅棗、龍眼、枸杞等配料放入水中煮開，然後再放入茶葉。這樣煮出來的茶湯，不是那麼苦澀，更容易接受。

筆者曾經在一位甘肅好友處，聽到過對甘肅罐罐茶的一番見解。他說：「在甘肅，罐罐茶已經成了一種文化。當地人喝罐罐茶，絕不是為了消閒，而是表達潛意識中對水的珍惜。他們追求茶的苦味，因為耐不得茶的苦味，也就耐不得勞作之苦。從這個意義上說，罐罐茶就是他們對人生的理解，他們的情感都透過罐罐茶的茶道得以詮釋。如果你想了解旱作文化和生活於這個文化圈內的人，盡可於罐罐茶中品味。」筆者認為，他一定是個會喝罐罐茶的甘肅人，他說得太好了。

292　什麼是雲南龍虎鬥茶？

茶，使人心境恬淡。酒，令人心潮澎湃。一動一靜，看似不相關的東西在雲南卻融為一體。這就是雲南納西族的龍虎鬥茶。龍虎鬥茶原名叫做「阿吉勒烤」，是在火坑邊烤製的茶飲。另外，它也被納西族人用來緩解感冒。製作龍虎鬥茶的時候，納西族會先將茶葉在陶罐中烤至焦香，接著沖入開水製成茶湯。然後，迅速倒進盛有米酒、包穀酒的茶盅，茶盅內會發出嘶啦的響聲，故而稱作龍虎鬥。「龍」指的是如蛟龍入海一般的茶湯。「虎」指的則是酒。當地人有時還會在茶盅內加上一個辣椒，使得滋味更加刺激。冷酒與熱茶發出的響聲，被納西族人視為吉祥的象徵，響聲越大，在場的人就越高興。

293　什麼是岳陽椒子茶？

椒子也叫茶椒，是椒子樹的果實。椒子離開椒子樹後，經過風乾從淺綠色變成暗褐色，它的形態與做飯用的花椒粒非常像。在湖南省岳陽地區，人們在沖泡茶葉的時候，喜歡放入幾粒茶椒和少許食鹽增添滋味。這種飲茶習俗是岳陽人的最愛，所以也叫做岳陽椒子茶。經過沸水沖泡的椒子茶，清爽回甘，有夾雜著茶椒香味的獨特茶香。喝茶時把茶椒和茶葉一起嚼一嚼，一股辛辣又帶鹹味的香氣使人滿口生津，回味無窮。在當地一些地方，新娘進門的時候必須給大家敬上一道椒子茶，否則會被認為沒有家教。因為椒子茶雖然便宜，但只有把客人當作自家人的時候才會喝。若不是從小就喝椒子茶，其實很多人是不太喝得慣的。也因此，當看到有人沖泡椒子茶的時候，會喚起在外打拼的岳陽人濃濃的鄉情。正所謂：岳陽遊子闖天下，椒子茶中寄鄉情。

294　什麼是浙江七家茶？

俗語說：「不飲立夏茶，一夏苦難熬。」初夏的時候，天氣會逐漸地炎熱，許多人會有身體疲憊、食慾減退的感覺，稱之為疰夏，是中暑的前兆。在江浙一帶有一種習俗，立夏時，家家戶戶帶上自己烘焙好的茶葉，混合沖泡成一大壺茶，再歡聚一堂共飲，祝福大家健康、平安度夏，這種茶稱為「七家茶」。

相傳七家茶起源於宋朝，北宋時期都城的居民每逢佳節或遷居，鄰里都會來獻茶或者請到家中喫茶，街坊齊聚飲茶的風俗也由此而來。後來南宋遷都，隨之而來的原開封居民，又把這種傳統帶到了新都杭州，吃七家茶的習俗便在江南茶鄉流傳至今。明代杭州文人田汝成在《熙朝樂事》一書中記載：「立夏之日，人家各烹新茶，配以諸色細果，饋送親戚比鄰，謂之七家茶。」所謂細果，指的是桂圓、荔枝、青橄欖之類的小型果實，也有泡蠶豆和小麥的。現今，蘇州地區就以各式細果（桃片、麥片、蠶豆、青梅、棗等七樣食材）烹煮雨前茶，也稱作七家茶。另外，人們又在傳統的七家茶中加入桂皮等食材，把吃剩下的立夏蛋（水煮蛋）放進去烹煮，形成了中國的傳統小吃——茶葉蛋。

295　什麼是浙江元寶茶俗？

浙江盛產綠茶，各家各戶都喜歡品飲綠茶。浙江民間流行的元寶茶俗，便離不開綠茶。元寶茶是在綠茶茶湯中加入兩顆金桔或者青橄欖，飲茶而佐以橄欖、金桔，清脆可口，茶味更香。碧綠＋橙黃的組合，不僅討人喜歡，而且有新春吉利的意思。元寶茶一般是大年初一早上起床後的飲品，有「喝碗元寶茶，一年四季元寶來」的寓意。在春節這樣一個闔家歡樂的日子，大家不妨也來一碗元寶茶，為新年討個好彩頭。

296　什麼是臺灣泡沫紅茶？

如今在中國的大小街市上，到處都能看見新式茶飲的蹤跡。而在新式茶飲之前流行的珍珠奶茶，其實是臺灣泡沫紅茶文化的一種。泡沫紅茶是怎麼來的呢？有一位叫張蕃薯的臺灣人，曾在日本人開設的居酒屋擔任調酒師，他用當年調酒的器具，在如今臺南市中正路131巷的巷口，賣起了當年獨一無二的手搖現沖紅茶，這便是當今在臺灣普遍可見的泡沫紅茶的始祖。1980年，由於張老先生年事已高，便將泡茶的功夫傳授給了自家的親戚——許天旺先生。因為來喝茶的客人都是常客，對茶的要求十分嚴格，許天旺先生便以「堅持該堅持的，改進該改進的」作為經營原則，除了謹守傳統風味，更從品茶者的角度不斷改進，為客人呈現更美味的紅茶。因此老客人不但沒有因為換老闆而離去，還主動帶來更多的新客人，茶店曾締造出一天賣出千餘杯的輝煌紀錄。1983年，為配合臺南市美化市容的規定，許天旺先生買下了一個小店面，座落臺南市中正路131巷2號。1990年代，由於泡沫紅茶店開得越來越多，產生了很多加奶、加水果等配料的產品。許天旺先生意識到傳統風味的泡沫紅茶有被衝擊的風險，因此將「巷口現沖紅茶」正式註冊為「雙全紅茶」，以彰顯老店「周全、安全」的服務原則。

雙全紅茶店的泡沫紅茶，如今要25元新臺幣一杯，其採用臺灣農林公司生產的仙女紅茶和自行熬製的白糖水沖泡，絕對不添加糖精和茶精，而且有冷、溫、熱3種可供選擇。製作泡沫紅茶的技巧在於泡茶，而不在搖茶，需要根據茶葉情況，選用不同的沖泡方法來保證茶湯滋味。泡出來的紅茶，上面有一層由茶皂素產生的泡沫，跟啤酒有點像。品飲泡沫紅茶時，建議直接用玻璃杯喝，而不是用吸管來喝。第一口，大口地喝到嘴裡，含在嘴裡感覺一下，再吞下去，如此才能喝出真正的香醇滋味。若是用吸管喝的話，因為吸管很細，一吸就到喉嚨裡，感覺上就沒有那麼香了。歷經半個世紀之久的雙全紅茶店，因堅持現沖原味，得以在多如過江之鯽的泡沫紅茶店中獨樹一幟，許天旺先生也獲得了「紅茶伯」的外號，吸引不少媒體前來採訪。在採訪中，許先生驕傲地講道：「很多老主顧都是喝我們的紅茶長大的。」在那個沒有手機的年代，許多人會來到泡沫紅茶店，點上一杯消暑紅茶，打打牌，看看書，閒聊一會兒，十分愜意，感覺跟成都人愛泡茶館一樣。

297　茶葉在婚俗中有哪些展現？

茶這片神奇的葉子，自走進人類社會以來，一直被視為珍貴的禮品，與婚禮結緣。文成公主入藏的時候，陪嫁的禮品中就有茶葉，茶葉逐漸成為婚俗禮儀的一部分。為什麼茶和婚俗會產生關係呢？明代郎瑛在《七修類稿》中寫道：「種茶下子，不可移植，移植則不復生也。故女子受聘，謂之喫茶。又聘以茶為禮者，見其從一之義。」古人認為，茶樹只能以種子萌芽成株，而不能移植，可用來表示愛情忠貞不渝。因「茶性最潔」，可用來表示愛情冰清玉潔。

因茶樹多籽，可用來象徵子息繁盛、子孫滿堂。因茶樹四季常青，又可表示愛情永世常青。所以，民間男女訂婚要以茶為禮，茶禮成為男女之間確立婚姻關係的重要形式。在婚俗中，喫茶意味著女方接受男方的求婚。四大名著之一的《紅樓夢》中，王熙鳳送林黛玉茶葉後就打趣道：「既吃了我們家的茶，怎麼還不給我們家做媳婦兒？」

如今，中國一些農村地區和一些少數民族地區仍把訂婚、結婚稱為「受茶」、「喫茶」，把訂婚的定金稱為「茶金」，把彩禮稱為「茶禮」等。如：蒙古族訂婚、說親時都離不開茶葉，用其來表示愛情珍貴；回族、滿族和哈薩克族訂婚時，男方給女方的禮品都是茶葉，回族人把訂婚稱為「定茶」、「吃喜茶」，而滿族人則把結婚時的茶禮稱作「下大茶」。

現在，新人們在結婚儀式上也有為雙方父母奉茶的步驟。祝願每一對新人，永結同心，白頭偕老！

298 國際上有哪些飲茶習俗？

雖然世界上的茶起源於中國，但是入鄉隨俗，茶與各地方的環境、文化以及經濟等相結合，產生了多彩多姿的飲茶習俗。俄羅斯人喜歡飲用甜味的茶，英國有展現紳士風度和生活品質的英式下午茶，美國人喜愛冷飲的檸檬茶，紐西蘭、菲律賓人喜愛加糖、加奶的餐後紅茶，埃及有甜味濃郁的糖茶，土耳其、摩洛哥、阿爾及利亞等地有在綠茶中加入新鮮薄荷葉的薄荷茶，新加坡有肉骨茶，馬來西亞有拉茶，日本有抹茶，泰國有冰茶等等。正所謂：中國茶，傳遍世界。世界茶，各具風采！

299 什麼是韓國茶禮？

韓國經過模仿、吸收和消化中國的茶文化後，開始形成了具有其民族特色的茶文化 —— 茶禮，並逐漸普及到各個群體。韓國的茶禮是在春節、中秋節等傳統節日的清晨進行的一項儀式，意在將逝去的祖先請回家過節，以求得先人的庇佑。其宗旨是「和、敬、儉、真」。「和」指善良的心地，「敬」指人們互相敬重，「儉」指生活儉樸、清廉，「真」指心地真誠，人與人之間以誠相待。

茶禮進行時，會在茶禮桌上擺滿各色各味的料理、茶果和酒水，料理的種類、裝盤的形式、盤子的擺法等都有很多講究。通常，茶禮桌上的第一排會擺放主食和餐具。第二排按照「魚東肉西」的原則擺放各種魚和肉類，以及各種韓式煎餅。第三排擺放湯類。第四排擺放米釀和各種涼拌蔬菜。第五排擺放乾果和頂部被削平的水果。有的還會在茶禮桌前放置香爐、貢酒及先人的名字牌位等。在進行茶禮時，全家人會按照輩分、男女分開行禮。行禮結束以後，一家老少才開始共同分享敬過祖先的茶禮飯菜。

300　什麼是印度拉茶？

印度既是產茶大國，又是茶葉消費大國，印度每年所產茶葉中有70% 是在其國內消費的。印度人對茶葉的喜愛與當地的民俗融合在一起，產生了獨具特色的印度茶俗。印度人喜歡將茶葉切碎以後，加奶或糖做成奶茶。由於氣候條件的差異，印度南北兩地製作奶茶的方式差別很大。南部地區是一種被稱為「拉茶」或「香料印度茶」的飲茶方式。

製作拉茶時，先將大鍋中的水燒熱，然後加入紅茶和薑，煮沸以後加入牛奶，等再次沸騰後加入馬薩拉（Masala）（一種咖哩醬）。煮好後將茶水裝入一個帶龍頭的大銅壺中。在飲用之前，先從壺中倒出一杯，再倒入另一個杯子中，反覆地在兩個杯子中倒進倒出，每次都在空中「拉」出一條弧線。這種方式不僅可以讓牛奶的味道完全滲入茶中，而且還可以讓牛奶和茶葉的香味在拉茶的過程中完全釋放出來，拉得越長，起泡越多，味道就會越好。

筆者的老朋友 —— 大吉嶺紅茶屋的肖娟老師，曾邀請筆者參加印度大使館舉辦的印度風情節，筆者得以品嘗到正宗的印度拉茶、奶茶和清飲的紅茶，非常不錯。拉茶的表演甚是有趣，印度人載歌載舞，場面十分熱鬧。一方水土一方茶俗，盛產香料又炎熱的印度出產印度拉茶，也在情理之中。

301　馬來西亞肉骨茶是怎麼來的？

在馬來西亞和新加坡，有一種由當年下南洋的潮州人和閩南人發明的美食，叫肉骨茶。雖然名字裡有茶字，但是其中並沒有茶葉存在。當年下南洋的人，很多人教育程度都不高，因此會選擇在薪水較高的錫礦當礦工來討生活。

但是，由於生活條件差、體力強度高和東南亞溼熱的氣候等因素，很多華人勞工患上了風溼，十分痛苦。一位下南洋的中醫，結合大部分勞工都是潮汕人和閩南人，而且他們喜愛飲茶的特點，用當歸、枸杞、甘草、川芎、肉桂等常見藥材做成茶包，方便大家隨時隨地飲用，祛熱除溼。當時，勞工窮苦，只能買些剔掉肉的骨頭作為葷味。一天，有人失手將藥包掉入燉骨頭的大鍋，發現加了藥包的骨湯竟然十分美味，於是這種做法迅速在華人勞工中流行開來。之後，有一位叫李文地的福建華人，開始在位於馬來西亞巴生的自家餐廳中販售這種食物。由於他用料實在，做的燉肉骨風味獨特，十分滋補，再加上價格低廉，他的餐廳很快便成了勞工們最愛光顧的店家。大家都叫李文地的餐廳為「肉骨地」。在閩南話中，「地」和「茶」同音，在向外傳播的過程中逐漸演變成廣為人知的肉骨茶，李文地也被稱為肉骨茶之父。

現在肉骨茶主要分為湯色顯白的潮州派和湯色顯黑的福建派。潮州派的原料構成比較簡單，有白胡椒、不去皮的蒜瓣和一點五香粉，顏色比較淺。而福建派的原料有白胡椒、蒜瓣、五香粉、八角、甘草以及當歸等十多種藥材和醬油，顏色發黑。吃上一碗肉骨茶，清中帶香，回味悠長，再配上一碟炸得酥脆的油條，泡在碗中吸足肉骨湯後一吃，別提有多美味了。若再來上一杯工夫茶，嘿！滋潤。

302　美國冰茶是怎麼來的？

源於中國的茶，本來是用開水煮或沖泡的熱飲料，但是在大洋彼岸的美國，卻開啟了以茶做冷飲的風潮。其中，最受歡迎的就是冰檸檬茶。對國外生活文化有所了解的朋友可能會發現，許多西方國家的人並不像中國人一樣喜愛喝熱水，他們從早到晚，一年四季都喝冷水。這種嗜冷的飲食習俗，再結合工業時代製冰機的出現以及快節奏的生活方式，冰茶便應運而生了。據說，1904 年，一個英國人在美國聖路易斯博覽會（St. Louis World's Fair）展示茶葉。當時正值盛夏，人們口渴難忍。為了吸引觀眾，他將冰塊加入茶湯中。清涼的茶湯一下子吸引來了很多觀眾，大受歡迎。由於美國盛產檸檬，有人將檸檬也加入到冰茶中，得到了既有濃醇茶味又有清新果味的冰茶。當然，炎熱的泰國等東南亞國家也喜歡冰茶，冰茶不但解暑，還能補充維他命和礦物質。在夏天來一杯冰茶，暑氣頓消，精神為之一振，神清氣爽！然而，冰涼的茶湯對人的脾胃影響較大。建議各位朋友，尤其是小朋友，還是少喝冰茶為好。

第八篇　古今茶事生活

303　5/21 國際茶日

茶作為世界三大飲品之一，歷史文化悠久，影響力無遠弗屆。但是，一直未有一種國家級或者國際性的「飲茶日」出現。隨著茶業經濟的迅速發展，茶文化事業越來越繁榮，民間希望設立「飲茶日」的呼聲日益高漲。多年來，雖然各方人士不斷呼籲，但始終未設立正式的節日。

直到 2016 年 5 月，在聯合國糧食及農業組織政府間茶葉工作組第 22 屆會議上，與會代表討論設立一個國際性茶葉節日的可能性。接著，在 2018 年的聯合國糧農組織第 23 屆會議上，中國代表團提交了在每年 5 月 21 日慶祝「國際飲茶日」的提案；同年 9 月，在羅馬總部召開的會議上，對設立「國際茶日」的提案進行投票。會上，中國農業農村部農業貿易促進中心主任張陸彪從幫助消除貧困、促進茶葉消費及提升人類健康等多個方面進行闡述，對設立「國際飲茶日」的提案做了有力陳述，提案獲得了全體成員國的通過。2019 年 6 月的聯合國糧農組織會議上，聯合國糧農組織大會提請聯合國大會在下一屆會議上宣布每年 5 月 21 日為「國際飲茶日」。而且，在 2019 年的會議上，中國農業農村部副部長屈冬玉當選為聯合國糧農組織的第九任總幹事。終於，經過聯合國一系列的程序之後，2019 年 12 月 19 日聯合國大會正式宣布，每年的 5 月 21 日為「國際茶日」，全世界愛茶人士終於有了自己的節日。2020 年 5 月 21 日，是聯合國確定的首個「國際茶日」，中國各地舉辦的「國際茶日」系列活動，當天，時任農業農村部部長韓長賦還在線上為首個國際茶日發表致詞，祝全世界的愛茶人節日快樂。

「國際茶日」的成功設立，對弘揚茶文化、促進世界茶葉貿易有著諸多利多，其所傳播的和諧、包容的理念，也正是現今世界迫切需要的。

304　如何理解「茶」這個字？

從字來看，寓意「人在草木間」。再將草字頭左右分開，整個茶字變成 10 ＋ 10 ＋ 88，還可寓意茶壽 108 歲。從發音上來看，茶字與檢查的查字相同，寓意茶進入身體能清理髒東西，增強體內器官的感知，像神農氏的水晶肚一樣。

305　如何理解茶葉與食物之間的關係？

食物為陽，茶葉為陰。食物為人體提供營養，但是如果攝取過多無法消化，便容易產生問題。而茶葉有助於消解過剩營養，平衡、調節身體機能，保持健康狀態。正所謂：「萬物有度，平衡為之。」

306　口糧茶指的是什麼？

茶能夠天天喝，不貴而且喝不膩。不必追求極致，喝起來不心疼，卻也要舒服、舒心、適口。好喝不貴，真正實惠，這就是所謂口糧茶，和平時吃飯的口糧一樣。

307　泡奶茶用什麼茶最好？

泡奶茶還是用紅茶最好，對紅茶要求三個字：濃、強、鮮。怎麼樣做到濃呢？第一，用碎茶比較好。第二，用原葉茶的話，將茶葉煮一煮會更加濃郁。強和鮮絕對是要強度更高的、內含物非常豐富的茶葉，比如阿薩姆的紅茶，中國的祁門紅茶，還有一些大葉種的茶葉，如雲南的滇紅、廣東的英德紅茶，都是不錯的選擇。

308　喝茶可以解酒嗎？

首先從成分上來講，喝茶是可以解酒的，因為茶葉中的內含物能夠分解一部分酒精。但是不建議喝酒的時候飲濃茶，因為茶本身對腸胃有一定的刺激性，而且能夠增加血液循環，擴張血管，使得酒精作用快速爆發，兩項相加，肝臟負荷不了，會使症狀更加嚴重。當然，少量飲用淡茶是可以的，減少了刺激性，也補充了水分，能降低酒精在血液中的濃度並且有助於將其排出體外。

309　喝茶可以減肥嗎？

不要幻想僅僅喝茶就能減肥。從成分上來講，茶內的兒茶素確實可以抑制胰脂酶的活性，減少脂肪的合成。而且，茶中的咖啡因可以大大加速人體的新陳代謝，如果在飲用茶之後進行適量的運動，能夠消耗更多的熱量。但是，每個人先天的體質、飲食結構、睡眠品質、精神狀態、喝茶和運動量等多種因素都能影響身體的體重和體脂。茶在減肥的過程中，可以使身體平衡、調節身體機能。建議飲用一些性溫、刺激性小的黑茶來輔助減肥，例如熟普洱、六堡茶等。

310　什麼茶能美容養顏？

所有的茶類都可以美容養顏。第一，茶中的多酚類物質能夠清除自由基，減緩氧化。第二，喝茶能適當補充維他命、花青素等。第三，把水喝進去，可補充水分，滋潤肌膚。當然，六大茶類中最養顏的有綠茶、白茶裡面比較幼嫩的白毫銀針，以及一些烏龍茶。發酵度過高的茶類，對清理腸胃有幫助，但是美容養顏的效果會弱一點。

311　茶喝多了為什麼睡不著覺？

睡不著覺主要是因為對咖啡因比較敏感。適當地掌握好飲茶時間和飲用量就可以逐步適應。第一，不要晚上喝茶，可以選擇上午或下午喝。第二，喝茶的時候把第一泡茶讓給別人喝，因為咖啡因是熱溶性的，第一泡把大部分都溶出來了，50% 以上的咖啡因都在第一泡茶裡面。特別是一些焙火比較重的茶，像武夷岩茶、六安瓜片表面的那一層白霜就是咖啡因，第一泡就溶出了。

第三，如果在服用某些藥物，最好服藥期間不飲茶，以防咖啡因與藥物發生反應，產生不良後果。

不是喝了茶睡不著，是喝茶太少！雖然個體差異很大，但喝茶有耐受性，長期飲茶可以提高身體對咖啡因的耐受性。

312　隔夜茶能喝嗎？

不建議飲用隔夜茶，雖然目前沒有發現隔夜茶的副作用，還是要看放置時間長短。尤其是綠茶等發酵度低的茶湯，在夏天高溫，天氣容易受到細菌、黴菌的汙染。紅茶等也會因為氧化使茶湯變色發暗，表面結膜如生鏽。但是一些發酵度高的茶，如普洱熟茶、老白茶等則影響不大。當然隔夜的茶湯也有一些好處，可以使用隔夜茶漱口，有助於殺菌消炎，其中含有的精油可以消除口臭，酸素還可阻止牙齦出血，對口腔健康有益，擦拭皮膚則可以緩解晒傷，去除異味。

313　可以空腹飲茶嗎？

茶雖是健康的飲料，但與其他任何飲料一樣，也得飲之有度，否則過量則不及。一般成人每天平均飲乾茶 5 ～ 15 克，茶水 200 ～ 800 毫升較為合適。很多人暴飲濃茶，對身體健康非但無益，反而會帶來不利影響。

314　嗓子不舒服喝什麼茶？

茶不是藥，有病要吃藥。要說緩解嗓子，喝點金銀花、菊花、澎大海等更有效果。在茶的選擇方面，煮些老白茶喝，也可適當地緩解症狀。

315　喝茶可以替代喝水嗎？

不建議用喝茶完全替代喝水。主要有以下幾個原因：第一，茶內的咖啡因會刺激神經，喝多了易引起失眠的問題。第二，茶中的茶多酚對腸胃有一定的刺激性，攝取過多會引起腸胃不適。第三，茶可以利尿，過量飲茶會加重腎臟的負擔，可能會引起身體的隱性脫水，草酸多會增加結石的可能性，影響鈣質、鐵質的吸收。氟的攝取量過多也不利健康。

拿筆者自己來說，有時受朋友們的邀請去北京馬連道參加各類茶會，一天下來一杯接一杯，真是喝不少茶。即使是對茶有一定的耐受性，晚上回到家仍然會有些茶醉的現象，頗為不適。可能有人會說，我泡一杯茶，一喝喝一天，也沒感覺有什麼不適啊？其實，一杯就那麼幾克茶，喝的除了頭幾杯是茶，剩下的都是水了，不是嗎？因此，茶雖好，每天也要喝些白開水補充水分才是，尤其是在剛睡醒、就餐時、茶喝多時、臨睡前等情況下。還是那句話：萬物有度，平衡為之！

316　女性經期可以飲茶嗎？

婦女在經期時，適當飲些清淡的茶是有益無害的。但「三期」（孕期、哺乳期、經期）期間，由於生理需求的不同，一般也不宜多飲茶，尤其不能喝濃茶。如果婦女經期飲濃茶，將使經期基礎代謝提高，可能會引起痛經、經血過多甚至經期延長等現象。

317　好茶都是苦澀的嗎？

好茶，首先一定要好喝，還要香氣持久，有韻味。有人說不苦不澀不為茶，但是好茶一定要有回甘，也就是說入口能把苦澀味在短時間內化開。好茶，並不是由單一成分的高低來決定，而是看各種成分之間的比例是否恰當。

因此，好茶難得，適口為珍。

318　為什麼北方人喜愛茉莉花茶？

第一是因為北方氣候寒冷，茉莉花茶，茶性溫和，芳香解郁，適合北方品飲。第二是因為能改善水質口感，存放方便，價格實惠，因而深受百姓歡迎。

319　一天喝多少茶對身體比較有益？

茶雖是健康的飲料，但與其他任何飲料一樣，也得飲之有度，否則過猶不及。一般成人每天平均飲乾茶 5 ～ 15 克，茶水 200 ～ 800 毫升適宜。很多人暴飲濃茶，對身體健康非但無益，反而會帶來不利影響。

320　只喝一種茶好嗎？

大家都有自己的喜好，這無可厚非。只是為了健康平衡之見，建議茶友們可以六大茶類都喝一喝。這類茶喝幾天，換一類茶再喝幾天，一天喝幾種茶，不同季節飲不同的茶，這樣比較平衡。如果只喝一種茶，容易越喝口味越重，傷胃。若一直喝的再是綠茶，體質弱的人，可能會產生身體不適。

321　女性可以喝生普洱嗎？

女性當然可以喝，特別是好茶，適度就好。但是一般不建議女性多喝生普，因為生普洱的製作工藝和綠茶類似，茶葉本身帶有的寒性，再加上普洱茶葉大、內含成分如茶多酚、咖啡因等遠比一般灌木茶多，刺激性強，對體質先天偏寒的女士和腸胃不好的人影響更大。如果想試試，可以喝有一定年分的老生普或者古樹茶，喜歡甜味的試試冰島，喜歡霸道的來點班章。建議女性朋友在晚上、空腹、孕期和生理期盡量不要喝生普，強收斂性的茶多酚攝取過多會影響健康。平時多喝點溫和的茶，對身體的保養會更好。

322　為什麼有些人品茶時的聲音很大？

吃飯時不能出聲，出聲則不雅。而品茶則可以出聲，出聲則專業，是為啜飲。有些人飲茶的響聲比較大，一種情況是在評茶的時候，評茶員需要快速且充分地從不同角度感受茶湯滋味，啜飲可以讓茶湯與口腔充分接觸，以便打出一個適當的分數。另一種情況就是日常飲茶的時候，茶湯都比較燙，一口牛飲下去，還不得把嘴燙傷？吸啜一聲，如音樂相伴，給無聲的品茶帶來一種動感。沒有食物殘渣，也不會不雅。當然，若為了更加禮貌，可以控制一下啜飲的力度，稍微小聲點就好。

323　每個人更適合喝哪種茶呢？

喝茶有益於身體健康，但由於每個人的體質不同，愛好不一，習慣有別。

因此，每個人更適合喝哪種茶，應因人而異。一般來說，初始飲茶者或者平日不大飲茶的人，最好品嘗清香醇和的名優綠茶，如西湖龍井、黃山毛峰、信陽毛尖、廬山雲霧等。有飲茶習慣、嗜好清淡口味者，可以選擇一些地方優質茶，如太平猴魁、六安瓜片、君山銀針等。喜歡茶味濃醇者，則以半發酵的烏龍茶為佳，如鐵觀音、武夷岩茶、臺灣烏龍等。平時怕熱的人，以選擇綠茶為上。綠茶有清頭潤肺、生津利便的功效，喝了使人有清涼之感。然而，綠茶屬於不發酵茶，不適合手腳易涼、體寒的人飲用，這些人以選擇紅茶為好。

因為紅茶經過全發酵後，茶性相對溫和，喝了有驅寒暖胃的功效。胃部常感不適或有胃病的，也應改變或者減少喝綠茶的量，轉而品飲紅茶，比如滇紅、祁紅等，還可以在茶湯中適量加些牛奶和糖，自製奶茶。對於身體肥胖的人，飲用去膩消脂功效顯著的烏龍茶和雲南普洱茶更為適合。

324　如何緩解茶醉呢？

酒逢知己千杯少，茶遇知音樂忘憂。酒喝多了會醉，茶喝多了也會醉。不經常喝茶的人，或空腹大量喝茶、喝濃茶的人，會阻止胃液的分泌，妨礙消化，也會引起失眠、心悸、頭痛、眼花、心煩等症狀，俗稱「茶醉」。茶醉後緩解的方法非常簡單，只需吃一些甜點或者是喝一碗糖水就能見效。喝茶的時候，不妨在茶桌上擺放一些精緻、可口的茶點，一邊吃，一邊品茶，可以有效預防茶醉的產生，降低茶醉的程度。當然，有些人擔心喫茶點會影響品茶時的口感，更偏好飲清茶，那麼，可以在品茶前喝一些蜂蜜水或者吃一頓飯再品清茶。在日本茶道中，懷石料理就是在品茶前，主人為客人準備的精緻飯菜，展現了日本食文化的美。

325　茶水中的泡沫是什麼？

如果茶湯沒有變味的話，一般來說最主要的原因是茶葉中含有的茶皂素使茶湯產生一些泡沫。在歷史上，宋代宋徽宗所倡導的鬥茶大賽正是以茶沫的多寡、持久度來評判一款茶的好壞。所以，這種茶不僅沒壞，還是一款不錯的茶呢！

326　名茶憑什麼「貴」？

名茶之所以貴，一是由於大多數茶芽頭多，品質高，本身成本就高，且作為地區限定產品數量有限，比較稀少，全國需求旺盛供不應求；另一方面在於品牌的附加價值高，很多名茶曾經作為貢品，備受上層社會青睞，現代人又很注重禮節，因此名茶的商務禮品屬性很強。

327　品茶「品」的是什麼？

三口為品，大口為飲，一小杯茶可以用三口來慢品。品茶，是品茶的色香味形，品水質的甘甜，品茶器的精美，品茶的沖泡技藝，品泡茶的環境及琴、棋、書、畫、詩、香、花等。生活需要慢品，正所謂品茶、品酒、品人生。

328　泡茶的水有什麼講究？

水為茶之母，談茶就要論水。茶與水，靈魂碰撞的昇華。

沏茶之水對於現代茶人而言，既有情懷之下的欣喜與嚮往，又不乏糾結之下的挑剔與困惑。陸羽在《茶經》中論煮茶方法的時候曾指出：「其水，用山水上，江水中，井水下。」陸羽認為山水最好，其次為江水和井水。他又把山水分為泉水、奔湧翻騰之水和流於山谷停滯不動的水。飲山水，要選石隙間流出的泉水。

筆者從五個方面來解讀為什麼用山泉水好：第一，富氧化，更有活性；第二，小分子團化，溶解更多茶中營養，並易於被人體吸收；第三，經過沙礫過濾，更加乾淨。第四，泡養過砂石以後礦物質更為豐富順滑，而鈣、鎂離子不易沉積，水不易結垢。第五，經過碰撞，部分水分解出羥基負離子，所有負離子都殺菌，所謂流水不腐，戶樞不蠹，轉動的門軸產生固態負離子，原始森林中更多的負氧離子也使空氣清新。

清代張大復所寫的《梅花草堂筆談》中記載：「茶性必發於水，八分之茶，遇十分之水，茶亦十分矣。八分之水，試十分之茶，茶只八分耳。」可見，對於沏茶之水的極致追求，從古至今孜孜不倦。好茶用好水沖泡才能更好地煥發茶葉的第二次生命，而在眾多的水源中，泉水可謂是上上之品，泡出來的茶，湯色明亮，香味俱佳。歷史上比較有名的泉水有北京玉泉山的玉泉山水、濟南的趵突泉、杭州的虎跑泉、雲南安寧的碧玉泉等。現在泡茶用水的文化，已從自然山泉水向人造礦泉水、純淨水、小分子水等方向發展。如今日常沖泡茶葉，一般採用純淨水即可。當然，也有水公司選擇環境優良的水源地來創製專用的泡茶水品牌，例如巴馬富硒水、武夷山泉水、千島湖水、長白山泉水等。通常來說，當地的水泡當地的茶一定相合（茶和水的自然環境相同）。

水不僅是茶色、香、味、形的載體，更是茶為之鉛華落盡的生命延續。茶與水的交融，賦予了茶道千載氤氳、亙古不絕的綿延。

329　鐵壺煮水有什麼好處？

第一，用鐵壺煮出來的水，比其他煮水器煮出來的水溫高 3 ～ 4℃，關火長時間放置，水溫還可以保持接近 100℃，非常適合泡老茶、青茶，能夠充分地激發茶香。特別是在水煮蛋都熟不了的高海拔地區，鐵壺蓋子還有加壓作用，溫度可以持續保持 100℃，特別適合高原地區煮水泡茶。第二，鐵在高溫狀態下能夠析出一些亞鐵離子，有養生作用。第三，鐵壺煮水能夠磁化、軟化水質，產生類似於山泉水的口感，使得沖泡出來的茶湯口感更加醇厚。第四，鐵壺有一定的保溫作用，其胎體厚重，散熱較慢，比玻璃器皿及瓷器保溫時間更長。比如：在南方冬天比較陰冷的地區，用鐵壺燒水以後，水不會那麼快變涼。第五，鐵壺古樸的外表更加適合茶席整體的氛圍。若是用現代的煮水器，則達不到這種古樸蒼勁的美感。鐵壺因為陽剛氣十足，特別受男士茶客喜歡。

而在鄉村地區、寒冷地區，爐子上放一把鐵壺煮水，既有味道，又很實用。老鐵壺、日本的精品鐵壺是很多鐵壺收藏者的摯愛。鐵壺只可以煮水，而不適合直接煮茶，擔心茶葉與鐵離子發生反應而產生色素沉澱，味道也受到影響而改變。鐵壺使用前要先煮水開壺，等沒有金屬味道以後再使用，鐵壺用完後注意乾燥後存放，避免生鏽。

筆者曾經訪問知名鐵壺品牌——鐵生藝術工作室，被琳瑯滿目的各種藝術鐵壺所傾倒。工作室注重將傳統文化與藝術設計相結合，一方面透過將各種優美的傳統裝飾和動人的歷史故事作為素材進行鐵壺創作，提高了文化美學；另一方面，結合現代的應用場景和國際時尚進行創作，達到藝術服務生活的目的。筆者還訪問了一些藝術空間和金屬工廠，他們都在為鐵壺生產這一古老而有活力的產業而做出貢獻。

330　銀壺煮水有什麼好處？

第一，銀是一種對人體無害的金屬，自古就有銀製的餐具流行於王公貴族之家，材質非常安全。第二，銀壺在煮水的過程中能夠釋放少量的銀離子，有抑制細菌的作用。同時，可以將水中的鈣、鎂離子吸附到壺的內表面上，軟化水質，改善水的口感。而且，銀壺煮水後形成的粉狀壺垢，清理方便，用軟布擦拭即可去除。第三，銀的熱化學性質穩定，不易生鏽，也不會讓茶湯沾染異味。

第四，銀壺導熱率高，燒水的速度比較快。第五，銀壺有富貴之寓意，適合作為高級的禮品。在選購銀壺的過程中，最需要注意的是銀的純度。純度高的銀壺，更不容易氧化，而且不含對人身體有害的雜質。

331　為什麼茶越喝越甜？

這是因為茶中成分的比例發生變化。苦澀味的茶多酚和咖啡因開始時的溶出比例高，到後面會逐漸減少，而茶多醣等甜味物質後期才會析出。

茶水中風味物質的比例變了，茶也變甜、變淡，趨於柔和了。而且，初期濃郁的苦澀味，更使得後期茶湯顯得十分甘甜。

332　為什麼有的茶湯不清澈卻好喝呢？

其實仔細去看茶湯，那種渾濁是由茶葉上的茸毛所造成的。茶葉上的茸毛富含胺基酸，因此，充滿茸毛的茶湯通常入口十分鮮爽，是好茶的一個典型特點。

333　家常如何搭配茶？

日常搭配茶葉可以按照「君、臣、佐、使」的基本原則，搭配與主茶特質相契合的輔助食品來提升功效，豐富口感。例如：陳皮與普洱茶搭配，菊花、枸杞與綠茶搭配等等。

334　如何有效地清洗茶漬？

沏茶美，品茗香。杯中留漬，難收拾。新入門的茶友在品茶後，往往遇到的第一個問題就是，茶杯上的茶漬使用洗滌劑也洗不乾淨。其實，這些茶友是用錯了東西，洗滌劑是透過親油成分去除油汙的。那怎麼辦呢？實際上很簡單，使用大多家庭中常見的小蘇打就可以很容易地清洗掉茶杯上的茶漬。

若是茶漬殘留的時間不長，還可以加入少量的白醋，能更快地洗乾淨。注意了，這邊選擇的是主要成分為碳酸氫鈉的小蘇打，而不是為碳酸鈉的蘇打。

335　茶袋如何剪開更加美觀呢？

朋友們品茶的時候，若遇到好茶，總想 PO 上社群平臺展示一下。此時拿來裝茶葉的小袋子，發現袋子有被撕、被剪過，已經殘缺，不好看了。其實，裝茶葉的小袋子側面都是折疊的。可以先在茶葉袋背面那一面剪個小洞，然後將剪刀尖部伸進去，將茶葉袋的背面剪出一個弧形。

注意，不要剪到茶葉袋的正面。這樣，既可以用茶葉袋背面的小口向外倒茶，又可以不破壞到茶葉袋的正面，便於向品茶人展示，展現了泡茶者對茶葉和品茶人的尊重。生活需要儀式感，雖是小節，卻展現了美與尊重。

336　製作英式奶茶的時候，應該先倒牛奶？還是先倒茶湯？

從實用的角度來看，先倒入茶湯更容易製作出味道上佳的奶茶。因為製作奶茶的容器空間有限，如果先倒入的牛奶超量了，牛奶會遮住茶湯的味道，使奶茶失去獨特的風味。然而有一種說法是，英式下午茶應該先倒牛奶，後倒茶湯，這是為什麼呢？原來，在英式下午茶剛開始風行的時候，歐洲國家由於缺少製作高溫瓷器的關鍵性原料高嶺土，以及相應的加工技術，生產的瓷器不耐高溫，能耐得住剛煮沸的茶湯，不會裂開的高品質瓷器只能從中國進口，價格很貴，數量也少。為防止白陶杯和瓷器仿製品毀壞，因此產生了先倒涼牛奶，後倒熱茶湯的製作步驟。當然，從另一個角度來講，如果採用先倒茶湯、後倒牛奶的方式在大家面前製作奶茶，可以顯示主人家擁有從中國進口的高級瓷器，是一種身分和財富的象徵。

337　王羲之〈蘭亭集序〉中所描寫的曲水流觴是什麼？

王羲之的〈蘭亭集序〉是中國書法史上的巔峰之作，被譽為「天下第一行書」。文中所描寫的曲水流觴也被後世文人奉為最風雅的宴飲遊戲之一。在中國古代，每年陰曆的三月初三是中華民族祭拜祖先的傳統節日——上巳節。在過上巳節時有一項活動，人們坐在彎曲的水渠旁，在上游放置酒杯，任其順流而下，杯停在誰的面前，誰即取飲，以此為樂，故稱「曲水流觴」。觴的意思是酒杯，是一種木製的漆器，所以能夠隨著緩慢的水流漂浮而下，供文人雅客玩樂（也是宮廷宴樂的一項節目）。現代生活節奏快，許多人未必能理解這種活動。

其實，聯想一下擊鼓傳花的遊戲就能明白了。每年的北京華巨臣國際茶博會上，筆者創建的如意茶苑都參與曲水流觴的茶活動。活動應用了古代曲水流觴的意境，隨水流漂的不是酒而是茶，茶杯漂到誰那裡誰就可以取之飲用，觀賞琴、棋、書、畫、舞蹈、漢服、吟誦等，也可以吟詩作對表演節目，別有一番意境，是著名的茶博打卡地。

338　關於茶的歇後語有哪些？

口渴遇見賣茶人 —— 正合適。

冷水泡茶 —— 無味。

不倒翁沏茶 —— 沒水準（水平）。

茶館裡伸手 —— 胡（壺）來。

阿慶嫂倒茶 —— 滴水不漏。

茶壺裡煮餃子 —— 有嘴倒不出。

339　哪些食材可以作為茶點呢？

茶點是茶文化的重要組成部分，例如廣東的早茶、福建的工夫茶，都少不了幾樣佐茶點心。風靡世界的英式下午茶，茶點更是不可或缺。

茶點的選擇，關鍵在於「性味相合」，也就是食性要適應茶性，食味要與茶味相合。簡單記憶就是：「甜配綠，酸配紅，瓜子配烏龍。」綠茶和一些味道同樣偏清淡的烏龍茶，在茶點的搭配上可選擇瓜子、花生、毛豆等。而紅茶味道比較醇厚和濃郁，適合配一些蘇打類或帶鹹味、淡酸味的點心、蛋糕類食品，如野酸棗糕、蜜餞等。普洱茶的原料為大葉種，其收斂性較其他茶葉更強，容易使人產生茶醉，可搭配食用各類肉乾、果乾，或者含油性的堅果，如腰果、核桃等。品茶的時候可以用茶點，也可以不用茶點。不用茶點只喝清茶，可以領略各種茶的純正香味。有時吃些茶點，滋味的反差更有助於品評茶的真滋味。

340　日本三大名菓子之一的長生殿是如何誕生的？

「七月七夕長生殿，夜半無人私語時。」提到長生殿，很多人就能聯想到唐明皇與楊貴妃的愛情故事。晚唐詩人白居易寫的長詩〈長恨歌〉和清朝的詩人、作曲家洪昇創作的傳奇戲劇《長生殿》就以此為創作藍本。

日本自奈良時代開始就派大量遣唐使到唐朝學習，從奈良時代到平安時代初期，中國文化在日本是絕對的主流，那個時代隨茶葉一同出現的唐果子深受日本人的喜愛，並逐漸演化成為今天的和菓子。

茶席間提供的和菓子，具有與茶湯文化共同發展的歷史。金澤的加賀藩主 —— 前田利常（他曾於約會時說出著名的「今夜的月亮很美」，地位僅次於德川家康），精通茶湯文化，他鼓勵、褒獎以茶湯文化為中心的美術或工藝品的發展，美名廣為流傳。前田利常在位期間，由日本著名茶道師小掘遠州提筆命名，專門為他準備的和菓子「長生殿」誕生了，而且還作為貢品進獻給德川幕府。它是在豐富的茶湯文化中誕生的，是為茶而生的點心。

被稱為日本三大名菓子之一的長生殿，在以馬、船為主要交通工具的時代，彙集了德島縣的「和三盆糖」、北陸產的糯米粉、山形縣產的紅花色素等各種奢侈材料，用堅硬的山櫻木製作的長生殿的模具塑形，製成紅白兩種顏色，堪稱是和菓子中的傑作。當年盛行嗜飲濃茶，這種高檔的點心可以誘發濃茶絕妙的口感。當年紅白長生殿茶點的價格，近乎等同於金子的價格了。這種常年只在皇宮中特供的茶點，直到明治之後普通百姓才有幸品嘗。咬一口含在嘴裡，可以感覺到長生殿逐漸在融化，和三盆糖的甜美感在口中擴散。這時再來杯抹茶的話，就更加回味無窮。茶點入口軟綿，接觸到舌尖的瞬間便開始融化的口感，正是沒經過乾燥處理而產生的最新鮮的口感。據說當時加賀藩主在茶會上直接叫茶點師傅現場製作長生殿，真不愧為極致的糕點。

341 什麼是莞香？

莞香，常用名：土沉香。別名：白木香、女兒香、牙香等。上品莞香入水能沉，屬於沉香的一種。廣東省東莞地區的自然地理條件優異，出產的莞香品質極佳，聞名全國，被列為貢品，是中國唯一以地名命名的香品。莞香產自瑞香科土沉香屬樹種的常綠喬木，是國家二級保護植物，也是特有的珍貴藥用植物，被譽為「植物中的鑽石」。在中國，野生樹種主要分布於廣東、廣西、海南、雲南、香港及澳門等地。

莞香樹正常生長時並不會產生莞香，而是當樹木受到包括雷擊、風折、蟲蛀或人為砍傷等各種物理傷害後在變化中產生的。樹木在自我修復的時候，首先會分泌出一些油脂。接著，這些油脂會被真菌侵入寄生。然後，在生物酶的作用下，薄壁細胞儲存的澱粉產生化學反應。經過多年的沉積以後，形成瘤狀的香脂，是呈現黑褐色的固態結晶體，堅實而重。如今，人們等到莞香樹生長至 6 ～ 8 年的時候，多採用人工開香門等技法進行結香。然後，將含有香油的木塊大面積挖鑿下來，用手工的方式將無香油聚積的木頭剷除，留下的油質部分就是莞香。莞香是「芬芳開竅類」的珍寶，可自然調節人體內氣息的運行，疏通人體內臟機能。莞香有淨化空氣、舒緩疲勞、安神助眠等養生的效果，可以入藥、入茶。除此之外，莞香的樹皮纖維柔韌，色白而細緻，自古以來便是製造高級紙張的原料。用莞香樹做原料製成的紙統稱為蜜香紙、香皮紙。

莞香樹自唐代傳入中國以來，廣泛種植，產業不斷發展。明代時期，東莞形成莞香收購、加工、交易一條龍的完整產業鏈。其中以寮步鎮的牙香街最為繁盛，它是當時廣東著名的香市，與廣州的花市、羅浮的藥市、合浦的珠市，並稱為「廣東四大市」。當時，東莞的很多村莊都以種香、製香、販香作為主要經濟來源，莞人也多以香起家。清朝時期，莞香已經成為東莞的重要經濟支柱。

香港的「香」字與嶺南奇珍的莞香有著密不可分的關係。在歷史上，莞香業一度十分繁榮，外銷的莞香多數先運輸到九龍的尖沙頭（今天香港的尖沙咀），透過專供運香的碼頭再運輸到石排灣（今天香港的香港仔灣）集中，最後用大船運往廣州，外銷到東南亞以及阿拉伯國家。石排灣作為轉運香料的港口，遠近飄香，因此得名「香港」。隨著當地產業的不斷發展，後來整個地區都被稱為香港。

為了宣傳和推廣莞香文化，東莞寮步鎮於 2014 年建立了中國第一座香文化主題博物館 —— 中國沉香文化博物館。沉香的種植、香具的使用、中國香文化從古至今的發展演變歷程等內容，在博物館中都得以生動地呈現。另外，東莞大嶺山鎮還有一座莞香非物質文化遺產保護園，它是原四大「皇家香園」中唯一倖存的莞香生態種植園，占地 3,400 多畝，有 6 萬餘棵莞香樹。筆者曾經去過這座遠離都市的皇家香園，其獨特的土壤與環境中含有的 40 多種沉香菌，造就了高品質的莞香。筆者有幸與國家級非物質文化遺產莞香傳承人黃歐進行交流，對莞香的獨特價值有了更深入的認識，他們一代代人將莞香視作生命來保護和傳承，非常讓人感動。

342 什麼是鵝梨帳中香？

鵝梨帳中香是一種適宜在臥室使用的香。相傳，鵝梨帳中香最早是由寫下「問君能有幾多愁？恰似一江春水向東流」的南唐後主 —— 李煜，為了解決妻子周娥皇失眠的問題，和妻子一起研製的香。《香譜》中曾記載：「江南李主帳中香，用沉香一兩，加入研取的梨汁，放入銀器內，蒸三次，當梨汁收乾，即可用之。」

現代的製作步驟大致是：先將鵝梨的頂部削掉，挖去梨核；然後將一定比例的沉香粉和檀香粉加入其中，蓋上頂部後，放到蒸籠裡面反覆加熱、陰乾 3 次；接著，把鵝梨的皮去掉，將梨肉和香料搗成泥狀，過濾掉多餘的水分後窖藏，再製成成品。此香香味細膩清甜，沁人心脾，聞之舒心，可解心中鬱悶，具有很好的安神作用，能提高睡眠品質。在古代，它是饋贈友人的珍貴禮物。

現代社會節奏加快，許多人都有失眠、睡眠品質差的困擾，有此困擾的朋友，不妨試試鵝梨帳中香，或許能有所改善。

343 如何理解茶與酒？

萬丈紅塵三杯酒，千秋大業一壺茶。茶代表中國，東方的樹葉文明含蓄內斂，樸素包容。紅酒代表歐美，西方的果實文明直接熱烈，彰顯個性。

茶是靜雅的，酒是喧囂的。茶是內省的，酒是發洩的。吃解決生理，喝滋養靈魂。茶和酒都是有靈魂的，但兩者性情截然相反。一個像豪爽講義氣的漢子，一個如文靜溫和的書生。茶是樹葉精華，紅酒是果實精華，白酒是糧食種子精華，能量越來越高，人們越需要分解消化，越需要節制，所謂萬物有度，平衡為之。

茶與酒並非都是矛盾的。筆者曾設計並建立了許多頂級酒莊的發酵系統，所釀造的葡萄酒獲得很多國際獎項；筆者又走訪世界各大茶區，對茶做了多年的實踐。根據筆者多年的研究，找出茶與紅酒有多種相同之處：第一，它們都具備禮品屬性，行銷方式都是品鑑式消費。第二，它們都有文化與旅遊屬性，茶是莊園茶，酒是酒莊酒。既可以全過程管理，同時食宿、儲存、攝影、旅行皆是美好的景觀與獨特的文化。第三，它們的品鑑都是感官審評，舌頭辨五味。評茶、評酒都是根據其色、香、味打分數的，只是紅酒不用評價外形，只需要評價酒液即可。第四，它們都有抗氧化、抗癌特性，茶中的茶多酚，即酒裡的單寧。還有茶裡的 EGCG（epigallocatechin gallate，兒茶素），酒中的白藜蘆醇。第五，它們都具備讓人產生愛情的多巴胺的成分。第六，它們都能讓人產生興奮感，提高基礎代謝率。茶裡有咖啡因，酒裡有酒精。除此之外它們還有很多相同的屬性，筆者曾將茶與酒一起釀造成為茶酒，使它們徹底融為一體。

中國的茶與白酒在歷史的長河中長期共存，共同構築了中華民族的顯性文化。品茶使人寧靜，能生津解乏，蕩滌身心濁氣，所謂可以淨心也。而白酒則不同，顏色看似與水無異，一經入喉，辛辣馥郁，挑撥一種躁動的情緒，激發內心深處的表現慾望。關於茶，有編寫《茶經》的茶聖陸羽，吟誦〈七碗茶〉詩的盧仝，推動點茶藝術至巔峰的宋徽宗趙佶和廢團改散，催生六大茶類誕生的明朝開國皇帝朱元璋等等。酒呢？有李白的名詩〈將進酒〉，王羲之的名書法〈蘭亭序〉，《三國演義》中曹、劉二人青梅煮酒論英雄的故事，趙匡胤杯酒釋兵權的膽識和魄力等等。所以說茶使人精神內斂，酒讓人個性張揚！茶向人揭示的是清心寡慾、淡泊明志的心境。而酒向人展現的便是瀟灑恣意、捨我其誰的豪邁氣概。朋友來了有好酒，敵人來了打豺狼，愛好和平，不屈不撓，是中國的家國情懷。

344　茶酒是什麼？

茶與酒，兩生花，一個靜柔，一個剛烈。茶與酒結合，重點還是酒，而特點是茶的參與，可以認為是植物添加劑。搭配好了添彩，弄不好卻影響口感。

茶與酒的發酵機制不同，茶中糖分很少，透過酒萃取出其營養、香氣和滋味。另外，很多人不太清楚，茶多酚和酒的單寧幾乎是同一物質，都是多酚類抗氧化劑。咖啡因與酒精都有促進代謝、致興奮的作用，作用機理也接近，所以相容沒有問題。而且少許茶還能解酒。只是要注意茶葉會影響酒的滋味，避免過量，喧賓奪主。

目前的茶酒中，白酒和綠茶結合以後滋味較清新。但是醬香酒不太適合與茶葉搭配，一些老酒客不喜歡酒中有其他的味道。從實際銷售情況來看，茶酒銷量未達預期。值得一提的是，陳皮醬酒還不錯。

相較於白酒，葡萄酒與茶葉則在香氣和滋味方面相合得多，特別是白茶、綠茶可以與白酒、桃紅的冰酒搭配，紅茶、黑茶可以與紅酒搭配，茉莉花、珠蘭可以與氣泡酒搭配等。大家可以嘗試不同的方法與比例，創新出好酒。之前與朋友在吳裕泰王府井店舉辦過一次茶與酒的活動，嘗試將不同的茶與不同的酒進行調製，活動中有些調製出來的茶酒滋味非常出色。活動的召集人，筆者的朋友——華林，做出一款使用新疆雷司令與綠茶調製的酒，冰鎮後很好喝，現在製作成了商品，叫做「茗悅」。如今，為解決茶產業中普遍存在的人力成本過高、茶葉產能過剩等問題，筆者藉由中國農業大學的科學研究力量，將在機能茶飲上做些有益的探索，期待能為鄉村振興貢獻出一分力量。

345　如何理解茶與咖啡？

作為世界上第一、第二大非酒精飲料，茶和咖啡共同撐起了世界的軟性飲料市場，它們在全球大約有20到30億的客群。它們提神醒腦，促進健康，深受人們喜愛。茶原產於中國的雲南，後在中國南方以及印度、斯里蘭卡、肯亞等地方廣泛種植。咖啡原產於非洲衣索比亞西南部的高原地區，後傳播到印尼、南美洲的巴西等適宜種植的地方。美國獨立戰爭中的波士頓茶黨事件使茶葉市場受到抑制，而咖啡在美國等地盛行開來。

茶與咖啡作為東西方文明的代表性飲品，深受世界人民的喜愛。首先從成分上來講，茶與咖啡都含有咖啡因，而且茶葉中的咖啡因所占的相對比例其實是咖啡豆的2～5倍以上。但是因為飲用的時候，茶葉的用量小，而咖啡豆磨成粉後全部喝入口，所以反而是喝咖啡時攝取的咖啡因的總量更高。另外，由於茶葉中其他成分的存在和制約，它使人興奮的程度較緩和，維持的時間較長。而咖啡中的咖啡因則相反，一次沖泡盡數攝取體內，對人體的刺激性更強，也因此產生了喝咖啡比喝茶更提神的感受。

此外，茶中除了含有促進興奮的咖啡因以外，還有安神的茶胺酸、抗氧化的茶多酚，是一款更為平衡的飲料，是當之無愧的第一健康飲品。而咖啡雖然也比較健康，只是最近爆出過量飲用咖啡會對腦部造成一點傷害，且添加糖和奶精，較為燥熱，對健康不利。茶一泡可以從早到晚地清飲，咖啡則一杯整個喝進去，單價高低立現。之前中國發展較慢時，人們認為咖啡更加時尚，咖啡廳眾多，茶館、茶飲店則很少，現在這種狀況正在逐漸改變。

從文化上來看，中西方對美好事物的執著追求，使其昇華成文化。

中國茶文化的精髓在於貫穿儒、釋、道的深刻哲理與思想，使人達到修身養性的目的。

而西方人品咖啡講究的是享受環境和情調，浪漫而愜意。儘管起源和歷經的發展過程有所不同，但都追求一種優雅、放鬆、靜心、享受生活、注重品味的生活文化。

茶文化的博大精深和咖啡文化的無限魅力都給人們留下了深刻的印象。不同的民族文化，不僅給各自留下了寶貴的文化遺產，更給世界留下了燦爛的瑰寶。不同文化交織融會，構成了五彩斑斕的世界。話題性的飲品，咖啡中有麝香貓咖啡，茶中有蟲屎茶、東方美人茶。從烘焙製作方式來看，咖啡有現磨咖啡豆也有即溶咖啡，茶葉有原葉茶也有紅碎茶和茶粉、茶膏。這些，共同構成了豐富多彩的茶與咖啡世界。

當前，中國雲南的小粒咖啡與茶在同樣的山上出現，它們種植在不同的坡面，產量很大，品質優良。在中國經營的星巴克、雀巢、瑞幸等咖啡品牌，主要使用的就是產自雲南的咖啡。雲南成立的茶咖局，對茶葉和咖啡產業進行統一管理與促進。讓我們既飲咖啡也品茶，盡享天地之造化吧！

346 以茶代酒有什麼典故？

據《三國志．吳志．韋曜傳》載，吳國的第四代國君孫皓，嗜好飲酒，每次設宴，來客至少飲酒 7 升，如果換算成現在的量，這酒至少有 3 斤多（當然，那時的酒並沒有現在經過蒸餾提純後的白酒度數那麼高）。哪個大臣喝不掉，就硬灌進去。如此「規矩」，使得每到參加宴會的時候，大臣們都如同上刑場一般。然而，孫皓對博學多聞但不勝酒力的朝臣韋曜甚為器重，常常私下為韋曜破例，「密賜茶荈以代酒」。或許，韋曜曾任孫皓父親南陽王孫和的老師，是孫皓對韋曜多加照顧的原因。史學家曾評論，孫皓是以酒誤國的典型，只留下了個「以茶代酒」的典故。

如今，「以茶代酒」已成為「俗語」。以茶代酒，即不想喝酒、不能喝酒而又盛情難卻時，就用茶來代替酒敬飲，是不勝酒力者所行的酒宴禮節。從禮節上來講，並不失禮。酒，雖然有使人興奮、活躍氣氛的作用，但終究喝多了會摧殘意志，誤人誤己。適度飲酒，多喝茶，願讀者有個好身體！

347　「喫茶去」是則什麼典故？

「喫茶去」是很普通的一句話，但在佛學界卻是一句著名的禪林法語。唐大中十一年（西元 857 年），八十高齡的從諗禪師行至趙州，駐於觀音院（現今叫柏林禪寺，位於河北省石家莊市的趙縣），弘法傳禪達 40 年，僧俗共仰，其證悟淵深、年高德劭，人稱其「趙州古佛」。據宋代《五燈會元》記載，趙州從諗禪師問新來僧人：「曾到此間否？」答曰：「曾到。」師曰：「喫茶去。」又問一新來僧人，僧曰：「不曾到。」師曰：「喫茶去。」後院主問禪師：「為何曾到也云喫茶去。不曾到也云喫茶去？」師召院主，主應諾，師曰：「喫茶去。」

禪宗講究頓悟，認為何時、何地、何物都能悟道，平常的事物中蘊藏著真諦。「喫茶去」這三字禪，有著直指人心的力量，也因此奠定了趙州柏林禪寺是「禪茶一味」故鄉的基礎。

當代的虛雲老和尚和淨慧法師作為禪宗領袖長駐柏林禪寺，繼續將之發揚光大，對茶禪、農禪、生活禪進行更深入的布道，得到世人的高度尊敬與追念。在淨慧法師的關心下，河北農科院的張占義老先生也開始嘗試南茶北移，使得有了本地的趙州茶。筆者曾多次往返柏林禪寺和太行靈壽五嶽寨，將茶樹做成盆景並且成功進入世園會展出，受到世人的關注。筆者還繼承衣缽，傳承了國家非物質文化遺產 —— 如意茶藝。如意茶藝寓意禪茶一味，吉祥如意，如意自在，在任何條件下都能飲一杯茶，感悟人生，健康身心靈。

348　清照角茶指的是什麼？

「花自飄零水自流。一種相思，兩處閒愁。」有「千古第一才女」的李清照十分喜愛飲茶。她的丈夫趙明誠是金石學家，兩人情誼甚篤，相敬如賓，又都是茶道中人。趙明誠去世後，留下了一部《金石錄》。其間，在李清照所作的「後序」中記述了他們夫婦飲茶讀書的趣事：李清照夫婦曾屏居鄉里達十年之久，在離開鉤心鬥角的官場和喧鬧嘈雜的都市之後，他們夫婦常在「歸來堂」共同校勘古籍、把玩金石、鑑賞書畫、烹茶，然後指著堂中堆積的史書，相互考問，某事應在某書某卷的第幾面第幾行，以是否猜中為角（比試）勝負，以此決定飲茶之先後，猜中後往往舉杯大笑，以至於將茶傾倒在懷中。茶在這裡，成為夫妻悠然生活中的媒介。這種玩法也正是當時社會所流行的「茶令」，是人們聚會時常常玩的一種遊戲。他們用此茶令來研討學問時，與行酒令不同，是贏家方能飲茶，而輸家不能。

「角茶」的典故，後來成為夫婦有相同志趣，相互激勵，促進學術進步的一段佳話。而且，他們使用的茶令，豐富了中國茶文化，是非常有文化意義的創舉。筆者相信，只有讓茶走入尋常百姓家，才能真正地使得茶文化復興，煥發活力。

349　古人以石養水是怎麼回事？

古代茶人深感「水者，茶之母」。明許次紓《茶疏》中說：「精茗蘊香，借水而發，無水不可與論茶也。」說的就是茶性借水而發，水質的不同對茶湯的色、香、味、韻有明顯的不同影響，好水更能激發出好茶的品質。古人經感官體驗得出理想的沏茶用水應該是水質「清、活、輕」，水味「甘、冽」。比較後認為理想用水的順序是：泉水、溪水、雨水、雪水、江河湖水、井水。

但古代交通不便，真可謂「汲泉遠道，必失原味」。為了保有泉水、溪水的水質和水味，避免水質、水味降低，古代人想出「以石養水」的方法。明代高濂在《遵生八箋》中提到「凡水泉不甘，能損茶味」。故他對梅雨水、雪水提出「以石養水」的蓄存方法：「大甕收藏黃梅雨水、雪水，下放鵝子石十數石，經年不壞。用慄炭三四寸許燒紅，投淬水中，不生跳蟲」。清代袁枚《隨園食單》載：「然天泉水、雪水力能藏之。水新則味疏，陳則味甘」。

古代人還常常在水壇裡放入白石等石子，既養水味，又求澄清水中雜質。

明代田藝衡《煮泉小品》中說：「移水取石子置瓶中，雖養其味，亦可澄水。」

現代人泡茶常用的三種水有：自來水、純淨水和礦泉水。不同的水對茶葉的品質有著不同的影響。比如：用自來水泡茶，茶湯會發暗，入口的口感鮮爽度會降低。用純淨水泡茶，茶湯沒有變化，口感正常。用礦泉水泡茶，茶湯色略深，滋味較醇厚。日常泡茶一般選用純淨水泡茶即可，經濟條件允許的也可以選擇一些專門的泡茶水。

350　陸羽《茶經》講的是什麼？

唐代陸羽所作的《茶經》，是世界上第一部成體系的茶書，書成於西元760、770年代，距今已1,200多年，作者陸羽也因此被人們稱為「茶聖」。由於他自小被遺棄，偶然被寺廟和尚收養，因此受環境的薰陶，茶成為他一生的鍾愛。

《茶經》原文約七千字，分為十章：一之源，講茶的起源、產地、形態特徵、名字來源、功效等；二之具，講了茶葉的生產工具；三之造，講述了唐代餅茶的採製方法和品質鑑別方法；四之器，列出28種煮茶和飲茶用具，並說明其製作原料、製作方法、規格及其用途；五之煮，著重地論述烤茶的方法，燃料和水的選擇以及如何煮茶、飲茶；六之飲，講述了飲茶的演變、方式、方法和特殊意義，是《茶經》十章中的重要章節之一；七之事，全面地收集了從上古至唐代與茶相關的歷史資料；八之出，講述了唐代陸羽去過或了解的各個茶葉產地；九之略，講述了在特定的時間、地點和其他客觀條件下，可以省略部分工具和器皿，不必機械全部照搬；十之圖，講述了可把各章節分塊抄寫至白絹上，以便於學習、理解和記憶。

《茶經》一書雖然受作者的個人經歷以及所處時代的局限，有稍許遺漏，但是其建構了茶的基本框架並促進了茶文化的發展。如果讀者對茶感興趣，一定要抽時間看一看陸羽的《茶經》和後人對其評述（陸羽《茶經》以後，很少有這種綜合典籍）。隨著時代的進步，之前的很多製茶、飲茶習慣改變了。

351　宋徽宗《大觀茶論》講的是什麼？

宋代不僅經濟發達，文化與藝術也達到了歷史的巔峰。有人說，宋徽宗除了做皇帝不行，文化藝術樣樣都行！《大觀茶論》是宋徽宗編寫的一部經典茶書（大觀是宋徽宗的年號），享有重要地位。宋徽宗親自帶領群臣進行鬥茶，也使茶文化被提升到史無前例的高度。

如果說陸羽《茶經》是較全面地論述唐代主流茶知識的茶書，那麼宋徽宗趙佶的《大觀茶論》則是宋代主流茶道藝術書籍方面的結晶。除了完整展示、記錄宋代的點茶藝術以外，《大觀茶論》還提出了一些深刻影響了中國茶文化觀念與習俗的理念，也因此在茶文化歷史上擁有了重要的歷史地位。

《大觀茶論》全文總計二十篇，講述了茶的三次生命和相關的事項。第一次生命關於茶樹自然生長的環境要求和背後的原因以及影響。第二次生命關於茶葉的製作，其中包括採摘、蒸壓等製作步驟。第三次生命關於茶葉的呈現，包括：如何鑑別優良茶品的要素，品飲過程中的用水、工具和方法，以及如何儲藏等等。最後的〈品名〉和〈外焙〉兩篇，則提出了茶品究竟是以茶樹品種、產地還是以製造工藝或外形來定義的困惑。宋徽宗趙佶使得中國茶道藝術達到了前無古人的高度，而且對日本的茶道發展產生了重要的影響。

自宋徽宗時代以來，基於茶樹品種和地域差異的各款茶葉成為愛茶人們選茶時的一種偏好。這雖然豐富了中國茶葉的品名種類，擴展了消費者感官體驗的層次，但是，自近代工業化介入茶葉領域以來，這種特點使得品名所帶來的高附加價值與產業化，與品牌發展之間產生了難以調和的矛盾。比如：現在普遍存在的炒山頭抬價現象。

352　榮西《喫茶養生記》講的是什麼？

「自從陸羽生人間，人間相學事新茶。」若說中國茶文化的流行始於陸羽的《茶經》，那麼在鄰國日本，則是一位叫做榮西的高僧和他所著的《喫茶養生記》使得飲茶的風氣興盛起來，他被日本人尊奉為「茶祖」。

南宋乾道四年（西元 1168 年）和淳熙十四年（1187 年），兩度來中國學習佛經的日本高僧榮西，歸國時帶去茶籽和飲茶法。1211 年，71 歲的榮西撰寫了日本第一部茶書《喫茶養生記》，榮西禪師在該書中根據自己的所學所見，詳細地介紹了茶樹的栽種、茶葉形狀、製茶的方法及茶的功效等，奠定了日本茶道的基礎。《喫茶養生記》由序文、上卷、下卷三部分構成，共計 4,700 餘字，內容涉及較廣，主要是圍繞著喫茶養生和治疾等方面。

當時的日本民眾心臟病、中風等患者較多，榮西禪師在學習了解之後，提出了喫茶養生，以強身健體的觀點。《喫茶養生記》中，榮西禪師高度認可了茶葉的功效。他根據中國古代醫學「五味入五臟」的理論，認為苦味入心，若能養成喫茶的習慣，心臟會變得強壯起來，不易生病。他曾經感嘆中國因有飲茶的習慣，所以人們很少患心臟病，也多有長壽者。而日本病瘦者居多，正是不喫茶所致。因此，現代日本民眾把茶的「苦味」稱為大人味。欲成為成熟的大人、體魄強健的成人，需多飲茶。吃得了茶的苦味，才悟得透生活的苦。

353　形似寶塔的茶詩是什麼？

「曾經滄海難為水，除卻巫山不是雲」，留下此千古佳句的是唐代著名詩人元稹。元稹少時聰穎，一度拜相。元稹與白居易同科及第，結為終生詩友並共同發起了新樂府詩歌運動，創立了流傳千年的詩體——元和體。在唐朝，飲茶之風正盛，富有才華的元稹也寫了一首造型優美、形似寶塔、意蘊深遠的詩來詠茶。此詩無論是在結構、音韻還是在意象和寓意上，皆給人帶來耳目一新、十分通透的感受。

〈一字至七字詩・茶〉

唐・元稹

茶。

香葉，嫩芽。

慕詩客，愛僧家。

碾雕白玉，羅織紅紗。

銚煎黃蕊色，碗轉麴塵花。

夜後邀陪明月，晨前獨對朝霞。

洗盡古今人不倦，將知醉後豈堪誇。

354　七碗茶歌是什麼？

〈七碗茶歌〉是唐代詩人盧仝在七言古詩〈走筆謝孟諫議寄新茶〉中寫得最精彩的一部分。全詩從品茗解渴的功能逐步昇華，破除煩惱，直至拋卻名利，不記世俗，羽化登仙。其意境高遠，詩風浪漫，頗具影響力，對飲茶風氣的普及和茶文化的傳播，有推波助瀾的作用。而且，盧仝著有《茶譜》，被世人尊為茶仙。在日本，此詩深深地影響了日本的茶道，盧仝備受推崇，人們常常將其與茶聖陸羽相提並論。下午茶時，申時茶敘，邊默誦茶詩，邊品飲七碗茶，打通經絡和七竅，感受飄飄欲仙的感覺，豈不妙哉？

〈七碗茶歌〉

唐・盧仝

一碗喉吻潤，兩碗破孤悶。

三碗搜枯腸，唯有文字五千卷。

四碗發輕汗，平生不平事，盡向毛孔散。

五碗肌骨清，六碗通仙靈。

七碗吃不得也，唯覺兩腋習習清風生。

蓬萊山，在何處？

玉川子，乘此清風欲歸去。

355 有展現日本茶聖千利休思想的小故事嗎？

千利休是日本茶道的集大成者。其「和、敬、清、寂」的茶道思想，對日本茶道發展的影響極其深遠。

一日，千利休的兒子在打掃庭院，千利休坐在一旁看著。當他兒子覺得工作已經做完的時候，他說：「還不夠清潔。」兒子便出去再做一遍。做完的時候，千利休又說：「還不夠清潔。」這樣一而再，再而三地做了許多次。過了一段時間，兒子對他說：「父親，現在沒有什麼事可以做了。石階已經洗了三次，石燈籠和樹上也灑過水了，苔蘚和地衣都披上了一層新的青綠，我沒有在地上留一根樹枝和一片葉子。」「傻瓜，那不是清掃庭園應該用的方法。」千利休對兒子說道。然後他站起來走入園子裡，用手搖動一棵樹，園子裡霎時間落下許多金色和深紅色的樹葉，這些秋錦的斷片，使園子顯得更乾淨、寧謐，並且充滿了美與自然，有著生命的力量。

千利休搖動的樹枝，是在啟示，人文與自然的和諧乃是環境的最高境界。

在這裡也說明了一位偉大的茶師是如何從茶之外的自然得到啟發。如果用禪意來說，悟道者與一般人的不同也就在於此，過的是一樣的生活，對環境的觀照已經完全不一樣了，能隨時取得與環境的和諧，不論是秋錦的園地或瓦礫堆，都能創造泰然自若的境界。

356　茶教育家陳椽教授是什麼樣的人？

茶行業的發展，離不開優秀的人才。而優秀的人才，則離不開茶業教育家。中國的著名茶教育家陳椽出生於福建省惠安，他建構了國內外公認的六大茶類分類體系。1934 年陳椽教授從國立北平大學農學院畢業以後，曾先後在山場、茶廠、茶葉檢驗和茶葉貿易機構工作。因痛心當時中國茶葉科學的落後局面，他下定決心獻身茶業教育事業。在浙江英士大學農學院任教期間，為了解決教材問題，他深入山場蒐集資料，編寫了中國第一部系統性的高校茶學教材——《茶作學講義》。後受聘到復旦大學授課，編著了《茶葉製造學》、《製茶管理》、《茶葉檢驗》、《茶樹栽培學》等教材。1952 年，陳椽教授主動要求前往安徽農學院工作，親自擬定教學大綱、設置課程和建設生產實習園地。期間，他兩次主編全國高等農業院校教材《製茶學》以及《茶葉檢驗學》。出版了《茶樹栽培技術》、《安徽茶經》和《炒菁綠茶》等著作。

1979 年，依靠著數十年教學和科學研究經歷，陳椽教授寫作了〈茶葉分類理論與實踐〉一文，以茶葉變色理論為基礎，從製法和品質上對茶葉進行了分類，如此有了今天人們普遍熟知的六大茶類分類標準。這一成果不僅對中國的茶葉教育、科學研究以及生產流通產生巨大影響，而且迅速傳播到國外，得到了國外學者的高度評價。同年，他撰寫的

〈中國雲南是茶樹原產地〉一文更是論證了中國雲南是茶樹原產地，對國內外產生了深遠的影響。

1982 年，74 歲高齡的陳椽教授編寫了《茶業通史》這部巨著，完成了國家交給他的任務。陳老先生將一生都獻給了中國茶業的教育、科學研究事業。若想深入學習茶業知識，陳老的著作一定不要錯過。

357　《茶經》是經嗎？

有朋友曾經問，陸羽的《茶經》為什麼能被稱為「經」？從文字內容上來看，陸羽所寫的是一篇茶的概論，是對前人經驗與自身考察的總結。那麼，我們就要從「經」這個字說起了。「經」這個字的本義，是編織布的時候，縱向貫穿始終的那根線，與橫向的緯線相交就能編織成布。後來，由此引申出書籍的意思。因為早期的書籍都是將文字寫在竹片上，用線將其串成竹簡書。又因為製作竹簡書的成本高，串竹簡的經線在編織中是最基本也是最重要的部分，就像房屋的大梁、船的龍骨，由此又引申出「經典」的意思。作為第一部完整記述茶的地理、歷史文化、種植、加工製作、品飲以及周邊器物與水等相關內容的茶書，《茶經》是配得上「經典」這一層含義的。雖然《茶經》不可和《周易》、《道德經》等內容更加深奧的典籍相比，但是從定義上來看，如此命名是沒有問題的。很多人受武俠小說的影響，將「經」這個字賦予了更多人為的乃至宗教的神祕色彩，確實有些過頭。但是，作為茶葉的發源國，在茶文化的挖掘與創新上，我們確實存在某些的問題。由中國流傳到日本的茶道，得到了較好的保存與發展，在世界上日本茶文化的影響力遠超於中國。而提到中國的茶葉，似乎天價茶、金融茶更為人所熟知。筆者相信，茶文化也能透過再設計、再創新，成為下一個文化盛宴。期待茶人們再接再厲，創造新的輝煌。

358　申時茶指的是什麼？

「申時」指的是古代中國的時間概念，對應到現今，就是每天下午 3 至 5 點。中國傳統中認為，在「申時」人體進入膀胱經的運轉周期，此時補充適量的水分，有利於身體健康。因此，在「申時」（下午 3 ～ 5 點）喝茶的行為，就叫做「申時茶」。申時有利於水排毒，如果再配合呼吸，身體微微發汗，氣血通暢，對養生非常有利。

即使在英國，其興起的英式下午茶也符合或者接近這個時辰。配合甜點，則血糖平衡，有利於社交，身心愉悅。申時茶如今被很多茶藝師和茶機構作為主題茶會來開展，也是傳統文化復興的一種探索實踐。

359　什麼是茶席？

茶席是什麼？沏茶、品茗之地？當然。欣賞茶之美？亦然。感悟天地人生？也有理。茶，是一門「生的藝術」，連通物質與精神兩個世界，茶席亦然。

從功能的角度講，無論是一個人，還是三兩好友，能一品香茗，即可以認為是茶席。從美學的角度講，具備泡茶和品茗功能的，可稱為「寫實」的茶席；而為表達某種主題，僅呈現茶席外觀，但不具備泡茶功能的，稱為「寫意」的茶席。大家想一想，一些茶器，比如紫砂壺，是不是也從沖泡的實用型功能器物，逐漸演化為一種供人把玩、欣賞的器物呢？另外，在審美的過程中，藝術所帶有的認知作用和教育作用能自然地發揮出來，滋潤靈魂。從追求精神的角度講，人在解決生存的問題以後，將轉向解決生命價值的問題。此時，藉物抒情便成為一種常見的方式。

茶席的基本要素有茶葉、器具、光線、空間等。在創作的過程中，可根據選定的主題，進行各要素之間的調配。例如民族茶，需要考慮地理環境、人文背景、器物搭配、顏色風格和採製選擇等等。「寫實」的茶席若能設計的符合人體工學，則能使人在實際泡茶、品茗時，更好地投入其中。

綜上所述，茶席是物質的，又是非物質的，隨著多種因素不斷地變換，無茶不成席。於茶席方寸間，品一杯香茗，見自己，見天地，見眾生。

360　無我茶會有哪些內容？

無我茶會的由來有兩種說法。一種說法是無我茶會源自日本茶道，以日本戰國時代茶人千利休在西元 1587 年配合豐臣秀吉舉辦的北野大茶會為雛形。另一種說法是無我茶會由蔡榮章先生於 1990 年在臺灣陸羽茶藝中心創建，創建的初衷是組織一種能夠讓更多人參與、享受茶道的茶會。茶會前事先排定會程，並約定泡茶杯數、奉茶方法，發布公告，接受報名。進入會場前，透過抽籤來決定座位。參會者攜帶簡便茶具、自備茶葉與熱水，席地圍成一圈，人人泡茶、人人奉茶、人人喝茶。通常約定每人共泡四道、每道四杯，其中第一、三道奉給左鄰三位茶友及自己，第二、四道以紙杯奉給圍觀之觀眾。當依約做完並喝完最後一道茶，聆聽一段音樂或靜坐後，收拾茶具帶走所有的廢棄物，茶會便結束了。

無我茶會有七大精神：

1. 抽籤決定座位，表現了「無尊卑之分」的精神。
2. 不需要指揮與司儀，展現「遵守公共約定」精神。
3. 茶具與泡法不拘，是「無流派地域之分」的精神。
4. 無我茶會採用單邊奉茶，消除有目的的奉茶和過強的社交性。提醒大家放淡「報償之心」。
5. 接納欣賞各種茶，無好惡之心。
6. 平日要勤加練習泡茶，是為「求精進之心」的精神。
7. 無我茶會從泡茶開始到結束為止，都不可以說話，希望大家藉此安靜下來好好泡茶、奉茶、喝茶。

這是無我茶會講求「培養默契，展現團體律動之美」的精神。

在生活節奏飛快，到處充滿競爭的社會環境下，即便獲得了物質財富，人們仍常常感到不開心。這正是因為對「我」的執念太強了，放不下得與失。可以抽些時間體驗一次無我茶會，感受茶會的氛圍，願您有個好心情。

361　參加茶會選擇什麼服裝比較合適？

首先，可根據茶會的主題，選擇冷色系或者暖色系，適合自身膚色的茶服，但整體上要素雅，不要有太多花裡胡哨的圖案。另外，還要考慮與泡茶席，尤其是茶具的配合。不要穿寬袖口的衣服，容易勾到或絆倒茶具。胸前的領帶，飾物要用夾子固定，免得泡茶、端茶奉客時撞擊到茶具。

362　一場茶會時間安排多久比較合適？

茶會是茶文化的一種集中展現形式，透過不同的主題，可以與節日、研討、推廣、交流、藝術等相結合，造成以茶為媒、一期一會的效果。主辦方在設計茶會的時候，時間的長短要掌控在計畫之內，不要為了多喝幾道茶，或者多泡幾種茶而拖得太晚。兩三位朋友的聚會，建議不要超過一小時。多人的團體，建議不要超過兩小時。畢竟長時間集中精神參加活動，參與者會很疲勞，影響了應有的效果。

363　茶葉有哪些內含成分？

茶鮮葉中，水分大約占 75%，其他物質大約占 25%，這也是 4 斤鮮葉做 1 斤乾茶的化學原理。在其他物質中，蛋白質占 20% ～ 30%，醣類占 20% ～ 25%，多酚類占 18% ～ 36%，脂類占 8%，生物鹼占 3% ～ 5%，胺基酸占 1% ～ 4%，總共占茶葉其他物質的 90% 以上，是茶葉中最重要的 6 種組成部分。從營養成分方面看，雖然茶葉的營養成分總量不高，無法維持人的生存，但是 5 類總計 44 種人體必需的營養素，例如胺基酸、脂肪酸、維他命等，茶葉都有。人們喝茶，主要是為了茶葉中的功效成分，它們能幫助調節人體機能，保持身體健康。茶葉中含有的茶多酚、茶胺酸和生物鹼最具有應用價值。總之，茶是最好的代謝平衡劑，不靠單一組分而是靠整體效果，它對健康的促進作用是日積月累的，它是世界公認的第一健康飲品！

364　茶與健康有什麼關係？

茶是最綠色、最健康、最長久的一種平衡飲料。茶幾千年長盛不衰，是因為它既有生理保健的功能，又有安靜身心愉悅精神的功能。對處於兩河流域的中華民族來說，乾旱與洪澇在歷史上長期並存，苦難深重，人民以食素為主，突然大魚大肉，代謝會出問題，更要用茶來化解！筆者認為：五穀為陽，營養豐富，生長在肥沃土壤中。茶為陰，生長在高山爛石之上，以抗氧化物為主，可以解五穀之毒，幫助消化五穀多餘的營養。

總體來看，茶有以下方面的益處：

1. 生理保健功能

茶之所以有保健長壽功能，是因為它含有三大功效物質和四大營養保健物質。

三大功效物質是：生物鹼、茶多酚、茶多醣。四大營養物質是：胺基酸、維他命、無機鹽、脂類。

2. 精神保健功能

茶是物質的，也是精神的，它有很強的精神功能。

飲茶能使人靜，莊子曰:「靜則制怒，靜則除煩，靜則除熱，靜則定意，靜則養生。」靜能使人思，思才能反省，才能進步。靜，無語。定神，心明，使人與世無爭。男人靜，則必能安邦定國。女人靜，則必能室安家和。飲茶能淨化心靈，修身養性，能使人全身放鬆、精神愉悅，所以歷代都把品茶作為修身養性的方法。儒家以茶養廉勵志，佛家以茶省身悟禪，道家以茶養生修道。唐代陸羽就在《茶經》中提出，透過飲茶可以使人「精行儉德」。宋徽宗趙佶在《大觀茶論》中提出飲茶可以使人「致清導和」的理念。

這些都說明透過飲茶可以提高人的修養，讓人互相尊重，熱愛和平，使人與人、人與社會、人與自然和諧起來。飲茶能使人「感恩」、「包容」、「分享」、「結緣」。用感恩的心喝每一杯茶，茶中就充滿了萬物和諧相處、共榮共濟的理念。用包容的心喝每一杯茶，人間的恩怨就像茶，把芳香融於水，把甘露灑滿人間。用分享的心喝每一杯茶，就會想到人間還有諸多苦難，就會多一分愛心，多一分關心。用結緣的心喝每一杯茶，就會與所有的人結緣，結善緣，淨化人生，和諧社會。

第九篇　中外茶產業＋

365　中國茶是如何傳向世界的？

中國茶主要透過三種方式傳向世界。一是透過來華學佛的僧侶將茶帶往國外，如：西元805年，日本高僧最澄從天臺山將茶籽引種到日本。二是透過派出的使節，如遣唐使，將茶作為貴重禮品饋贈給出使國。三是透過古商路，以經貿的方式傳到國外，例如：透過陸路傳播至伊朗、阿拉伯、土耳其、俄羅斯等亞洲國家，透過海路傳播至葡萄牙、英國、荷蘭等歐洲國家。透過陸路傳播的國家，其語言中描述茶的字發音與中文的茶字相近，比如俄羅斯的CHAI。

而透過海路傳播的國家，茶字的發音與廣州一帶茶字的方言發音相似，比如英文中的Tea就來自Tay（或者閩南語中的dea）。當然，還有被偷取、搶走的茶。

清朝末期，列強環伺，崛起的英國不甘在茶葉貿易中與中國產生的巨大逆差，派茶葉大盜生物學家福瓊幫助東印度公司將福建武夷山的茶種與茶農偷到印度和斯里蘭卡，拉開了茶葉爭奪戰的序幕！從此之後，他們便很少從中國進口茶葉了，這裡也可以看出茶葉的巨大經濟價值。無論怎樣，從茶葉傳播的角度來看，中國茶也算是造福了世界。

366　芳村是做什麼的地方？

北有馬連道，南有芳村。茶葉貿易作為茶文化的重要的一環，是茶人不可不了解的內容。芳村位於廣州的西南方，與佛山地界接壤。由於芳村鄰近珠江，在土地和交通方面十分便利，因此促進了產業的發展。

芳村原名「花地」，歷史上以盛產素馨、茉莉花而聞名，被譽為「嶺南第一花鄉」，而且還是嶺南盆景藝術的發祥地。宋代的〈鄭松窗詩注〉中就曾記載：「廣州城西九里日花田，盡栽茉莉及素馨。」可以說芳村先有的花，後有的茶。1950、1960 年代，全國只有兩家香料廠，其中一家就位於芳村。隨著種植規模的不斷擴大，當地人和生產野生山茶的廣寧縣人，在芳村的洞企石開設製茶作坊，大量生產茉莉花茶，質優價廉的花茶深受老百姓的歡迎。

伴隨著改革開放的浪潮，港臺商人湧入，芳村開始快速的發展。早茶文化的興起，使得廣州的茶樓如雨後春筍般湧現，許多茶樓的老闆都親自到芳村進行茶葉採購，生意十分興盛。自此，芳村的茶葉生意聲名遠播，來買賣茶葉的人也越來越多，芳村茶葉市場初具雛形。

經過社會各界人士的不斷努力，廣州芳村成為目前中國規模最大、品種最齊全、成交量最大的茶葉專業集散地。芳村匯聚來自福建、廣東、浙江、香港、臺灣的幾千家茶廠和茶商，經營幾乎所有與茶葉、茶文化相關的商品，每年還會舉辦鬥茶賽等活動，是茶人們了解廣州茶產業的市場趨勢，感受嶺南茶文化氛圍的好地方。

當然，若是讀者準備去芳村的話，建議提前做做茶葉的功課，最好能有可靠的人帶著去芳村。有人的地方，就有江湖。炒作泡沫十足的金融茶，是對芳村發展不利的重要因素。如今的部分普洱茶，價格已上天際，政府也在不斷地增加監管力度，穩定市場。茶葉終究是用來喝的，希望各位茶友理性消費，莫要損失了辛苦錢。

367　茶馬古道是什麼？

茶馬古道起源於唐朝的「茶馬互市」。因藏區寒冷，沒有蔬菜，藏民日常所食用的牛羊肉、奶類等富含不易消化的脂肪且使人燥熱，故需要茶葉來保持身體健康。而內地需要大量的良馬以供戰事或民用。於是，具有互補性的茶葉和馬匹的交易市場，即「茶馬互市」應運而生。茶馬古道不單指特別的一條道路，而是指以川藏道、滇藏道和青藏道三條道路為主線，輔以眾多支線所構成的道路系統。提到茶馬古道，就不得不提一下馬幫。馬幫在千百年的發展歷程中，形成了一種獨特的文化。他們的精神附著在茶馬古道上，例如冒險與開拓精神，寬容親和與講信譽的精神，以及愛國精神與創新意識等，這些都成為民族精神的重要組成部分。

368　2005 年普洱茶復興事件是怎麼回事？

300 年前雲南普洱府奉命貢茶進京，西元 1839 年因馬幫運輸途中遭劫而終止。

166 年後的 2005 年 5 月 1 日，一支由 120 匹騾馬、43 位趕馬人和 7 輛後勤車、27 位後勤人員組成的雲南大馬幫從普洱縣城出發，歷經 168 天的艱苦跋涉，經過 6 省 80 餘縣，於 10 月 18 日抵達北京，再現了貢茶進京、享譽京華的歷史盛事，達到了宣傳普洱茶、宣傳雲南，為希望工程籌款的目的，演繹了一部動人的茶馬傳奇，得到了當地政府、茶商和媒體的關注。

2005 年 9 月 24 日，《北京晚報》開始了歷時兩個多月的大型系列報導——〈山間鈴響馬幫來〉，「馬幫日記」記述了趕馬人露宿山間，餐風露宿的日日夜夜，讓雲南馬幫在北京市民的心中持續升溫，從此普洱進入了京城尋常百姓家。

2005 年 10 月中旬舉行了記者招待會，並且在老舍茶館進行的義賣活動上，馬幫茶義拍 160 萬元，全部捐獻給希望工程。拍賣現場各位參與者張大嘴驚訝的瞬間，永遠地定格在照片中。沿途 4 省援建的十幾所「馬幫茶希望小學」，是希望工程歷史性的創舉。

那一年，人們關注的是馬幫，可收益的是普洱茶。如果說當年「普洱茶」這三個字在很多地方還很陌生，那麼馬幫進京讓這三個字迅速成為市民口頭上最夯的詞語之一。《北京晚報》的持續關注，不僅見證馬幫走完全程，而且還讓普洱文化得到推廣並使普洱熱潮一直延續至今。

馬幫茶道，瑞貢京城，歡迎各位來如意茶苑看一看當年的馬幫茶，共品香茗，論道古今。

369　河北省的茶產業是什麼樣的？

燕趙大地，地靈人傑，護佑京畿，蓬勃發展。著名的「禪茶一味」就源自石家莊趙縣的趙州和尚喫茶去，柏林禪寺的虛雲老和尚、淨慧法師都對禪茶有精深的研究，明海大和尚也曾經與茶有過不少的機緣。河北太行山區在一些農業科學領域的有識之士的帶領下，不僅種出了上千畝的茶園，而且出產的茶品質優良。茶樹盆景的探索更是讓北方茶人有了近距離觀賞茶的機會。茶器方面，既有定窯這一五大名窯之官窯，也有磁州窯這一黑白雕花的特色藝術窯口，還有唐山的一些國瓷。大運河經過燕趙大地滄州和廊坊段，也留下了茶文化的歷史印記。萬里茶道經過張家口這一關鍵交易與中轉之地，最後進入俄羅斯，再遠銷歐洲。

茶文化、茶科技在燕趙大地熠熠生輝！河北的各個茶組織百花齊放，共同推動了茶產業的發展。

作為北方著名的熱銷區，茶葉在河北擁有很大的市場空間。河北的茶葉市場林立，是華北及北方茶業的重要集散地。需求決定供給，所以河北的茶業必將更加興旺。

370　未來茶產業的發展方向是什麼？

茶產業在安全的前提下，應著重於持續提升產品品質，致力於讓消費者購買茶和飲用茶變得簡單化和便利化。擴大整個品類，提高消費者的價值感，將是茶行業進一步發展和努力的方向。茶產業的推廣模式要親民，要摒棄一些繁瑣的、陳舊的、阻礙產品普及的固有模式。事實證明，「大師遍地走」、「強行編故事」、「茶葉治百病」、「片面宣傳古文化」等茶的推廣模式，消費者是不買單的。茶行業的從業者必須針對不同的消費族群，拿出有針對性的、喜聞樂見的方式進行推廣，讓大家高高興興喝茶，喝明明白白的茶。

371　茶葉市場的現代化發展內容有哪些？

筆者對茶的未來市場發展進行思考後，提出了以下八個方面的內容：

1. 茶與其他草本結合，茶包的營養功能化；
2. 茶製作食品、飲品的產品化；
3. 口糧茶的大宗低價標準化，高等茶的精品文化可溯化；
4. 雲茶的散茶化、方便化、精細化；
5. 茶倉的金融科技文旅化；
6. 茶創新的跨界多元化、應用場景化；
7. 茶株的陽臺經濟盆景化、知識化、觀賞化；
8. 家家有茶室，隨行有茶具，辦公有茶盤，吃飯有茶餐，茶文化的生活化。

這僅為拋磚引玉，還有很多，等待各位從業者共同塑造茶行業繁榮，護佑百姓的健康，讓生活更美好。

372　茶光互補

隨著新能源的發展和國際上對碳排放的限制，太陽能技術越來越多地應用到農業和畜牧業中，達到高效立體利用光能的效果。

您知道嗎？如今的茶山除了產茶，還能發電！近日，位於杭州徑山茶學實驗基地的「茶光互補」太陽能電站成功發電。透過在傳統的徑山禪茶種植地上增設太陽能板，達到了板上發電，板下種茶，一地兩用，陽光共享的效果，並以此實現茶園生產和太陽能發電的雙贏模式。據浙江大學徑山茶學實驗基地場長林法明所說，如果以 300 畝茶園的面積計算，預計一年的發電量可達 1,800 多萬度，產生的經濟效益有 740 萬元左右。其實，茶光互補的專案不僅在杭州有所建設，在浙江紹興的嵊州和新昌，湖北的天門、宜昌，安徽的金寨縣，江蘇的溧陽，都開始了「茶光互補」的試點，收穫頗豐。比如：

位於浙江嵊州的三界鎮茶場，建設了浙江省的首座「茶光互補」電站，自 2016 年營運以來，已累計發電 12,600 萬千瓦時，而且在發電過程中實現零汙染，相當於每年減少消耗標準煤 6,060.3 噸，減少二氧化碳排放量 15,878 噸。

得益於眾多試點的成功，如今在出產六堡茶的廣西梧州市蒼梧縣，也開始推進「茶光互補」專案，促進清潔能源的發展。

「茶光互補」融和現代科技與傳統農業，在太陽能板的間隙種植茶樹，不但提高了土地的利用率，還可以緩解當地電力的供需矛盾，優化電能結構，減輕環保方面的壓力。例如：可以推廣殺蟲燈，以此減少病蟲害，降低農藥的使用量，有助於提高農產品的品質。還可以建設智慧茶園，對茶園的溫溼度進行智慧調節，打造有利於茶葉生長的舒適環境，提高產量。除了上述所說，建設「茶光互補」的地區，當地群眾可以透過入股分紅、出租土地、採摘茶葉等方式獲得相對的收益。「茶光互補」形成了助力鄉村振興和實現「雙碳」目標的作用。

當然，由於各地的實際情況不同，「茶光互補」專案需要充分結合所處地區的區域優勢，加以擴展，將種植業、養殖業、觀光旅遊等產業進行融合，走出一條有特色、永續發展的道路。在光能不足、長年下雨、高山雲霧多的茶區，該專案則不適合。

373　茶與碳中和

為減緩氣候變化，促進制度和技術的創新，中國提出 2030 年碳達峰、2060 年碳中和的願景目標。茶業擁有綠色生態資源，非常適合參與到碳交易中。碳交易的初心，是透過經濟槓桿推動各領域的業者觀念和行動上的轉變。一方面，碳排放大戶要以貨幣的形式補貼綠色產業，同時，督促生產者採用流程優化、技術創新等方式節能減排、降本增效，建構出綠色、永續的新經濟發展格局。另一方面，以碳匯形式創收的綠色產業，可以進一步優化產業結構，形成高品質的發展。例如：茶園管理中，可以減少化肥的使用，施用有機肥，採用綠色防控技術等，不但能修復茶園的土壤和生態環境，還有助於提高茶葉品質，擴大茶葉的對外出口，開拓生態茶旅等，可謂一舉多得。大面積的茶園，可以完成碳排放的指標，對碳排放大戶銷售，對鄉村振興具有一定的價值。2022 年 5 月 5 日，中國首個農業碳匯交易平臺，在福建廈門落地，提供開發、測算、交易、登記農業碳匯等一站式服務。簽約儀式現場，透過發放首批農業碳票，推動 7,755 畝生態茶園、共計 3,357 噸農業碳匯交易，促使碳達峰、碳中和策略與鄉村振興工作的融合發展，為增加農民收入開闢了新途徑。

374　新式茶飲的現狀是什麼？

近代瓶裝飲料的發展經歷了三代，第一代為碳酸飲料，第二代為果汁類飲料，第三代為茶飲。從現在的市場反應來看，不添加調味物的茶飲銷售狀況不理想。相較於鄰國日本茶飲市場獲得的認可，筆者認為中國的茶飲有以下幾個問題需要解決。第一點是口感：新式冷萃茶飲相比傳統泡出來的茶，在口感上仍有差距。例如：茶中的香氣沒有被激發和保留，這樣使得不太關注茶的客群，更偏向於添加糖分以及各式添加劑的調味茶。而更加關注茶滋味和健康的客群，不會去選擇這類瓶裝茶飲。第二點是成分：中國的食品工業技術相較國外仍有較大差距，在製作茶飲的過程中，茶中的營養成分受到了破壞，茶飲不夠健康。例如：同樣是瓶裝茶飲，日本的食品加工技術能更完整地保留茶的香氣和茶中的營養成分，因而其瓶裝茶飲不但在國內市場占有率高，更風靡世界。第三點是文化打造：受多年瓶裝飲料的習慣影響，現在的年輕人更偏向酸甜口味，導致了為迎合這種口味，企業宣傳的是健康理念，實際上仍是採用傳統飲料的作法，既不能帶來健康，也不能發揮茶飲的優勢。最近，新式奶茶品牌 —— 奈雪的茶已成功上市。希望今後的新式茶飲能使用更好的原料來製作奶茶。例如：使用鮮奶替代奶精，茶的原料可以採用全程無農藥的有機茶葉，帶給消費者更加健康、安全的飲品。新式茶飲，特別是功能茶飲的春天來了！

375　快捷茶飲會取代原葉茶嗎？

快捷茶飲不會完全取代原葉茶，原葉茶也可以做成快捷的茶包。隨著時代變遷，人們的行為模式會有一定的轉變，一些舊有的產業會消失，但也會產生新產業。新式奶茶、瓶裝茶飲是出門在外的年輕人的首選。未來便利商店是否有泡茶機，來杯快捷熱茶飲和冰茶也未可知。再比如：普通上班族在辦公室不方便放很多茶器泡茶喝，此時快捷茶飲就省事許多，花草茶、功能茶也會受到上班族的喜歡。而隨著茶館行業的不斷發展，透過星級評審的傳統茶館能滿足商務會議、聚會等需求，吸引人們前來消費。新的時尚茶館、茶空間則可以提供傳統和現代的茶飲。快捷茶飲和原葉茶各有優勢，兩者在互相競爭中學習、成長，滿足不同的場合需求，共同將茶產業發揚光大。

376　中國的茶葉生產過剩嗎？

中國作為歷史上的傳統產茶大國，20 世紀曾經因為戰爭等因素導致茶產業一度凋零。隨著經濟的不斷發展，茶葉作為一種經濟作物被廣泛種植。

到如今，中國生產的茶葉已有不小的過剩問題（至少過剩 300 萬噸）。而且，每年還在以數十萬噸的數量遞增。另外，很多人將白茶、普洱茶存起來，並沒有喝掉，實際上茶葉過剩更多。這是南方各地山區不約而同地選擇了茶葉的結果。怎麼辦？創新！不打破舊有的傳統做法就沒有出路。可將部分茶園退林還耕，或者利用比較優勢與農業大數據進行調配。有關如何處理過剩的茶葉產能問題，筆者對其消化途徑有以下幾點思考：一是變成食品吃掉，可使消耗量大增，老葉加工成飼料更是天然抗生素。二是變成方便茶飲喝掉，第三代瓶裝飲料將是茶飲的天下。三是建立茶葉的一帶一路儲備庫及交易市場，茶葉作為一帶一路的商品，透過出口銷售掉。四是發起全民飲茶健康運動，以提升國民體質。五是鼓勵深度加工和功能茶的創新。六是建立一定數量的品牌以及產業鏈標準。七是借助各位茶友的集思廣益尋找解決辦法，愛茶人的探索才是茶界之光，百姓之福。

377　茶葉倉儲的發展方向有哪些？

老茶是否好喝，除了與原料的品質和工藝有關，倉儲是否得當也非常重要。茶的倉儲與酒類似，如把紅酒放在家裡存放，與存放在酒窖的橡木桶中相比，品質上有天壤之別。除此之外，不同地區、不同的儲存環境，也會使茶葉出現不同的陳化特點，對於廣大的茶葉企業和消費者而言，自建的倉儲環境難以實現理想的效果。基於以上情況，茶業界的倉儲經濟發展也是十分的火熱。優秀的茶倉平臺，不但有利於降低倉儲成本、防止茶葉損壞，激發老茶的轉化潛力以及行業標準的建立，還能擴展出鑑定、交易、金融、文旅等經濟形式。其實，自 2005 年普洱茶復興事件之後，雲南普洱市曾借鑑了現代管理學和銀行學概念，創辦了全國首家「普洱茶收藏拍賣行」，非常有前瞻性。只可惜 2007 年普洱茶被瘋狂炒作，以致泡沫破裂，使得這種新形式沒有延續下去。近年來，白茶、普洱茶等適合長期儲存的茶葉，乃至陳皮的市場升溫，使茶倉具有可觀的前景。願茶倉的發展能打破固有的茶葉流通交易管道，讓整個茶產業鏈變得更好。希望業界同仁共建北方茶倉這一無煙工業，使之成為科技儲存空間、批發零售平臺、金融交易平臺、品鑑文旅平臺等。

378　北京有哪些茶展？

在北京提到茶葉，最先想到的是馬連道茶城。但是那裡畢竟以批發茶葉為主，若想了解茶文化，在北京每年主要有三個茶展可供遊覽。一個是中國最大的茶展機構，華巨臣於每年秋季 10 ～ 11 月，在北京國家會議中心舉辦的國際茶展，以文化活動和組織採購商隊伍見長，展會上主要是全國大型企業和各地政府組團參展。如意茶苑和華巨臣茶博會在茶文化活動上有過多年的合作，開辦過茶文化論壇、曲水流觴、琴棋書畫詩酒花茶舞、直播探展等活動。另外一個是中國茶流通協會，於每年春季 5 ～ 6 月，在北京展覽館舉辦，規模也很大，以北京的商展和各地政府流通部門組織的企業為主。還有一個是中國農業國際合作促進會、茶產業委員會在北京農展館舉辦的春秋茶展，展覽中除了茶葉，還有一些農產品，各地農業局組團參與度高，小企業較多。

379　「內飛」指的是什麼？

頭一次買普洱茶餅的人會發現，茶餅中怎麼還鑲嵌著紙呢？其實這個紙叫做內飛，是在普洱茶壓製的時候放入的一種識別普洱茶廠家、品牌、訂製者的標記。由於內飛在壓製工序中會部分或全部嵌入茶餅，非常難以仿造，所以也能形成一定的防偽效果。相傳19世紀中期，易武山下有一家叫「同昌號」的茶莊，與車順號、安樂號生產的茶都被列為貢品。當時普洱市場很亂，為了防止偽造、便於識別，同昌號茶莊的大公子「黃文興」便發明了內飛。由於當時普洱茶只是裸餅，沒有綿紙和內票，僅最外層用竹殼包裝，所以，想要辨別茶品的身分，只能透過看「內飛」來確定。現今，隨著各類技術的進步，僅憑藉「內飛」來判斷普洱茶的真偽已經失去了意義。茶喝到嘴裡，才能知道值不值得，而不是將喝茶變成了喝包裝、喝紙。

380　「茶引」是什麼？

茶引就是古代茶葉銷售的憑證，是稅收的來源之一，也是古代茶葉稀有的表現。中國是世界上種茶、飲茶最早的國家。隨著飲茶的發展，茶稅在國家經濟、政治方面的重要性也越來越顯著。一開始，朝廷實行官買、官運、官賣，全方位進行控制，與官鹽一樣。宋代崇寧元年（西元1102年），蔡京確立「茶引法」，茶葉改為由官方監督、茶商銷售。為了防止偷漏茶稅，茶商需要獲得官府發放的茶葉銷售憑證，這就是茶引。茶引制度，直到清末才逐漸廢止。

381　什麼是茶館？

街邊林立的咖啡店，彰顯著西方文化在中國的傳播與影響力。然而，作為茶的發源地，市場上的茶館卻顯得黯淡了許多。很多年輕人覺得，到茶館喝茶不是商務人士或者上年紀的老人家才會做的事情嗎？人們對茶館的認知，大多停留在一些古裝影視作品中。其實，隨著國家經濟的快速發展，國人對於歷史文化產生了濃厚的興趣。自古至今的茶館，在歷史長河中不斷地傳承與發展，無論是外在的功能，還是內涵的文化氣息，並不比西方的咖啡文化或者紅酒文化差。在國外，時尚的茶苑才是紳士和淑女會面的最佳場所，也是一家大小聚會的好地方。

伴隨著茶聖陸羽《茶經》的廣為流傳，飲茶之風於唐代開始盛行，民間的茶館或者說是茶攤也開始興盛起來。正如《封氏聞見記》中所說：「自鄒、齊、滄、棣，漸至京邑，城市多開店鋪，煮茶賣之。不問道俗，投錢取飲。」接著到了宋朝，作為中國歷史上文藝氣息十足的一個朝代，茶館為一個公共的社交場所，人文氣息濃厚，自京城到各州縣，到處都設有茶坊，著名的〈清明上河圖〉中就有關於茶坊的畫面。自明朝開國皇帝朱元璋「廢團改散」開始，原葉茶沖泡的新時代使得茶館發展得更好，到處都有，茶館成為大眾休閒、娛樂、飲食以及談生意的首選之地。

近代雖受戰火的影響，茶館幾經凋零，但透過不斷地與時代脈動相結合，也生生不息。全國出現了許多結合地區特色發展的茶館：有以杭州為代表，主打精緻文化的茶館；有以成都為代表，主打平民文化的茶館；有以潮汕為代表，主打茶道文化的茶館；還有以北京為代表，主打貴氣文化的茶館等，說到文化，不得不提現代文學家老舍於 1956 年創作的話劇《茶館》，劇中展現了戊戌變法、軍閥混戰和中華人民共和國成立前夕三個時期近半個世紀的社會風雲變化。劇中出場的人物類型眾多，劇情緊湊，富有張力。正如老舍先生所說：「茶館是三教九流會面之所，可以容納各色人物。一個大茶館就是一個小社會。」

如今，新式茶飲已經打得不可開交，市場十分競爭。茶館業也不斷創新發展，按照星級茶館的標準積極提高軟硬體設施和服務品質。相信未來能有更多吸引年輕人進入的茶館出現，人們在出差、旅遊時願意走進去歇一歇、看一看，感受當地的風土人情。去咖啡廳只是借個空間談事，而茶館則是社交、品茶、購茶、學習茶文化的綜合場所。願人們多來茶館，休養身心，促進事業發展，聯絡感情，享受生活。小茶館，大生活！

382　明慧茶院是什麼地方？

北京西山深處有一座遼代古廟，名叫「大覺寺」。在這裡有一座由北大畢業生歐陽旭為弘揚中國茶文化而創辦的明慧茶院。茶院占地近 4,000 平方公尺，是北京最大的茶院。其中，雍正皇帝賜名的四宜堂（俗稱南玉蘭院）、乾隆皇帝提名的憩雲軒，以及院內南北廂房和耳房中都設有茶室（戒堂則改為紹興菜館）。而且，茶院內還有一棵有 300 餘年歷史的古玉蘭樹，它是北京市最大的一棵玉蘭樹，清明時節，芬芳異常。每年四月，大覺寺都會舉辦「明慧玉蘭品茗節」。除了觀賞盛開的玉蘭花外，還會舉辦一些展覽和文化活動。另外，茶院定期派專人到南方茶葉產地精挑細選各類茶葉，價格實惠。假日的時候，慕名而來的人很多。

這個明慧茶院是怎麼來的呢？國學大家 —— 季羡林，曾問歐陽旭，為什麼會在深山裡建一個茶院呢？原來歐陽旭曾經與好友結伴郊遊，中途迷路了，偶然間發現此清幽之地，甚是喜愛，便租了下來，加以裝修，創辦了明慧茶院。

歐陽旭曾經在解釋為什麼創辦明慧茶院時說道：「它跟城市有距離，因此會有另一種體會，有時候劣勢就是特點，看你是不是能把大家公認的劣勢轉化為特點。你在哪裡喝茶能觀賞生長了 1,000 年的古樹？並且是北京最老的玉蘭樹？還可品味千年古剎的故事？」若有機會來北京大覺寺遊玩，一定要去明慧茶院品上一杯香茗。

383　來今雨軒是什麼地方？

魯迅先生曾說過：「有好茶喝，會喝好茶，是一種清福。」在北京中山公園內部的東側，就有這麼一個茶社，讓魯迅都成了它的粉絲，它就是「來今雨軒」。來今雨軒建於 1915 年，最早是由當時中央公園（也就是現在的中山公園）的董事會發起成立的，軒名是由北洋政府內務總長朱啟鈐根據唐代詩人杜甫「舊雨來，今雨不來」的典故所定，意喻新舊朋友來此歡聚，對盞者一般都是不計較地位名勢的真朋友。北洋政府大總統徐世昌親筆書寫了最初的匾額。

1971 年，有「中國第一書法家」之稱的郭風惠受周恩來所託，題寫了新的匾額。現在比較新的匾額則是 1985 年由趙樸初所題。

來今雨軒之所以出名，主要還是跟當時來茶社喝茶的人群有關係。20 世紀之初，公園的門票價格偏高（門票雖然只要 5 分錢，但是在那個年代，5 分錢是能買到 6、7 顆雞蛋的），而且遊客進入公園還需要其他的消費，一般人比較會有負擔。因而到訪茶社的人大多數是當時的社會名流、大學教授、鴻儒名醫等，比如林徽因、葉聖陶、魯迅、齊白石、李大釗等。著名通俗文學大師——張恨水先生，與《新聞報》的嚴獨鶴先生在此邂逅，寫出了不朽之作《啼笑因緣》。1918 年 11 月，李大釗在來今雨軒發表了著名的演說——〈庶民的勝利〉，點燃了革命志士心中救國圖存的火種。1921 年 1 月 4 日，文學研究會在來今雨軒正式成立，研究會以人生和社會問題為題材，創作了許多揭露黑暗舊中國的現實著作。

據《魯迅日記》中記載，魯迅曾到過中山公園 82 次，其中 60 次進入來今雨軒翻譯寫作、品茗就餐、賞花會友。魯迅的學生許欽文在 1979 年曾撰文詳細描述了魯迅先生在來今雨軒請他吃包子、喝茶的故事。他們吃的冬菜包子在北京十分出名，可以和天津的狗不理包子相媲美。

現在，來今雨軒於 2021 年 6 月 1 日正式對大眾開放。身處皇家園林中，有吃，有喝，還有展覽和故事，快點去看看吧。

384　滄州正泰茶莊是什麼地方？

滄州正泰茶莊位於滄州市運河區曉市街文廟的西側，創建於民國三年（1914 年），是天津「老字號」正興德茶莊在滄州市的一座分店。其門面上方刻有「松蘿、珠蘭、紅梅、正泰茶莊」十個大字，是滄州籍知名書法家朱佩蘭所寫。其中，松蘿、珠蘭、紅梅分別代表著不同產地的三種名茶：安徽松蘿茶、福建珠蘭花茶、浙江九曲紅梅茶。茶莊分南北兩座，各兩層，房間共有 32 間，地下室 4 間。2008 年經河北省人民政府批准公布為第五批省級文物保護單位之一。據曾經在正泰茶莊擔任管帳先生的錢炳玉老人回憶，正泰茶莊原是由天津兩大巨富之一的穆雪芹修建。穆雪芹去探望嫁給滄州富豪劉鳳舞後代的姐姐時，看中了文廟西側這塊風水寶地，便修建了正泰茶莊。其貨源由天津發來，或者從津浦鐵路由火車運送、從南運河上由大船運送，原料則來自穆雪芹在福建買下的兩座茶山。如今，修繕後的正泰茶莊成為買茶、品茶，以及名石、古磚等歷史文化藝術品展示、欣賞和消費為一體的場所，加強了聚會功能。相信正泰茶莊將來一定會成為滄州茶文化的引領者，為滄州增添一份人文氣息。

385　吳裕泰是如何誕生的？

「京城花茶香，源自吳裕泰。」很多老北京人都喜歡喝花茶，而以「賣老百姓喝得起的放心茶」為經營之道的中華老字號——吳裕泰，便是老百姓買茶時的首選。

吳裕泰始創於西元 1887 年，由安徽歙縣人吳錫卿所創建，至今已有 130 餘年的歷史。其牌匾上的文字是由大書法家馮亦吾老先生所題寫。吳氏茶莊的茶葉均從安徽、浙江、福建等茶葉產地直接進貨，並派專人在福州、蘇州等地窨製茉莉花茶。窨好的茶葉在送至北京以後，再拼配成各種等級的茉莉花茶。上至達官顯貴，下至布衣百姓，或品茶，或會友，都少不了吳氏茶莊的茶葉。

吳裕泰的茉莉花茶具有「香氣鮮靈持久，滋味醇厚回甘，湯色清澈明亮」的特徵，被譽為「裕泰香」。其茉莉花茶窨製技藝入選國家級非物質文化遺產名錄。

隨著時代的發展，吳裕泰從產品到經營，不斷地改進，推出的茶味冰淇淋和奶茶系列產品十分暢銷，吸引了一大批年輕人的關注。古韻悠長的茶香，煥發著青春活力，有時間快去吳裕泰打個卡吧。

386　張一元是如何誕生的？

茉莉花茶是中國北方人民最喜歡喝的茶品，在北京提到茉莉花茶，便會想到中華老字號——張一元。張一元始創於清代，其創始人張昌翼，字文卿，是安徽歙縣潭村人。清光緒十年（西元 1884 年）張昌翼曾在北京「榮泰茶店」學徒，光緒二十二年（1896 年）自行創業，開始擺茶攤。光緒二十六年（1900 年）張昌翼在北京花市大街開設「張玉元茶莊」。「玉」，有玉茗的意思，指上等的茶葉。

「元」在漢語裡是第一的意思。1906 年張昌翼在前門大柵欄觀音寺開設了第二家店，取名「張一元」，比「張玉元」更好記、更有寓意。「張一元」取「一」和「元」兩個首位的意思，有一元復始、萬象更新之意。1908 年張昌翼在前門大柵欄街開設了第三家店，同樣取名「張一元」，為區別前一家店，該店亦稱「張一元文記」茶莊。此店就是現在張一元總店的前身。

張一元為了生產優質價廉的茶葉，特地在福建建立了自己的茶葉種植場，自行窨製上好的茉莉花茶，運往北京銷售。以「湯清、味濃、入口芳香、回味無窮」為特色的張一元茉莉花茶，深受京城茶客的歡迎，並銷往天津、河北、內蒙古，以及東北各地，成為中國北方各省知名的老字號。1993 年、2006 年，張一元分別被中國國內貿易部、中國商務部評定為「中華老字號」。張一元茉莉花茶的製作技藝也於 2007 年被列入國家級非物質文化遺產保護名錄。

進入新世紀以來，張一元的花茶由於面臨低價化、老齡化、地域化的問題，企業遇到了發展瓶頸。最初，張一元嘗試多元化發展，嘗試過茶飲料、餐飲、文化旅遊等多種產業轉型，但是效果都不太好。2011 年，張一元重新調整企業策略，將重心聚焦於重振花茶地位，打造了重點產品 —— 八窨茉莉龍毫，一舉打響市場，第一年就銷售了 25 萬桶。成功改變了張一元花茶在消費者頭腦裡品質低、低價的認知，消除了企業發展的一大障礙。如今，茉莉花茶單品年度銷售額就能破億元，成為張一元的當家茶品。特別是位於前門的張一元總店，最被消費者所認可。花茶不僅有禮盒包裝，更有親民的紙裝現包散茶，秤上二兩半斤的散茶，實在是有回到從前的歷史感。

387　餘杭徑山寺是什麼地方？

徑山寺全名為徑山興聖萬壽禪寺，位於杭州餘杭區的徑山風景區內。因為此處有通往天目山的路徑而得名，為天目山支脈。東徑通餘杭城，西徑通臨安城。寺院始建於唐朝天寶年間，距今已經有1,200餘年的歷史。徑山寺的開山祖師法欽親手種植茶樹，製作出徑山茶，用以禮佛。茶聖陸羽當年也是隱居在徑山採茶、覓泉，成就千古流傳的《茶經》。蘇東坡一次次探訪徑山茶，會見高僧、品茗，留下「我昔嘗為徑山客，至今詩筆餘山色」的千古佳句。南宋定都臨安（今杭州）以後，徑山禪寺名列江南五大禪院之首，高於名聲在外的靈隱寺。當時頗負盛名的徑山茶宴是「正、清、和、雅」的禪茶文化傑出代表，更藉由眾多來此處學習禪宗文化的日本僧人流傳至日本。日本人以徑山茶為基礎，開創了日本茶道。如今，每年都有很多日本茶人來到徑山寺參拜，徑山寺在日本聲名遠播，被日本人奉為禪宗祖庭。徑山寺歷史悠久，有很多文化景點可供讀者欣賞、學習。

388　杼山三癸亭是什麼地方？

唐代陸羽於唐肅宗至德二年（西元757年）前後來到吳興（湖州古稱），住在妙喜寺，與著名僧人皎然結識，早年又有意投奔顏真卿，與顏真卿有過一面之交，後來與二位都成為「緇素忘年之交」。陸羽想在妙喜寺旁建一茶亭，得到了吳興刺史顏真卿和詩僧皎然的鼎力協助，最終茶亭在唐代宗大曆八年（773年）落成。由於建成時間正好是癸丑歲、癸卯月、癸亥日，因此名為「三癸亭」。皎然曾為此賦詩〈奉和顏使君真卿與陸處士羽登妙喜寺三癸亭〉，詩中記載了當日群英齊聚的盛況，並盛讚「三癸亭」構思精巧，布局有序，將亭池花草、樹木岩石與莊嚴的寺廟和巍峨的杼山自然風光融為一體，清幽異常。

當時的人們將陸羽築亭、顏真卿命名題字與皎然賦詩稱為「三絕」，一時傳為佳話，而「三癸亭」更成為湖州的勝景之一。茶聖陸羽於唐德宗貞元二十年（西元 804 年）在湖州逝世，享壽七十一歲，安葬在杼山，山上現有陸羽墓。

杼山在浙江省湖州市城西南 13 公里妙西鎮的西南側，因夏王杼巡狩至此而得名。愛茶的讀者若有機會前往湖州，可以去杼山走一走，看一看，感受千年前群英相聚的地方。

389　杭州虎跑泉是什麼地方？

西湖之泉，以虎跑為最。兩山之茶，以龍井為佳。「西湖龍井虎跑水」，被世人譽為「西湖雙絕」。明代高濂曾說：「西湖之泉以虎跑為最，兩山之茶，以龍井為佳。」七下江南的乾隆皇帝也將杭州的虎跑泉和無錫的惠山泉，並列為「天下第三泉」。

虎跑泉位於杭州西湖西南方向大慈山的虎跑寺內。虎跑寺本名定慧寺，唐元和十四年（西元 819 年）由性空大師所建。相傳性空大師來到大慈山，感覺此山靈氣鬱盤，便在此參禪。但由於沒有水源，準備前往其他的地方。後來，夢中神仙告訴他會有二虎帶來泉水。次日，果見有二虎刨地，泉水湧出，故取名「虎刨泉」，後覺拗口又改為「虎跑泉」。

虎跑泉是從大慈山後斷層陡壁的砂岩、石英砂中滲出來的。虎跑泉泉水清冽，晶瑩透徹，滋味甘醇，煎茶極佳，為杭州諸泉之冠。用此水沖泡龍井茶，色綠味醇，可謂絕配。筆者曾經於 1990 年代去虎跑寺品過虎跑泉水，也用虎跑泉水泡過龍井茶，非常甘甜。投幣於水上，硬幣漂浮水上，撈之，水順滑如油，所含礦物豐富之至！正所謂一方風土，水植相融，最佳搭檔。

如今的虎跑公園，前庭介紹了虎跑寺的演變和性空大師的生平，中庭是李叔同（弘一法師）的紀念館。後庭是濟公殿，一樓有濟公和尚的銅像，牆壁上還有關於濟公和尚各種傳說的壁畫。二樓是間茶室，內藏各種書畫名著。作為小眾景點，若大家去杭州時，不妨看一看，遊客數量不多，是個令人放鬆的好地方。

390　國際上有關茶葉的大宗三角貿易是什麼？

在 20 世紀，有一重要的大宗三角貿易，將來自中國的茶葉、印度的香料和美洲的白銀連繫在一起。西元 1453 年，由於君士坦丁堡被奧斯曼帝國攻陷，東羅馬帝國宣告滅亡，陸地上的貨運路線徹底落入了伊斯蘭國家之手。為獲得生活所必需的茶葉和香料，西方各國開始尋找前往東方的海上商路，開啟了大航海時代，發現了美洲新大陸。然而，新大陸上並沒有茶葉和香料出產，西方國家仍然還得跟中國進行茶葉貿易。由於中國的經濟是建立在手工業和農業緊密結合的基礎上，使得中國在經濟上高度自給自足，歐洲的產品占中國的市場非常小。但是，隨著中國商品經濟的發展，銅錢逐漸不能適應市場的交易，因此中國對白銀有著強烈的需求。於是，西方國家使用在美洲開採的白銀，換取中國的茶葉。可能有人要問，為什麼西方會這麼需要香料呢？香料不是調味劑嗎？其實，香料除了作為調味劑，還有一個更加重要的作用 —— 能夠抑制細菌的生長，進而保存食物。在那個沒有冰箱的年代，這尤為重要。如此，便形成了茶葉、香料、白銀的大宗三角貿易，形成世界經濟循環。

391　茶葉會引起戰爭嗎？

中國用兩片樹葉（茶葉、桑葉）、一把土（瓷器）征服了世界！茶正是一片神奇的葉子。古代絲綢之路上的核心產品之一就是茶葉，世界各國人民都喜愛它，並且茶葉不斷地被消耗，構成了持續的國際貿易。但也正因如此，茶葉貿易含有足以影響國家興衰的巨大經濟價值，間接引發了諸多茶葉戰爭。最著名的當數成為中英鴉片戰爭和美國獨立戰爭導火線的波士頓茶黨事件！

從國際上看，葡萄牙、荷蘭、英國等國為爭奪中國茶葉的對外總經銷權，爆發過多次戰爭，最終以英國的獲勝告一段落。接著，中英之間直接爆發了中英鴉片戰爭，英國人透過鴉片打開中國大門，並且由東印度公司派茶葉大盜福瓊偷取茶種到印度、斯里蘭卡等地種植加工。自此英國徹底掌控了茶葉的貿易來源，並切斷了與中國的茶葉貿易，掌握了世界茶產業的話語權。然而，憑藉茶葉貿易攫取巨額財富的英國，也因為過於依賴茶葉的經濟屬性而栽跟頭。在美洲的英屬殖民地上，就由波士頓傾倒茶葉事件為導火線，爆發了美國的獨立戰爭。各殖民地紛紛響應獨立運動，導致了大英帝國的衰落。

從中國來看，由於飲食結構的不同，北方少數民族對於茶葉的依賴性遠遠高於中原民族，茶葉也成為中原王朝用來化解民族矛盾或控制北方遊牧民族的利器。明朝曾因為關閉茶葉貿易市場，導致北方的蒙古及女真各部與明朝爆發了清河堡戰爭，3 年血戰死傷無數，直到宣布重開茶市，戰爭才真正結束。

茶本身給人們帶來健康、平和與喜悅，然而由於人的貪婪，釀出一樁樁禍事。萬物有度，平衡為之，願世界和平，人民幸福。

392　巴拿馬萬國博覽會是什麼會？

在許多茶葉的宣傳中，常常會提到 1915 年在美國舉辦的巴拿馬太平洋萬國博覽會。博覽會會址設在美國舊金山市，從 1915 年 2 月 20 日開展，直到 12 月 4 日閉幕，展期長達九個半月，參展國 31 個，展品 20 多萬件，總參觀人數達 1,900 萬人，開創了歷史上博覽會歷時最長、參加人數最多的先河，美國總統也親臨現場。中國參賽產品 10 餘萬種，重 1,500 餘噸，獲獎 1,218 枚，為參展各國之首。

巴拿馬太平洋萬國博覽會是美國政府為慶祝巴拿馬運河的開通而舉辦的世界性盛會，國際影響力甚大。該博覽會是剛剛成立的中國參與的第一個世界博覽會，在中國掀起了一股博覽熱。為了實現恢復國產名譽，擴大海外貿易的目的，政府和工商界都積極籌備參賽事宜。透過此次參會，促進了工商業的發展，讓世界人民了解中國，也象徵著中國在政治、經濟、文化等諸多方面，在走向世界、與時代接軌上，邁出了重要的一步。

人們對於歷史上的榮譽是比較重視的，但是，榮譽如何傳承與發揚，才是最重要的。在籌備巴拿馬博覽會的過程中，當時的省級商會就曾提到，中國的茶葉品質其實比日本、印度等國的茶葉更加高級，外國人也很樂於購買，但是由於改良未盡，在製法與裝飾等方面不如日本、印度，反讓他國後起，以致茶業凋零，可為浩嘆。如今，茶行業相比往昔已有了十足的進步，但是在大宗出口方面，出口量和價格仍然較低。望各界人才建言獻策，令茶行業百尺竿頭，更進一步！

393　位於英國倫敦的茶葉拍賣中心是如何誕生的？

茶葉拍賣是目前世界茶葉貿易的主要趨勢，透過拍賣交易的茶葉占世界茶葉貿易總量的 70% 左右。印度、斯里蘭卡、肯亞等茶葉主要生產國和出口國，都擁有各自的茶葉買賣市場。但是，世界上第一個茶葉拍賣市場，卻最先出現在 20 世紀，不產茶的英國。

當時，壟斷了世界茶葉貿易的東印度公司，規定每一個在歐洲銷售的茶葉箱都必須經東印度公司進行鑑價、分級和拍賣，並於西元 1679 年

3 月 11 日首次舉辦了倫敦茶葉拍賣會。它是歷史最悠久的一個茶葉拍賣市場，早期的交易量約占世界茶葉成交量的 60% 以上，一年成交量曾高達 18.5 萬噸。但是隨著「二戰」結束，在美蘇的干預下，英國大量的殖民地紛紛獨立，並開始建立起自己的拍賣市場。由於英國距離茶葉生產國路途遙遠，造成各項成本居高不下，倫敦茶葉拍賣市場因而逐漸開始衰落。電信和運輸等方面技術的發展和 CTC 茶包的流行，讓茶葉品質有了一定的保證，更是使採購商們願意到茶葉生產國進行採購。最終，倫敦茶葉拍賣市場於 1997 年正式宣告停業。

茶葉拍賣市場在保障交易過程公開、公平、公正，以及提升交易效率方面有著突出的貢獻，各主要茶葉出口國均設有茶葉拍賣局。筆者曾經在斯里蘭卡深入了解當地的茶葉拍賣情況，也向肖娟老師了解印度的茶葉拍賣情況，對這種高效的方式非常認可，希望未來能夠引入中國。然而，如何設定拍賣機制，防止大茶商影響市場價格，是建立中國茶葉拍賣中心時需要多加注意的，以免挫傷茶葉生產者們的積極性。

394　英國有茶園嗎？

在歷史上，英國緯度高、氣候寒冷，不利於茶樹生長。另一方面，英國有來自印度、斯里蘭卡、肯亞地區的物美價廉的茶葉。因而，在嘗試種植幾次茶樹失敗後，300 年來英國本土沒有人再嘗試種茶。

1996 年，在英國西南部的萃格絲南（Tregothnan）莊園工作的園藝師強納森．瓊斯（Jonathan Jones），偶然在園中發現了中國茶樹品種的野生茶樹，十分激動。他也因此燃起了在英國本土種植茶樹的心願。讀者可能會有疑問，英國怎麼會發現野生的茶樹呢？其實，萃格絲南莊園的主人是曾經創製出伯爵茶的格雷伯爵的後人。這個家族十分熱愛植物，花費巨額財富資助植物獵人在全球探險、收集各地的珍稀植物。這棵野生茶樹便是偶然間存活下來的驚喜。

2001 年，茶樹成功種植。2005 年，正式開始茶葉的商業販售。萃格絲南莊園也成為英國唯一的茶葉種植園，生意十分好。另外值得一提的是，這個莊園在 200 多年前，曾經從中國引進了許多山茶花，是英國第一個在戶外種植觀賞性茶花的地方，也是康瓦爾郡（Cornwall）最大的私人植物園。莊園本身不對外開放，但是其中的花園和植物園可事先預約參觀。若有機會前往英國，不要錯過萃格絲南莊園。

395　英國的金獅茶室是什麼地方？

金獅茶室是歐洲的第一家茶室，也是著名英式紅茶品牌唐寧的茶室。在英國想了解英式下午茶，這裡不可不去。

在英國，茶葉最早是作為一種藥用植物所引進。西元 1657 年，倫敦商人湯瑪士．卡拉威（Thomas Callaway）為了提高咖啡館的競爭力，率先引入茶葉販賣，並且張貼廣告宣傳茶葉的各種功效。但是，由於茶的價格較為昂貴，每磅需要花費 6 到 10 英鎊，茶葉並沒有受到市場的歡迎。後來，在愛好飲茶的凱薩琳王后（Catherine of Braganza）的影響下，茶葉逐漸取代了以前的葡萄酒、淡啤酒，成為宮廷內的飲料。1664 年，東印度公司以每磅 40 先令的價格購買 2 磅的高價茶葉，作為禮物送給了國王查理二世和凱薩琳王后。由此，茶葉在英國確立了自己的貴族地位，目標客群定位為高收入的消費族群。在凱薩琳王后的飲茶習慣為人所熟知後，上層社會的婦女紛紛放棄了飲酒的習慣，改為飲茶。宮廷中的飲茶風氣促進了女性飲茶人數的增長，社會需求帶動了供給的變化。1717 年，湯瑪斯．唐寧（Thomas Twining）將自己在倫敦經營的湯姆咖啡館改名為「金獅」茶室，並且將之前僅限制男性顧客，擴大到男女皆可。金獅茶室是全歐第一家茶室，而且它開啟了混合配茶的先河。其堅持獨特的以客戶為導向的經營方式，把好的茶葉一字排開，讓客戶自己挑選再混合後試飲販售，打下了優良的顧客基礎。這是英國第一家女性可以自由進出的茶葉商店，它終結了只能由丈夫或男性僕人從咖啡館購買茶葉的歷史，賦予女性親自挑選茶葉的機會，為日後茶葉成為生活必需品埋下了伏筆，開啟了茶葉成為英國國民飲料的新時代，唐寧公司也因此成為世界茶葉巨頭。位於河岸街（the Strand）217 號的金獅茶室，一直保留至今。

396　英國的 High Tea 指的是什麼？

High Tea 指的是普通人民喝的下午茶。大眾印象中那種優雅的、貴族式的英式下午茶，叫做 Low Tea。這兩種名稱是根據喝茶的場景而來的。貴族式的英式下午茶，用的是低矮的桌子，人們可以坐下來，慢慢地品茶、吃點心、閒聊，所以叫做 Low Tea。而人民沒有悠閒地喝下午茶的時間，工人們只是在礦山或工廠結束工作以後，肚子餓的時候，趕緊回到家飽餐一頓，再喝點茶，這才是他們真正需要的。「High Tea」也是因為他們廚房的桌椅比較高而來，與喝下午茶的貴族們使用的較低的桌椅形成了對比。雖然工人們喝的茶葉品質不是很好，但加了糖和牛奶的茶可以幫助他們充飢，在心理上也有安慰作用。

「High Tea」最大的優點就是不受時間和場合約束，可以自由地進行。19 世紀後期，英國在殖民地印度和斯里蘭卡開闢了許多大規模的茶園，栽種了大量的茶樹，茶葉的價格因此變得十分低廉。勞工階級可以毫無負擔地喝茶就是在這個時期。隨著產業革命的進行和社會系統的改變，紅茶也逐漸擴散開來。

與之相關的下午茶文化也被社會各個階層所接受，使英國形成了紅茶之國的神話。

397　喬治亞最早的茶園是怎麼來的？

據史料記載，中國的茶葉最初是在俄國與蒙古接觸的過程中，從蒙古傳入俄國的（19 世紀至 20 世紀的大部分時間裡，今天的喬治亞先後屬於沙俄帝國和蘇聯的一部分）。隨著茶葉貿易的發展，茶葉逐漸從皇室向平民階層普及開來。為了擺脫對中國茶葉的依賴，西元 1883 年俄羅斯人從湖北羊樓洞購買了大批的茶籽和茶苗，移植在位於克里米亞（Crimea）的尼基塔植物園（Nikitsky Botanical Garden）內。但是由於土壤、氣候、水質等原因，栽種工作以失敗而告終。1884 年，在彼得堡召開的一次國際植物園藝會議上，有位教授做了關於茶葉栽培的報告。與會人士聽了這個學術報告後，產生很大興趣，會議決定到喬治亞栽培茶樹。

俄國皇家一位採辦商，在經過多年的遊歷和考察，終於在西元 1893 年成功邀請到在寧波茶場工作的劉峻周，和他一起前往喬治亞開拓種茶事業。他們帶著採購的數千公斤茶籽和數千株茶苗，與 12 名茶葉工人從寧波出發，經海路抵達喬治亞的巴統港。3 年間，他們在此地區種植了 80 公頃的茶樹，並成功生產出第一批紅茶。1897 年，劉峻周返回中國，再次挑選了一批優良茶籽和技術人員，並攜全家定居巴統。在巴統北部的小鎮「恰克瓦」（Chakvi）的紅土山坡上，他們培育出了適應當地氣候、產量高、品質優的茶樹品種。而且，他們製作出來的茶葉在 1900 年巴黎世界博覽會上贏得了金質獎章。為了紀念劉峻周，喬治亞人習慣將當地的紅茶稱為「劉茶」。劉峻周先生也被譽為喬治亞種茶業的創始人之一。

398　飛剪船是什麼船？

在西方愛上中國的茶葉以後，為了縮短運輸時間，維持茶葉品質，進而獲得高額的利潤，被稱為海上王者的飛剪船誕生了。當時，傳統的帆船從中國航行到歐洲需要一年左右的時間。然而，最快的飛剪船僅僅需要 56 天的時間。這種高速帆船在設計上十分大膽。其船身較窄，但桅杆的高度和船帆的面積都盡可能地加大，以便充分地利用風力。這樣的設計使船可以幾乎貼著水面航行，在海上能劈開波浪前進，降低阻力，也因此被稱為飛剪船。西元 1845 年，由美國船舶設計師約翰·格里菲斯（John Griffiths）所設計，在紐約史密斯·戴蒙船廠（Smith and Dimon Shipyard）建造的「彩虹號」，被公認為是世界上第一艘真正的飛剪式帆船。

中國的福州因茶而繁盛，碼頭上停泊著非常多的飛剪船。直到 19 世紀末，伴隨著蒸氣動力船的發展，飛剪船才逐漸退出了歷史的舞臺。作為 19 世紀茶葉貿易繁榮的見證者之一，2012 年 4 月 26 日世界上最後一艘飛剪船 —— 英國的「卡蒂薩克號」（Cutty Sark）經過修復，在倫敦的格林威治港碼頭（Greenwich Pier）向大眾開放。其中，有很多老物件展出，具有獨特的歷史紀念意義。

399　瑞典的哥德堡號商船與茶葉之間有什麼故事？

西元 18 世紀初，由於瑞典在和俄羅斯爭奪波羅的海出海口的北方戰爭中失利，導致瑞典國內經濟窘迫，國庫瀕臨破產。因受到荷蘭和英國建立東印度公司的啟發，瑞典也於西元 1731 年在瑞典的第二大城市哥德堡，特許成立了從事壟斷貿易的瑞典東印度公司，這是瑞典第一家從事國際貿易的公司。1738 年，天才船舶設計師弗雷德里克·查普曼（Fredrik

Chapman）參與設計的哥德堡號，是當時瑞典東印度公司最精良的三桅大帆船，船身長 58.5 公尺，船寬 11 公尺，水面高度 47 公尺，吃水 5.25 公尺，船帆總面積超過 1,900 平方公尺，可以載運 400 噸貨品，堪稱 18 世紀的超級貨船。1739 年和 1742 年，哥德堡號兩次遠航中國，獲取了巨額的財富（前往中國的大船貿易額相當於當時瑞典全國一年的國民生產總值）。然而，在 1745 年 9 月 12 日第三次遠航中國時，滿載著中國商品的「哥德堡號」在距哥德堡港僅 900 公尺的地方誤入暗礁區而沉沒，留下了世紀謎團。沉沒事件帶給世界的震驚，不亞於後來的「鐵達尼克號」事件。上萬斤最好的中國茶葉也因此沉入海底，人們無不惋惜地說道：「哥德堡港灣從此變成世界上最大的茶碗了。」隨著國際形勢的變化，1813 年瑞典東印度公司宣告停業，對華貿易也就此告一段落。

1984 年，瑞典哥德堡海洋考古學會發現了沉船的遺骸，發掘出了當時從中國運回的松蘿茶、武夷茶和珠蘭花茶。其中，武夷茶和松蘿茶的茶樣在中國茶葉博物館有所保存。後來，瑞典耗資 3,000 多萬美元，完全按西元 18 世紀時的造船工藝，製作了哥德堡號的仿古船，並於 2006 年 7 月 18 日抵達廣州，瑞典國王和王后也出席了相關活動。

400　茶葉貿易中的媽振館是什麼？

臺灣的茶源自福建，目前臺灣所栽種的茶樹品種、早期的製茶技術都是由福建移民帶來的。而在臺灣茶早期的對外貿易中，由媽振館輸出至福建廈門的茶葉，大概占茶葉貿易總額的三分之一。

媽振館，又叫做馬振館，源自英文 merchant，在原來福建茶葉的產銷制中並不多見，是因應臺灣茶葉從淡水轉運至廈門銷售而產生的機構，具有茶葉經紀人和金錢借貸人的雙重身分。媽振館介於洋行與茶莊之間，是茶業者之間主要的金融機關。經營媽振館的商人擁有相當的資產，熟識洋人與商務，深獲洋行信任，可以從洋行貸得大筆資金，用於經營茶的委託販賣，同時以茶葉為抵押而貸放資金。他們既是融資的仲介者，也能提前鎖定精製茶，降低採購的風險。在西元 1880 年代末期，由於臺灣的烏龍茶在美國大受歡迎，取代了福建烏龍茶在美國的地位，媽振館在臺灣開始進入黃金年代，館數多達 20 家。較著名的媽振館有廣東人經營的忠記、德隆、鈿記、安太、英芳，汕頭人經營的隆記，廈門人經營的瑞雲等。由於媽振館收購的茶葉無法直接輸出海外，只能賣給洋行。因此，雖然臺灣的茶業很發達，但仍具有買方資本的色彩。從資金鏈上來看，以滙豐銀行為代表的西方資本才是最終控制方。儘管媽振館並無現代銀行的經營理念與規模，但是它們從洋行吸取資金，辦理放款、匯兌業務，已初具現代銀行的雛形。後來，由於臺灣在 20 世紀上半葉進行幣制改革，建立起現代意義上的金融機構，也由於臺灣烏龍茶的輸出港逐漸從福建的廈門轉移至臺灣的淡水等原因，媽振館日趨沒落，成為歷史名詞。

茶韻流轉，關於茶的400個公開祕密：

英國伯爵茶、阿根廷瑪黛茶、老北京麵茶、臺灣泡沫紅茶……琳瑯滿目的各國茶飲，隱藏哪些未知的獨門絕技？

主　　編：王如良
發 行 人：黃振庭
出 版 者：崧燁文化事業有限公司
發 行 者：崧燁文化事業有限公司
E-mail：sonbookservice@gmail.com
粉 絲 頁：https://www.facebook.com/sonbookss/
網　　址：https://sonbook.net/
地　　址：台北市中正區重慶南路一段六十一號八樓 815 室
Rm. 815, 8F., No.61, Sec. 1, Chongqing S. Rd., Zhongzheng Dist., Taipei City 100, Taiwan
電　　話：(02)2370-3310
傳　　真：(02)2388-1990
印　　刷：京峯數位服務有限公司
律師顧問：廣華律師事務所 張珮琦律師

定　　價：420 元
發行日期：2023 年 10 月第一版
◎本書以 POD 印製
Design Assets from Freepik.com

國家圖書館出版品預行編目資料

茶韻流轉，關於茶的 400 個公開祕密：英國伯爵茶、阿根廷瑪黛茶、老北京麵茶、臺灣泡沫紅茶……琳瑯滿目的各國茶飲，隱藏哪些未知的獨門絕技？ / 王如良 主編 . -- 第一版 . -- 臺北市：崧燁文化事業有限公司 , 2023.10
面；　公分
POD 版
ISBN 978-626-357-671-1(平裝)
1.CST: 茶葉 2.CST: 茶藝 3.CST: 製茶
439.4　　112015077

電子書購買

臉書

爽讀 APP